材料工艺学

CAILIAO GONGYI XUE

于文斌 陈异 何洪 蒋显全 主编

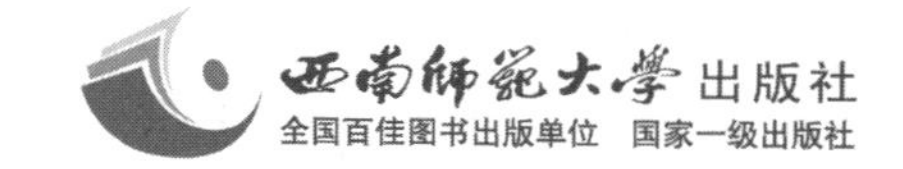

图书在版编目(CIP)数据

材料工艺学 / 于文斌等主编. — 重庆 : 西南师范大学出版社，2018.3

ISBN 978-7-5621-9122-3

Ⅰ. ①材… Ⅱ. ①于… Ⅲ. ①材料工艺—高等学校—教材 Ⅳ. ①TB3

中国版本图书馆 CIP 数据核字(2018)第 026415 号

材料工艺学

于文斌　陈　异　何　洪　蒋显全　主编

责任编辑：张浩宇
封面设计：尹　恒
出版发行：西南师范大学出版社
(重庆·北碚　邮编:400715
网址:http://www.xscbs.com
教材发行科电话:023—68252471)
印 刷 者:重庆紫石东南印务有限公司
幅面尺寸：185 mm×260 mm
印　　张：11.75
字　　数：330 千字
版　　次：2019 年 11 月第 1 版
印　　次：2019 年 11 月第 1 次印刷
书　　号：ISBN 978-7-5621-9122-3

定　　价：**45.00 元**

前 言

材料工艺学是材料科学与工程学科各个专业的重要的专业课程。本教材以金属材料的制备和加工工艺为基础，并简明地介绍了无机非金属材料工艺学和高分子材料工艺学。全书共分为10章，主要内容为材料和材料加工工艺、冶金工艺、铸造工艺、焊接工艺、塑性变形加工工艺、金属加工新工艺、粉末冶金工艺、金属基复合材料的制备工艺、无机非金属材料工艺和高分子材料工艺。为配合学习，各章末附有习题和思考题，便于读者深入研究。本书适用于大专院校材料专业的本科生、专科生和高职生学习，以及从事材料工作及相关专业的教学、科研、设计、生产和应用的人员参考。

本教材由西南大学于文斌教授、蒋显全教授、陈异副教授和何洪教授共同编写，其中于文斌负责撰写第一章和第三章，蒋显全负责撰写第五章和第十章，陈异负责撰写第六章、第八章和第九章，何洪负责撰写第二章、第四章和第七章。本教材在编写过程中还得到了西南大学材料与能源学部的陈志谦教授、李庆教授、聂朝胤教授、程南璞教授、张永平教授、刘晓魁副教授、李路副教授、李春梅副教授、徐尊平讲师和宋波讲师等人的协助与支持。本教材在内容上参考和借鉴了许多相关教材与文献资料，编者在此一并表示感谢。

由于编者的水平有限，经验不足，书中必然存在着许多问题和错误，恳请读者提出宝贵的意见，以利于我们交流、改进和提高。

编者：于文斌，陈异，何洪，蒋显全

目　录

第一章　材料和材料加工工艺

1.1　材料与工程材料

1.1.1　材料

材料是人类生产和社会发展的重要物质基础，也是我们日常生活中不可缺少的一个组成部分，材料与食物、居住空间、能源和信息等共同组成了人类的基本资源。材料在人类文明史上曾作为划分时代的标志，如石器时代、青铜器时代、铁器时代等。现代社会人们又把材料与能源、信息并列为现代技术和现代文明的三大支柱。

材料是我们早已熟知的名词。“材料科学”的提出和材料科学体系的建立，把各种材料整体视为自然科学的一个分支，对材料的发展起到了巨大的推动作用。材料科学体系是科学技术发展的结果，是在人们对材料的制备、成分、结构、性能以及它们之间的关系越来越深入的研究的基础上建立起来的。它使在此前已经形成的金属材料、高分子材料、陶瓷材料的学科体系交叉融合，相互借鉴，加速了材料和材料科学的发展，克服了相互分割、自成体系的障碍，也促成了复合材料的发展。由于材料科学与工程技术的关系非常密切，所以人们往往把材料科学和工程技术联系在一起，称之为“材料科学与工程”或“材料科学技术”。可以说，材料科学技术就是有关材料成分、组织结构与加工工艺对材料性能与应用的影响规律的知识和技术的统称。

材料的发展由简单到复杂，由以经验为主到以科学知识为基础，逐步形成了材料科学与技术这一独立学科。材料是人类生产和生活的物质基础，是人类文明的重要支柱。材料的进步取决于社会生产力和科学技术的进步，同时，材料的发展也推动社会经济和科学技术的发展。因此，材料对于人类和社会的发展具有极为重要的作用。

1.1.2 工程材料

所谓材料，是指那些能够用于制造构件、器件或其他有用产品的物质。广义地讲，食物、药物、生物物质、肥料、矿物燃料、水和空气等都是材料，它们是以消耗自身去完成其功能的，故人们习惯把它们列入生物、生命、农业等领域。我们把金属、陶瓷、聚合物、半导体、超导体、介电材料、木材、沙石及复合材料等主要用于工业和工程技术领域的材料称为工程材料。作为工程材料应具有工程应用价值的物理性能或力学性能。本教材所涉及的就是工程材料及其制备技术。

1.1.3 工程材料的分类

1.按性能分类

根据材料的性能特征，工程材料可分为结构材料和功能材料。

结构材料是以力学性能为主的工程材料的统称，又称机械工程材料，人们主要是利用它们的力学性能(或机械性能)来实现承担或传递载荷的目的。结构材料主要用于制造工程建筑中的构件，机械装备中的支撑件、连接件、运动件、传动件、紧固件、弹性件及工具、模具等。这些结构零件都是在受力状态下工作的，因此力学性能(强度、硬度、塑性、韧性等)是其主要性能指标。材料研究和制备的目的就是要获得能够满足工程制造中某种或某些特定性能要求的材料。

功能材料是指以物理性能为主的工程材料，即指在电、磁、声、光、热等性能方面有特殊功能的材料，例如磁性材料、电子材料、信息材料、敏感材料、能源材料、生物技术材料等。

2.按组成与结构分类

工程材料按化学成分与组织结构可分为金属材料、无机非金属材料、高分子材料和复合材料四大类。

(1) 金属材料

金属材料是最重要的工程材料，包括金属和以金属为基的合金。工业上把金属及其合金分为黑色金属和有色金属两大部分。

①黑色金属材料。主要为铁和以铁为基的合金(钢、铸铁和铁合金)。目前，世界上应用最广的是黑色金属。以铁为基的合金材料占整个结构材料和工具材料的90.0%以上。黑色金属材料的特点是工程性能优越，价格也较便宜，是最重要的工程金属材料。

②有色金属材料。指黑色金属以外的所有其他金属及其合金。有色金属按照性能和特点可分为轻金属、易熔金属、难熔金属、贵金属、稀土金属和碱土金属。它们是重要的有特殊用途的材料。

(2)无机非金属材料

无机非金属材料也是重要的工程材料。主要包括陶瓷、水泥、玻璃、耐火材料、耐火隔热材料、耐蚀(酸)非金属材料等。

(3) 高分子材料

高分子材料为有机合成材料，也称聚合物。它具有较高的强度、良好的塑性、较强的耐腐蚀性能、很好的绝缘性和重量轻等优良性能，在工程上是发展最快的一类新型结构材料。高分子材料种类很多，工程上通常根据机械性能和使用状态将其分为三大类：塑料、橡胶、合成纤维。

(4) 复合材料

复合材料就是用两种或两种以上不同材料组合的材料，其性能是其他单质材料所不具备的。复合材料可以由各种不同种类的材料复合组成。它在强度、刚度和耐蚀性方面比单纯的金属、陶瓷和聚合物都优越，是特殊的工程材料，具有广阔的发展前景。复合材料是指由两种或两种以上不同性质或不同结构的材料，以微观或宏观的形式结合在一起而形成的材料。

1.2　工程材料的加工工艺

材料的作用是与材料的制备和加工紧密联系在一起的。材料只有经过制取、改性、成形和连接等工序才能最终形成产品，体现其功能和价值。因此，材料制备加工技术的突破往往成为新产品能否问世、新技术能否产生的关键。

1.2.1　材料制备的定义和范畴

材料制备这个名词或提法是比较新颖的，它是随着材料科学的发展和材料工程的进步，以及材料的合成、加工与成形制造技术的不断创新而提出的，并正在为人们所接受，成为国内外高校材料及其相关专业学生的一门专业课或专业基础课。

关于材料制备，目前尚未形成一个准确的定义，主要是对其所包含的内容和范畴的观点有些不同。一种说法认为材料制备即指材料的合成和加工，其中材料合成是指通过一定的途径，从气态、液态及固态原材料中得到化学上与原材料不同的新材料，材料加工是指通过一定的工艺手段使新材料在物理上处于与原材料不同的状态。另一种说法是指通过材料制备过程获得的新材料应在化学成分、元素分布或组织结构上与原材料有明显的不同。这样就明确了材料制备的概念和范畴，即处于从传统的冶金到材料加工及成形的中间地带，因此也就成为联系材料科学与材料工程的纽带。无论哪一种说法，材料制备都包含了广泛而重要的材料科学与工程的内容，是每一个材料工作者都必须了解和掌握的专业知识。本教材以后一种说法为参考，主要介绍各种材料的合成与制备技术。

金属材料的制备包括纯金属材料的冶金和提取、合金材料的熔制及铸锭的制备，以及为满足和提高材料的性能和质量要求而采取的各种工艺技术方法，如变质处理、熔体净化、快速凝固、定向结晶和粉末冶金等。陶瓷材料的制备主要包括粉末制备、压制成形和烧结等工艺过程。高分子材料的制备主要为高分子的聚合。

1.2.2　材料加工工艺的定义和范畴

材料加工所包含的范围很广，通常包括液态金属成形、金属塑性成形、焊接、金属的表面处理、粉末冶金成形、激光快速成形等，而且不断有新的工艺出现。目前，材料加工工艺已成为一门涉及材料、物理和化学、力学、机械、电子、信息等许多学科交叉的科学技术。

材料加工工艺又称材料成形技术，是金属液态成形、焊接、塑性压力加工、激光加工及快速成形、热处理及表面改性、粉末冶金、塑料成形等各种成形技术的总称。它是利用熔化、结晶、塑性变形、扩散、相变等各种物理化学变化使工件成形，达到预定的零件设计要求或结构技术质量要求。材料加工成形制造技术与其他制造加工技术的重要不同点是，工件的最终微观组织及性能受控于成形制造方法与过程。

我国最初将材料加工分为铸造、锻压、焊接和金属学及热处理等几个窄专业。随着科学技术的迅猛发展，各学科间的渗透和交叉越来越多，现在已合并为材料加工工程专业或材料加工成形及控制工程专业。在国外，例如美国、德国和日本等也开设“材料加工工艺”课程，内容一般包括铸造、金属塑性变形、焊接、表面处理等加工方法。

1.2.3　材料制备与加工技术的意义

材料的制备和加工是新材料的获取和应用的关键，也是对材料进行加工、成形和应用的品质保证，现已成为材料研究与材料加工领域非常引人注目和活跃的技术热点。

其实，工程材料及材料制备技术的地位和作用，早已超出了技术经济的范畴，而与整个人类社会有密不可分的关系。高新技术的发展、资源和能源的有效利用、通信技术的进步、工业产品质量和环境保护的改善、人民生活水平的提高等都与材料及材料的制备密切相关。人类在关注经济发展的同时，也不得不面对材料和能源等资源的短缺，以及人类生存环境的破坏和恶化。因此，把自然资源和人类需要、社会发展和人类生存联系在一起的材料循环，必然会引起全社会的高度重视。在材料的生产和使用方面，我们中华民族有过辉煌的成就，为人类文明做出了巨大的贡献。新中国成立之后，特别是改革开放后，我国在国民经济的各个领域都取得了令世人瞩目的成就，其中有很多都与工程材料及其制备加工技术的发展有着密切关系。

材料的使用性能取决于材料的组织结构和成分，而材料的应用最终取决于材料的制备与成形加工。因而，材料的合成与制备是制造高质量、低成本产品的中心环节，是材料科学与工程四要素中极为关键的一个要素，也是促进新材料研究、开发、应用和产业化的决定因素，如图 1-1 所示。

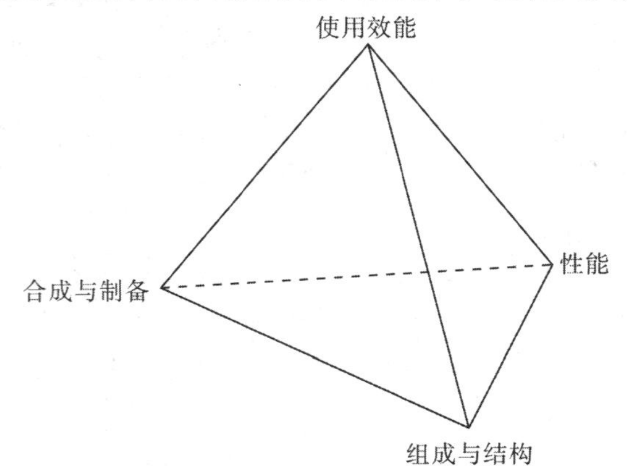

图 1-1　材料科学与工程四要素

1.3　学习方法

在结构工程材料中，金属材料发挥着非常重要的作用，这是本教材讲述的重点。而无机非金属材料、高分子材料及复合材料等发展迅速，应用也非常广泛。新的材料加工技术，如快速凝固、半固态铸造、粉末冶金和泡沫金属等也不断涌现和改进，这些也是本教材内容体系的重要组成部分。

材料加工工艺不仅包括在化学成分上制造新材料的工艺方法，也包括对新材料的组织结构、元素分布等材料内在品质的制备，从而保证对材料的性能和质量的要求。此外，材料制备还应包括对制备工艺的研究和改进，以满足工业化生产成本和效率的要求。例如，通过对铁矿石的高炉冶炼可以提取出生铁这种金属材料，但由于其力学性能远远达不到工业应用的要求，还需要经过进一步的制备加工过程，通过改变其化学成分和组织结构来制备性能更优良的各种新材料，如通过平炉或电炉等精炼方法得到钢材或纯铁，通过冲天炉冶炼得到铸铁。对铸铁而言，通过在熔炼过程中的工艺处理，又可以制备具有不同特性的各种铸铁材料，如炉前孕育处理可得到孕育铸铁，球化处理可得到球墨铸铁或蠕墨铸铁，加入合金元素可得到合金铸铁，经固态石墨化处理可以得到可锻铸铁等，从而产生一系列各具性能和质量特色的铁基金属结构材料以供工程设计选用。

现在，随着生产的发展和生活的进步，人们对材料提出了更高的要求，既要求特殊的高性能，也要求特殊的高质量和低廉的生产成本或对资源环境的最小损害，从而促进了新材料的研制和新的材料制备加工技术的产生。例如，随着城市化的发展，大口径球墨铸铁排污管的需求日益增加，如何大规模、低成本地进行工业化生产就成为材料制备和加工的重要课题。现在，人们已经广泛地应用离心铸造或连续铸造等特种铸造技术，成功地解决了质量、效率和成本之间的问题。通过粉末冶金这种材料制备技术，可以利用粉末烧结成形解决高熔点材料的制备和加工问题，生产粉末冶金制品；通过复合材料制备技术可以大大提高基体材料的综合力学性能。此外，利用半固态铸造或快速凝固技术可以改善材料的显微组织达到其他传统加工方法所难以获得的性能，利用各种微细粉体制备技术可以制造出各具特色的纳米材料等。这些都是我们在本课程中所要学习和了解的重要内容。

那么，怎样才能迅速地理解和掌握范围如此广泛的材料制备技术的内容呢？除了在学习本课程之前应具备一定的金属学和金属材料学基础外，学习中还应注意以下问题和方法：

(1)材料加工技术不仅是一门专业理论课，还是一门重要的工程实践课。学习的目的不单是了解各种材料的加工原理和方法，更重要的是如何利用这些原理和方法处理和解决材料工程中的实际问题。因此，在学习中首先要清楚所要加工的材料有什么用途和特殊要求，其主要的制备方法是什么，如何选择适当的加工方法和工艺。其次，在学习各种材料的加工原理和方法时，要理解人们创造这种方法的起因和目的，它适用于哪些材料或条件，有什么优点和不足，必要时可通过实验验证该加工技术的原理，了解和掌握加工的工艺和过程，学会相关设备的使用及生产工艺参数的设计和控制。这样才能更好地理解和掌握所学习及实验的内容，为将来从事实际的材料加工技术工作打下良好的基础。

(2)材料加工技术这门课程不像某些课程那样具有严密的理论体系，它是以理论为基础，通过在解决生产和科研的实际问题中不断积累经验而成，因此是一门创新课。所以在学习中不应过于拘泥和教条，关键是要理解这些加工技术和工艺的原理及创新点，充分发挥自己的想象力。只要符合材料科学的基本理论，只要能解决生产或实验中的问题，就可以进行各种大胆的设想和尝试。

(3)材料加工技术这门课体系庞大，内容繁多，教材及学习中不可能均有涉猎或面面俱到，授课和实验只能选择重点内容进行。本教材选择的内容以工程结构材料为主，重点为金属材料的制备技术。因此，如果学生对本讲义中或其他某一领域的内容有兴趣，可以参阅教学参考书或其他资料，但更重要的是在以后的工作中进行实践和经验积累。本课程的作用主要是为今后的应用和进一步深入学习打好基础和提供线索。

在内容的处理上，本教材注意贯穿工程材料科学的主线，加强各种材料的加工方法和新技术、新工艺的内容，读者应在熟悉传统的材料合成及制备的基础上，了解新材料的发展状况和制备方法，认识不断出现的各种新的材料加工技术的特点、原理和应用范围，掌握一些重要材料的加工方法和主要加工技术的基本原理和工艺路线与参数。

参考文献

1. 冯端，师昌绪，刘治国. 材料科学导论. 化学工业出版社，2002
2. 杨瑞成等. 材料科学与工程导论. 哈尔滨工业大学出版社，2002
3. 于文斌，程南璞，吴安如. 材料制备技术. 西南师范大学出版社，2006

思考题

1. 材料加工的含义和内容是什么?
2. 学习材料加工技术应掌握哪些基础知识? 为什么?
3. 材料加工技术在新材料的研究和应用中有何重要性?

第二章　冶金工艺

2.1　冶金的概念和方法

2.1.1　冶金概念

冶金是基于矿产资源的开发利用和金属材料的生产加工过程的工程技术。迄今，地球上已发现的86种金属元素，除金、银、铂等金属元素能以自然状态存在外，其他绝大多数金属元素都以氧化物(例如Fe_2O_3)、硫化物(例如CuS)、砷化物(例如NiAs)、碳酸盐(例如$MgCO_3$)、硅酸盐和硫酸盐等形态存在于各类矿物中，并与脉石、杂质共生形成不同的金属矿床。因此，要获得各种金属及其合金材料，必须首先将金属元素从其矿物中提取出来，然后对提取的粗金属产品进行精炼提纯及合金化处理，浇注成锭，制备出所需成分、组织和规格的金属材料。

在现代工业社会，冶金工业作为国家经济建设的基础产业，源源不断地为社会和国民经济高速发展提供大量必需的金属材料。世界上众多国家与地区，都把冶金工业的发展作为衡量国民经济发展水平和综合实力的一个重要指标。

本章选择了在工业生产中有重大作用、产量大、应用面广且工艺典型的钢铁、铝、铜和镁这4种金属材料为代表，介绍它们的冶金提取和熔铸质量控制过程。

2.1.2　各种冶金工艺方法

1. 火法冶金

利用高温加热从矿石中提取金属或其化合物的方法称为火法冶金。其技术原理是将矿石或原材料加热到熔点以上，使之熔化为液态，经过与熔剂的冶炼及物理化学反应再冷凝为固体而提取金属原材料，并通过对原料精炼达到提纯及合金化，以制备高质量的锭坯。火法冶金是金属材料最重要的传统制备方法。钢铁及大多数有色金属(铝、铜、镍、铅、锌等)材料主要靠火法冶金方法生产。火法冶金存在的主要问题是污染环境。但是，用火法冶金方法提取金属，不仅效率高且成本较低，所以，火法冶金至今仍是生产金属材料的主要方法。

(1)火法冶金的基本过程

利用火法冶金提取金属或其化合物时通常包括矿石准备、冶炼和精炼3个过程。

①矿石准备。因采掘的矿石含有大量无用的脉石，所以需要经过选矿以获得含有较多金属元素的精矿。选矿后还需要对矿石进行焙烧、球化或烧结等工序处理使其适合冶炼。

②冶炼。将处理好的矿石在高温下用气体或固体还原剂还原出金属单体的过程称为冶炼。金属冶炼所采用的还原剂包括焦炭、氢和活泼金属等。以金属热还原法为例，用Ca，Mg，Al，Na等化学性质活泼的金属，可以还原出一些其他金属的化合物。例如，利用Al可以从Cr_2O_3中还原出金属Cr：

$$Cr_2O_3+2Al=2Cr+Al_2O_3$$

同样，利用Mg可以从$TiCl_4$中还原出金属Ti：

$$TiCl_4+2Mg=2MgCl_2+Ti$$

③精炼。冶炼所得到的金属较为粗糙，通常含有多种杂质，需要进一步处理以去除杂质。这种对冶炼制取的粗金属原料进行提高纯度及合金化的处理过程称为精炼。

(2)火法冶金的主要方法

火法冶金的主要方法有提炼冶金、氯化冶金、喷射冶金和真空冶金等。

①提炼冶金。提炼冶金是指由焙烧、烧结、还原熔炼、氧化熔炼、造渣、造锭、精炼等单元过程所构成的冶金方法。它是火法冶金中应用最广泛的方法。

②氯化冶金。通过氯化物提取金属的方法称为氯化冶金。氯化冶金主要依靠不同金属氯化物的物理化学性质来有效实现金属的分离、提取和精炼。轻金属和稀有金属的提取多采用火法氯化冶金。

③喷射冶金。利用气泡、液滴、颗粒等高度弥散系统来提高冶金反应效率的冶金过程称为喷射冶金。喷射冶金是20世纪70年代由钢包喷粉精炼发展起来的新工艺。

④真空冶金。在真空条件下完成金属和合金的熔炼、精炼、重熔、铸造等冶金单元操作的方法称为真空冶金。真空冶金是提高金属材料制备质量的重要生产方法。

2.湿法冶金

湿法冶金是指利用一些溶剂的化学作用，在水溶液或非水溶液中进行包括氧化、还原、中和、水解和络合等反应，对原料、中间产物或二次再生资源中的金属进行提取和分离的冶金过程。湿法冶金包括浸取、固-液分离、溶液的富集和从溶液中提取金属或化合物等4个过程。

(1)浸取

浸取是选择性溶解的过程。通过选择合适的溶剂使经过处理的矿石中包含的一种或几种有价值的金属有选择性地溶解到溶液中，从而与其他不溶物质分离。根据所用的浸取液的不同，可分为酸浸、碱浸、氨浸、氰化物浸取、有机溶剂浸取等方法。

(2)固-液分离

固-液分离过程包括过滤、洗涤及离心分离等操作。在固-液分离的过程中,一方面要将浸取的溶液与残渣分离,另一方面还要将留存在残渣中的溶剂和金属离子洗涤回收。

(3)溶液的富集

富集是对浸取溶液的净化和富集过程。富集的方法有化学沉淀、离子沉淀、溶剂萃取和膜分离等。

(4)从溶液中提取金属或化合物

在金属材料的生产中,常采用电解、化学置换和加压氢还原等方法来提取金属或化合物。例如,用电解法从净化液中提取 Au,Ag,Cu,Zn,Ni,Co 等纯金属,而 Al,W,Mo,V 等多以含氧酸的形式存在于净化液中,一般先析出其氧化物,然后用氢还原或熔盐电解法提取金属单体。

许多金属或化合物都可以用湿法冶金方法生产。这种冶金方法在有色金属、稀有金属及贵金属等生产中占有重要地位。目前,世界上全部的氧化铝、氧化铀、约 74%的锌、12%的铜及多数稀有金属都是用湿法冶金方法生产的。湿法冶金的最大优点是对环境的污染较小,并能够处理低品位的矿石。

3. 电冶金

利用电能从矿石或其他原料中提取、回收或精炼金属的冶金过程称为电冶金。电冶金包括电热熔炼、水溶液电解和熔盐电解等方法。

(1)电热熔炼

电热熔炼是利用电能转变为热能,在电炉内进行提取或熔炼金属的电冶金方法。和一般火法冶金相比,电热冶金具有加热速度快、调温准确、温度高(可到 2273 K)、可以在各种气氛、各种压力或真空中作业,以及金属烧损较少等优点,成为许多金属冶炼的一种主要方法。但是电热冶金消耗电能较多,只有在电能充足的条件下才能发挥它的优势。

电热熔炼工艺按电能转变为热能的方法,即加热方法的不同,可分为电阻熔炼、电弧熔炼、等离子体冶金和电磁冶金、感应熔炼等技术。

①电阻熔炼。指利用电流通过电阻所产生的热来熔炼金属的电热冶金方法,常用于低熔点金属的熔炼,如金属锡、铅、轴瓦合金、锌以及熔点在 773 K 以下的合金,所用熔炼炉的结构简单,还用于铝、镁及它们的合金的熔炼。电渣熔炼也是一种重要的电阻熔炼方法。此外,工业上也常采用以石墨棒作电阻的间接加热式电阻熔炼法。

②电弧熔炼。是一种利用电极与金属炉料产生的高温电弧放热使金属熔化的电热冶金方法。工业电弧炉主要有三相电弧炉和真空自耗电弧炉,用来熔炼各种高级合金钢和钛、锆、钨、钼、钽、铌等活泼和高熔点金属及其合金。

③等离子体冶金。利用由电能转变为等离子体的能量来熔炼金属的电热冶金方法。等离子弧有非常高的能量密度,可实现超高温冶金及方便地控制气氛。目前工业应用的等离子电炉都采用转移弧式或中空阴极式等离子枪。等离子体冶金用来熔炼钨、钼、钽、铌、钛、锆等高熔点金属和活泼金属,也用来熔炼高级合金钢等。无论是在大规模熔炼铁合金或有色金属、快速加热钢液或高炉风口方面,还是在惰性气氛下重熔或熔铸金属方面,都有广阔的发展前景。

④电磁冶金。利用电磁感应在金属熔体内产生可控流动的冶金过程。如利用电磁力对钢包和连铸坯的钢液进行搅拌以改善钢的质量，又发展出悬浮熔炼、冷坩埚熔炼、电磁铸造等。电磁冶金对防止耐火材料污染、熔炼难熔及活泼金属具有重要作用。

(2)水溶液电解

在电冶金中，应用水溶液电解精炼金属称为电解精炼或可溶阳极电解，而应用水溶液电解从浸取液中提取金属称为电解提取或不溶阳极电解，如图 2-1 所示。

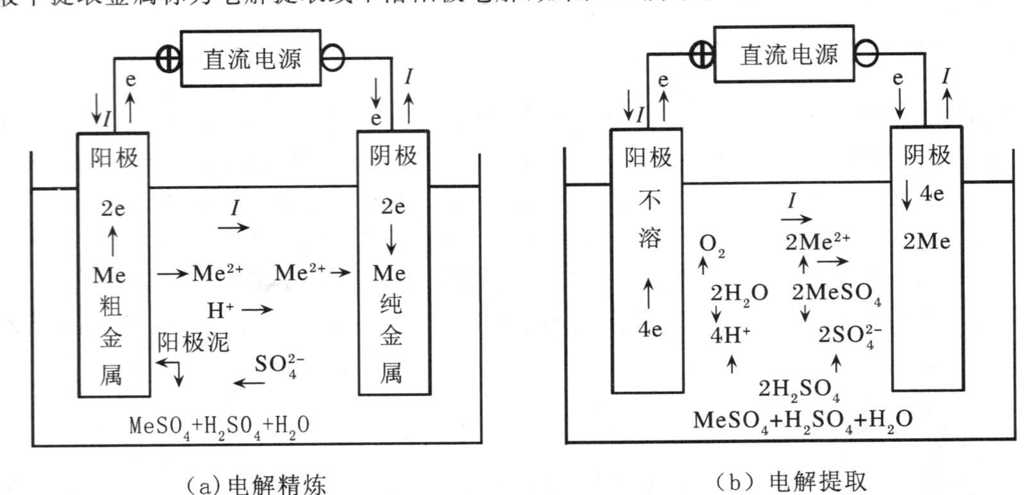

图 2-1 电解精炼和电解提取示意图

①电解精炼。以铜的电解精炼为例，将火法精炼制得的铜板作为阳极，以电解产出的薄铜片作为阴极，置放于充满电解液的电解槽中。在两极间通以低电压大电流的直流电。这时，阳极将发生电化学溶解：

$$Cu \longrightarrow Cu^{2+} + 2e$$

阳极反应使得电解液中 Cu^{2+} 浓度增大，由于其电极电位大于零，故纯铜在阴极上沉积：

$$Cu^{2+} + 2e \longrightarrow Cu$$

阳极被精炼的铜中所含有的比铜电极电位高的稀贵金属和杂质将以粒子形式落入电解槽底部或附于阳极形成阳极泥，比铜电极电位低的杂质元素以离子形态留在电解液中。

生产中，金、银、铜、钴和镍等金属大都采用这种电解方法进行精炼。

②电解提取。电解提取是从富集后的浸取液中提取金属或化合物的过程。这种方法采用不溶性电极，溶剂可以经过再生后重复使用。

(3)熔盐电解

铝、镁、钠等活泼金属无法在水溶液中电解，必须选用具有高电导率和低熔点的熔盐(通常为几种卤化物的混合物)作为电解质在熔盐中进行电解。熔盐电解时，阴极反应是金属离子的还原：

$$M^{n+} + ne \longrightarrow M$$

通常用碳作为阳极。例如电解 $MgCl_2$ 时，阳极的反应如下：

$$2Cl^- \longrightarrow Cl_2 + 2e$$

Al_2O_3 在冰晶石中电解时，阳极将生成 CO_2：

$$2O^{2-} + C \longrightarrow CO_2 + 4e$$

2.2　钢铁材料的冶金工艺

钢铁冶炼包括从开采铁矿石到使之变成可供加工制造零件所使用的钢材和铸造生铁为止的全过程。其基本过程如图 2-2 所示。

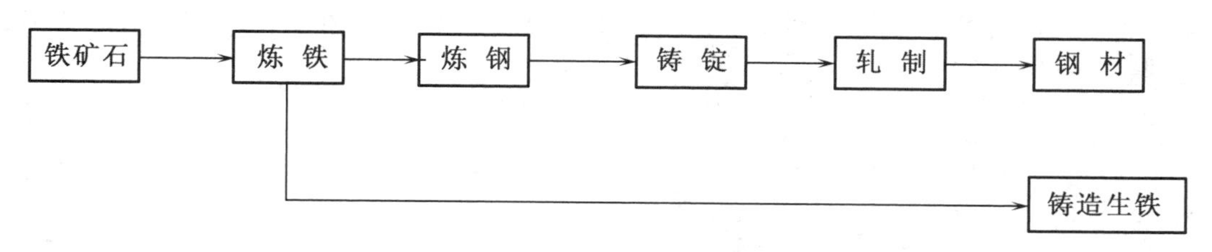

图 2-2　钢铁冶炼的基本过程

2.2.1　生铁的冶炼

生铁是用铁矿石在高炉中经过一系列的物理化学反应过程冶炼出来的。

从矿石中提取铁的过程称为炼铁，炼铁的炉子叫高炉（见图 2-3）。从原料来说，除了铁矿石以外，还需要燃料和造渣用的熔剂。炉料（铁矿石、燃料和溶剂）在炉内经过一系列物理化学反应后，所得的产物除生铁外还有炉渣和煤气。生铁用来进行炼钢或浇铸成件，炉渣经过处理可以用作其他工业的原料，煤气则可以作为燃料用于高炉本身或其他部门。

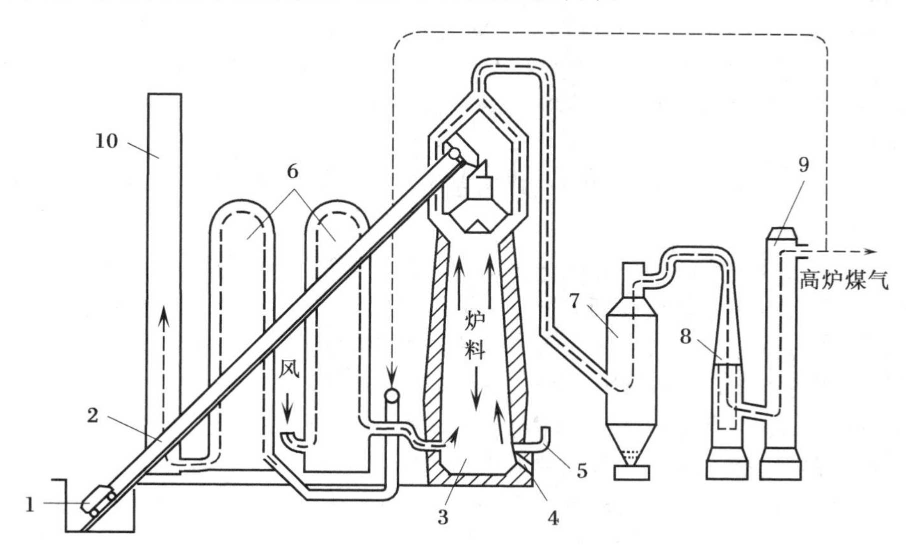

图 2-3　高炉炼铁过程示意图

1. 料车　2. 上料斜桥　3. 高炉　4. 铁渣口　5. 风口　6. 热风炉　7. 重力除尘器　8. 文氏管　9. 洗涤塔　10. 烟囱

1. 高炉原料

(1)铁矿石

铁矿石是由一种或几种含铁矿物和脉石组成的。含铁矿物是具有一定化学成分和结晶构造的化合物,脉石是由各种矿物如石英、长石等组成并以化合物形态存在的。所以,铁矿石实际上是由各种化合物所组成的机械混合物。

自然界含铁矿物很多,而具有经济价值的矿床一般可分为4类:赤铁矿、磁铁矿、褐铁矿和菱铁矿,其基本特性列于表2-1。

表2-1 铁矿物的类型

名 称	化学式	纯含铁量(%)	实际含铁量(%)	颜色	特 性
赤铁矿石	Fe_2O_3	70.0	30～65	红	质松易还原
磁铁矿石	Fe_3O_4	72.4	45～70	黑	磁性,质硬难还原
褐铁矿石	$Fe_2O_3 \cdot 3H_2O$	59.8	37～55	黄褐	较易还原
菱铁矿石	$FeCO_3$	48.3	30～40	淡黄	较易还原

对铁矿石的要求是含铁量越高越好。按含铁量可分为贫矿(＜45%)和富矿(＞45%)两种。工业上使用的可直接进行冶炼的富矿铁矿石很少,而贫矿在冶炼前需要进行选矿,以提高其含铁量,然后制成烧结矿或球团矿,才能进行冶炼。此外,铁矿石的还原还要求具有高的气孔率、适中的粒度、高的碱性脉石含量及低的磷、硫等杂质。另外,矿石还应具有一定的强度,使它在高炉中不易被炉料压碎或被炉气吹走。这些性质都在不同程度上影响着高炉的产量、焦比、成本及其他技术经济指标。为了保证高炉冶炼过程的顺利进行,保持矿石这些性质的稳定是十分重要的,因为这些性质的波动,都会引起炉况的波动。全国高炉会议规定,矿石在入炉前必须混匀,使含铁量的波动不超过1%。由于自然开采的铁矿石大小不均并含有脉石及砂粒等杂质,必须经过各种准备和预处理工作才能更经济、更合理地投入高炉进行生产。常用的预处理方法有破碎、筛分、选矿、烧结和造块。

①破碎和筛分。所有开采来的大块铁矿石都要经各种破碎机进行破碎,而后进行筛分,并按其大小进行分类。

②选矿。选矿是指对低品位矿石经一定处理,将其中绝大部分脉石和无用的成分同矿石中的有用矿物分离出来,使铁的品位提高到60%或更高的过程。现代炼铁工业常采用两种选矿方法:水选和磁选。水选基本是利用铁矿石中含铁矿物与脉石比重不同的特点,用水将含铁矿物和脉石分离开。磁选用于磁铁矿,利用磁力将含铁矿物与脉石分离。

③烧结和造块。烧结是指把精矿、煤粉、石灰粉及水混合起来,在专门的烧结机或烧结炉中进行烧结的过程。煤粉燃烧产生的热量能使温度达到1 000～1 100 ℃,此温度能使精矿中的部分脉石熔融,与石灰结合成硅酸盐,将精矿黏合在一起,从而形成坚固和疏松多孔的烧结矿。造块是指一种人造球形块矿,它是把加水湿润的精矿或精矿和熔剂的混合物在圆盘(或圆筒)内滚成直径10～30 mm的球块,经过干燥和焙烧而制成的。

(2)熔剂

加入熔剂的作用主要是降低脉石的熔点,使脉石和燃料中的灰分及其他一些熔点很高的化合物(如SiO_2的熔点为1 625 ℃,Al_2O_3的熔点为2 050 ℃)生成低熔点的化合物,造成比重小于铁的熔渣而与铁相分离。此外，加入溶剂造渣还具有去硫的作用，即利用硫易与钙相结合的特性，生成硫化钙进入渣中，从而将杂质硫去除。熔剂的种类根据熔剂的性质可分为碱性熔剂和酸性熔剂。采用哪一种熔剂要根据矿石中脉石和燃料中灰分的性质来决定，由于铁矿石中的脉石大多数为酸性，焦炭的灰分也都是酸性的，所以通常都使用碱性熔剂。最常用的碱性熔剂就是石灰石。

(3)燃料

高炉冶炼主要是依靠燃料的燃烧获得热量进行熔炼，同时燃料在燃烧过程中还起着还原剂的作用。用于高炉的燃料应满足以下几条要求：

①含碳量要高，以保证有高的发热量和燃烧温度。

②有害杂质硫、磷及水分、灰分和挥发分的含量要低，以保证良好的冶金质量和低的燃料消耗。

③在常温及高温下具有足够的机械强度。

④气孔率要大，粒度要均匀，以保证高炉有良好的透气性。

常用的燃料主要是焦炭。焦炭是把炼焦用煤粉或几种煤粉的混合物装在炼焦炉内，隔绝空气加热到 1 000～1 100 ℃，干馏后得到的多孔块状产物。它的优点是强度大，发热量高及价廉，缺点是灰分较多(冶金焦中含灰分 7%～15%，一般焦炭灰分大于 20%)，杂质硫、磷的含量较多。

2. 高炉生产过程

高炉的结构见图 2-4。进入高炉的有铁矿石、焦炭、溶剂等原料。热空气经环风管吹入高炉。焦炭既是燃料又是还原剂，有少部分与铁化合。石灰石与脉石反应生成炉渣，并与矿石中的硫反应生成硫化铁并带入渣内。

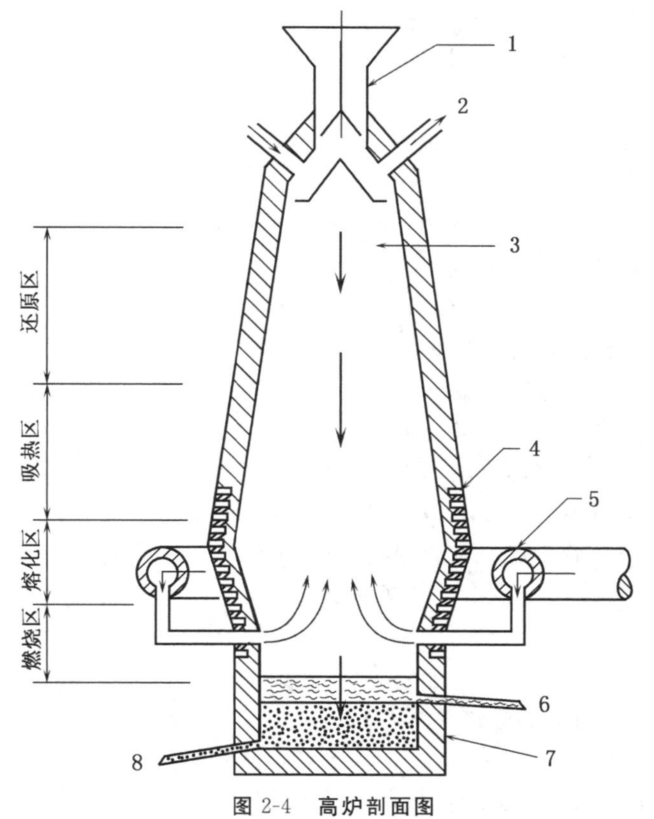

图 2-4　高炉剖面图

1. 料钟和料斗　2. 废气　3. 焦炭、矿石和石灰石　4. 螺旋冷却管　5. 环风管　6. 炉渣流槽　7. 炉缸　8. 出铁口

高炉内的温度分布如图 2-5 所示。炉料由高炉顶部加入，炉顶温度大约 200 ℃。在此温度下，由焦炭燃烧生成的 CO 上升气流与下降的炉料开始反应，矿石的部分铁被还原，同时部分 CO 生成 CO_2 及粉状或烟状游离碳。部分游离碳进入矿石孔中，约在炉身中部，碳将炉内残存的氧化亚铁还原成铁，其余的碳被铁溶解，使铁的熔点降低，铁矿石中的铁转变为海绵铁。在高温下石灰石发生分解，生成的氧化钙与酸性脉石形成炉渣。

被还原的矿石逐渐降落，温度和 CO 的浓度不断升高，炉内反应加速，将全部转化为铁和氧化亚铁。在风门区，残余的氧化亚铁还原成铁，熔融的铁和炉渣缓缓进入炉缸。此时，较轻而又难熔的炉渣浮向熔体的上层，铁液和炉渣可分别排出。得到的生铁可浇铸成锭或直接炼钢。

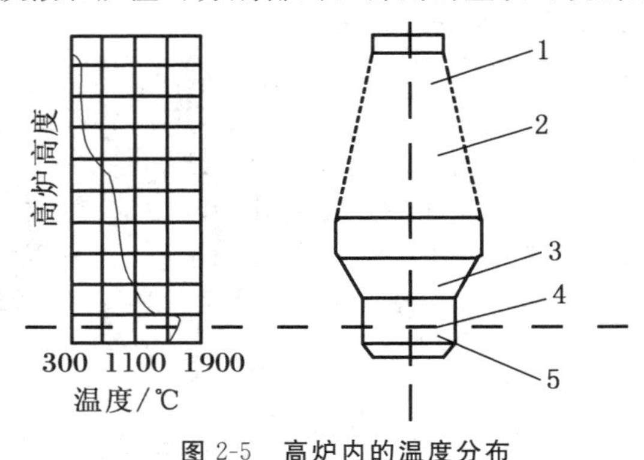

图 2-5 高炉内的温度分布

1. 预热带 2. 还原带 3. 增碳带 4. 风口轴心 5. 熔化带

3. 高炉冶炼的理化过程

(1)燃料的燃烧

当赤热的焦炭从上而下落到风口附近时，与风口吹入的热空气发生以下氧化反应进行燃烧，产生 1 600～1 750 ℃的高温：

$$C+O_2 \longrightarrow CO_2\text{(放热)}$$

气体上升遇到赤热的焦炭被还原成 CO，

$$CO_2+C \longrightarrow CO\text{(吸热)}$$

CO 的热气体上升与矿石接触发生还原反应。

(2)铁的还原

氧化铁的还原可借助 CO 气体及固体碳。前者称为间接还原，后者称为直接还原。

间接还原在炉口附近开始，温度从 250～300 ℃到大约 950 ℃为止。依次地将含氧较多的氧化物还原成含氧较少的氧化物(顺序由高价氧化物还原成低价氧化物)。其反应如下：

$$Fe_2O_3+CO \longrightarrow Fe_3O_4+CO_2$$

$$Fe_3O_4+CO \longrightarrow FeO+CO_2$$

$$FeO+CO \longrightarrow Fe+CO_2$$

直接还原发生在 950 ℃以上，靠固体碳来进行：

$$FeO+C \longrightarrow Fe+CO$$

在这个反应中，由下列反应产生的碳起到了很大的作用：

$$CO \longrightarrow CO_2+C$$

这种碳成烟状进入铁矿石的孔隙里。

(3)铁的增碳

从铁矿石中还原出的铁呈固态海绵状，含碳量极低。当其下落时逐渐熔化并吸收一部分碳，进入炉缸后，还会与焦炭接触进一步增碳，使铁吸碳至饱和而得到生铁。

生铁最后的含碳量决定于其他元素的含量。Mn、Cr、V、Ti 等元素能与碳形成碳化物而溶于生铁中，因而提高了生铁的含碳量，如含锰 80%的锰铁，其含碳量不低于 7%。而 Si、P、S 等元素能与铁生成化合物，减少了溶解碳的铁，因而使生铁的总含碳量减少(如铸造生铁有较高的硅含量，所以含碳量不高于 3.75%)。

(4)其他元素的还原

①锰的还原。高炉中的锰来自矿石中带进的 MnO_2，其还原过程也是按从高价到低价的还原顺序，最后还原成金属锰。在 700 ℃左右高价锰被还原成 MnO，在 1 100 ℃才能被固体碳还原成金属锰：

$$MnO+C \longrightarrow Mn+CO$$

②硅的还原。硅以 SiO_2 的形式存在于矿石中，在 1 100 ℃以上的温度被固体碳还原：

$$SiO_2+C \longrightarrow Si+CO$$

③磷的还原。磷以 $Ca_3(PO_4)_2$ 的形式存在于矿石中，在 1 200～1 500 ℃被固体碳还原：

$$Ca_3(PO_4)_2+C \longrightarrow CaO+P+CO$$

还原出的磷与铁结合形成 Fe_2P 或 Fe_3P 溶于铁中。实践证明高炉还原磷的条件是很有利的，炉料中的磷可以全部进入铁中。

(5)去硫

生铁中的硫以硫化亚铁(FeS)的形式存在，降低了生铁的质量。为减少铁中的含硫量，可在炉料中加入石灰石使发生下列反应：

$$FeS+CaO \longrightarrow CaS+FeO$$

生成的 CaS 进入炉渣，因此炉渣中过量的 CaO 能去除较多的硫。

(6)造渣

造渣是矿石中的废料及燃料中的灰分与熔剂的熔合过程，熔合后的产物就是渣。高炉炉渣主要由 SiO_2、Al_2O_3 和 CaO 组成，并含有少量的 MnO、FeO 和 CaS 等。炉渣不与熔融的金属液互溶，又比金属液轻，因此浮在熔体的上面。

炉渣具有重要作用，它可以通过熔化各种氧化物控制金属的成分，并且浮在金属液表面的炉渣能保护金属，防止金属液热量散失或被过分氧化。

4. 高炉产品

(1)生铁

生铁是由 Fe 和 C、Si、Mn、P、S 等元素组成的合金，有以下几种：

①铸造生铁。特点是含硅较多，其中的碳以游离的石墨形式存在，断面呈灰色，故又称灰口生

铁，它是铸造车间生产各种铸铁的原料。

②炼钢生铁。碳以化合物 Fe_3C 的形式存在，断面呈银白色，故又称白口生铁，它是炼钢的原料。

③特种生铁。包括高锰、高硅生铁，在炼钢时作为脱氧剂或作为炼制合金钢时的附加材料。

(2)高炉煤气

在高炉煤气中含有 CO、CO_2、CH_4、H_2、N_2 等，可作为工业上的燃料，经除尘后可用来加热热风炉、炼焦炉、平炉和满足日常生活需要。

(3)炉渣

炉渣可用来制造水泥、造砖或铺路。

2.2.2 钢的冶炼

生铁含有较多的碳和硫、磷等杂质元素而导致强度低、塑性差，需再经冶炼成钢后才能进行成形加工，用于作为工程结构和制造机器零件。炼钢的目的就是去除生铁中多余的碳和大量杂质元素，使其化学成分达到钢的标准。

1. 炼钢的基本过程

(1)元素的氧化

炼钢的主要途径是向液体金属供氧，使多余的碳和杂质元素被氧化去除。炼钢过程可以直接向高温金属熔池吹入工业纯氧，也可以利用氧化性炉气和铁矿石供氧。氧进入金属熔液后首先和铁发生氧化反应：

$$[Fe]+[O_2]\longrightarrow(FeO)$$

然后(FeO)再和金属中的其他元素发生氧化反应：

$$[Si]+(FeO)\longrightarrow(SiO)+[Fe]$$

$$[Mn]+(FeO)\longrightarrow(MnO)+[Fe]$$

$$[P]+(FeO)\longrightarrow(P_2O_5)+[Fe]$$

$$[C]+(FeO)\longrightarrow(CO)+[Fe]$$

当上述杂质元素和氧直接接触时，也将发生直接的氧化反应：

$$[Me]+O_2\longrightarrow MeO$$

上述氧化反应的产物不熔于金属，从而上浮进入熔渣或炉气。

(2)造渣脱磷和脱硫

在采用碱性氧化法炼钢时，可通过加入石灰石造渣的方法去除磷和硫这两种元素：

$$P+FeO+CaO\longrightarrow Fe+CaO\cdot P_2O_5\text{(进入熔渣)}$$

$$FeS+CaO\longrightarrow FeO+CaS\text{(进入熔渣)}$$

熔渣中的碱性越高，脱硫和脱磷的效果越好。

（3）脱氧及合金化

随着金属液中碳和其他杂质元素的氧化，钢液中溶解的氧（以 FeO 形式存在）相应增多，致使钢中氧夹杂含量升高，钢的质量下降，而且还有碍于钢液的合金化及成分控制。因此，冶炼后期应对钢液进行脱氧处理，通常加入硅、铁、铝或镁等易氧化元素来完成。

钢液脱氧后可以向钢液中加入需要的各种合金元素，进行合金化处理，从而将钢液调整到规格要求的成分，最后浇铸成锭坯。

2. 常用的炼钢方法

（1）碱性平炉炼钢

炼钢平炉如图 2-6 所示。其大小以能容纳金属的质量来表示，通常为 50～200 t。平炉炼钢以液态生铁或生铁锭及废钢为原料，利用炉气和矿石供氧，以气体或液体燃料供热。平炉炼钢的周期长，品质较低。

（2）电弧炉炼钢

电弧炉的结构如图 2-7 所示。这种炼钢方法利用石墨电极和金属炉料之间形成的电弧高温（5 000～6 000 ℃）加热和熔化金属，金属熔化后加入铁矿石、熔剂，制造碱性氧化性渣，并吹氧，以加速钢中的碳、硅、锰、磷等元素的氧化。当碳、磷含量合格时，扒去氧化性炉渣，再加入石灰、萤石、电石、硅铁等造渣剂和还原剂，形成高碱度还原渣，以脱去钢中的氧和硫。

电弧炉炼钢的温度和成分易于控制，冶炼周期短，是冶炼优质合金钢不可缺少的重要方法。

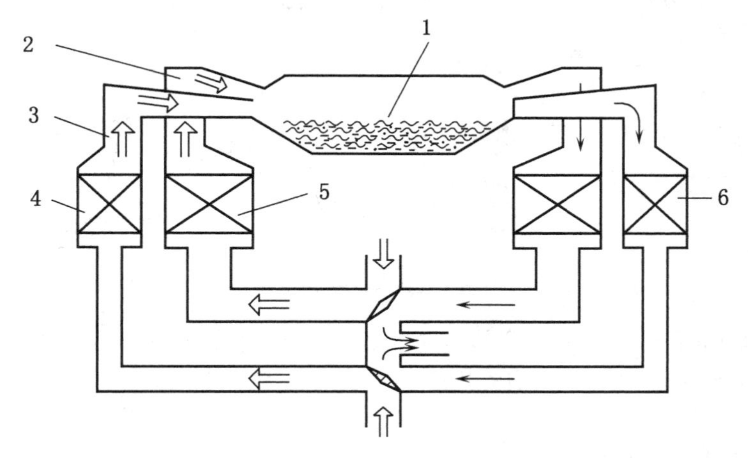

图 2-6　平炉示意图

1. 炉炼室　2. 炉头　3. 上升道　4. 煤气蓄热室　5. 空气蓄热室　6. 煤气蓄热室

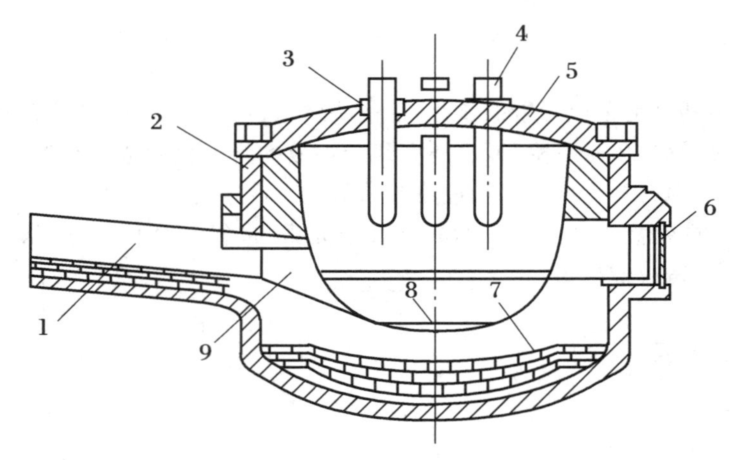

图 2-7　电弧炉炼钢示意图

1. 出钢槽　2. 炉墙　3. 电极夹持器　4. 电极　5. 炉顶　6. 炉门　7. 炉底　8. 熔池　9. 出钢口

(3)氧气顶吹转炉炼钢

转炉的构造如图 2-8 所示。氧气顶吹转炉炼钢法以生铁液为原料，利用喷枪直接向熔池吹高压工业纯氧，在熔池内部造成强烈搅拌，使钢液中的碳和杂质元素迅速被氧化去除。元素氧化放出大量热，使钢液迅速被加热到 1 600 ℃以上。

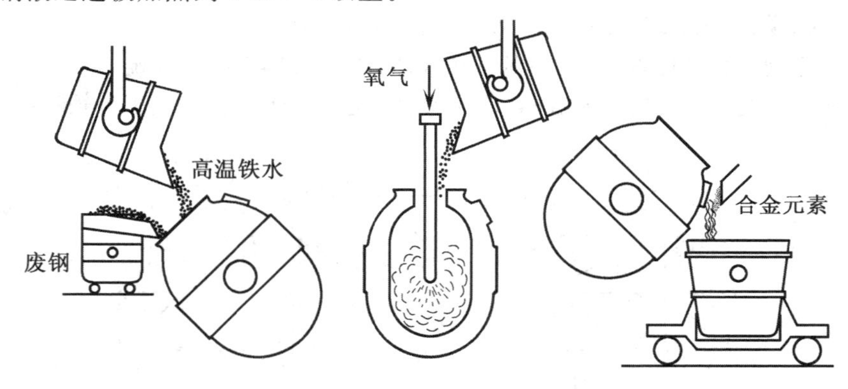

图 2-8　转炉炼钢示意图

氧气顶吹转炉炼钢的生产率高，仅 20 min 就能炼出一炉钢，炼钢不用外加燃料，基建费用低。因此，氧气顶吹转炉炼钢已成为现代冶炼碳钢和低合金钢的主要方法。

3. 钢液的炉外精炼及钢锭生产

为提高钢的纯净度、降低钢中有害气体和夹杂物含量，现已广泛采用炉外精炼技术，以实现一般炼钢炉内难以达到的精炼效果。常见的炉外精炼方法包括真空精炼、吹氩精炼和电渣重熔。经过精炼后，钢的性能明显提高。

(1)钢液炉外精炼

将本应在转炉或电炉内初炼的钢液倒入钢包或专用容器内，进行脱氧、脱硫、脱碳、去气、去除非金属夹杂物和调整钢液成分及温度，以达到进一步冶炼目的的炼钢工艺称为炉外精炼，即将本应在常规炼钢炉中完成的精炼任务，如去除杂质(包括不需要的元素、气体和其他杂质)、调整和均匀成分和温度的任务,部分或全部地移到钢包或其他容器中进行,变一步炼钢法为二步炼钢法,将传统的炼钢过程分为初炼和精炼两步进行。

①初炼时炉料在氧化性气氛的炉内进行熔化、脱磷、脱碳、去除杂质和主合金化,获得初炼钢水;

②精炼则是将初炼的钢水在真空、惰性气体或还原性气氛的容器内进行脱气、脱氧、脱硫、去除夹杂物和成分微调等。

(2)炉外精炼的目的

①降低钢中氧、硫、氢、氮和非金属夹杂物含量,改变夹杂物形态,以提高钢的纯净度,改善钢的机械性能。

②深脱碳,满足低碳或超低碳钢的要求。在特定条件下,可以把碳脱到极低的水平。

③微调合金成分,把合金成分控制在很窄的范围内,并使其分布均匀,尽量降低合金的消耗,以提高合金收得率。

④调整钢水温度到浇注所要求的范围内,最大限度地减小包内钢水的温度梯度。

(3)炉外精炼的方法

第一类方法的单元操作内容少,功效单一,处理时间短,适用于生产节奏快的情况。其中包括真空处理,如真空室处理(VD)、真空浇注、滴硫式处理、循环脱气(RH)、提升脱气(DH)等;以及喷粉处理和吹氩处理等。第二类方法有较多的单元操作,功效较全面,处理时间长,成本较高。例如不锈钢脱碳的 AOD、VOD 和 RH－OB 等;加热精炼;以及 VAD、ASEA－SKF 和 LF 等。

(4)精炼手段

精炼手段有六种,包括渣洗、真空、搅拌、加热(调温)和喷吹、过滤等。

①渣洗:获得洁净钢并能适当进行脱氧、脱硫的最简便的精炼手段。将事先配好(在专门炼渣炉中熔炼)的合成渣倒入钢包内,利用出钢时钢流的冲击作用,使钢液与合成渣充分混合,从而完成脱氧、脱硫和去除夹杂等精炼任务。在电弧炉冶炼中,还可以在出钢前控制调整还原渣的成分、流动性和温度,出钢时与钢渣混出,借此使钢液与还原渣充分混合,以进一步利用还原渣的精炼作用脱氧脱硫,称同炉渣洗,这种工艺也是利用了渣洗原理。

②真空:将钢水置于真空室内,由于真空作用使反应向生成气相方向移动,达到脱气、脱氧、脱碳等目的。真空是炉外精炼中广泛应用的一种手段,如图 2-9 所示。

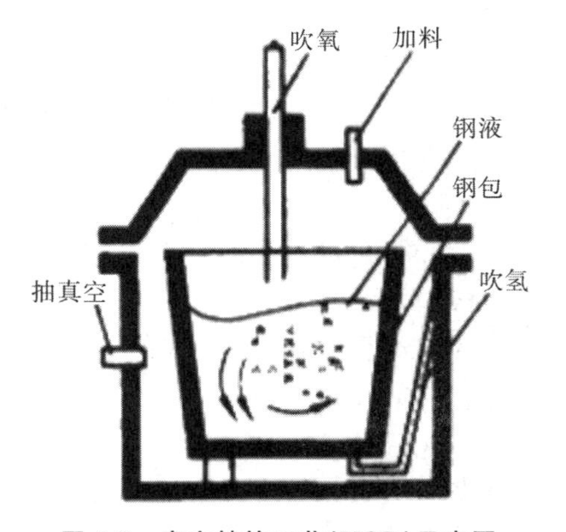

图 2-9　真空精炼工艺(VOD)示意图

③搅拌:通过搅拌扩大反应界面,加速反应物质的传递过程,提高反应速度。搅拌方法有吹气搅拌和电磁搅拌。

④加热:调节钢水温度的一项重要手段,使炼钢与连铸更好地衔接。加热方法:电弧加热法和化学加热法。

⑤喷吹:用气体作载体将反应剂加入金属液中的一种手段。喷吹的冶金功能取决于精炼剂的种类,喷吹能完成脱碳、脱硫、脱氧、合金化和控制夹杂物形态等精炼任务。

⑥过滤:利用陶瓷过滤器将中间包内钢液中的氧化物夹杂等过滤掉。

真空应用最广而且效果明显。吹氩时的氩气泡也可看作小的真空,因为其中 CO、H_2、N_2 的分压均很小。

(5)钢锭生产

炼钢生产的技术经济指标是以生产最后浇注多少合格铸锭来衡量的。因此,铸锭也是炼钢生产的一个重要环节。

2.2.3 铸铁的熔制

高炉冶炼得到的铸造生铁是工程用铸铁材料的原材料,还需要通过重新熔炼进行合金化及变质处理使其成分、组织和性能满足要求。

常见的铸铁材料有普通灰铁、孕育铸铁、球墨铸铁、可锻铸铁和合金铸铁等。通常是用冲天炉(图 2-10)或感应电炉(图 2-11)进行熔制。与炼钢不同的是,铸铁熔炼的主要目的是合金化和对铁水进行炉前变质处理。

1. 炉后配料及合金化

铸铁的化学成分是通过加入的原材料,即生铁、废钢及各种合金来配制的。一般情况下,铸铁材料对碳的要求低于生铁的含碳量,所以要在炉后加入一定比例含碳量低的废钢,加入的多少应根据要求及熔炼过程中的增碳率来计算,还需要加入硅铁和锰铁以调整铸铁中硅和锰的含量,此外,还要加入焦炭、石灰石和萤石等燃料和造渣材料。冲天炉是一种连续熔化的设备,因此,各种炉料是按比例分批投入炉内的。而感应电炉是一次投料和熔化的。

2. 熔化

冲天炉熔化是通过从风口吹入炉内空气,促进焦炭的燃烧使炉内原料熔化,铁水和熔渣流入炉缸并使铁水成分均匀化。

3. 炉前处理

炉前处理的目的是改变或改善铁水凝固后的组织。除普通灰口铸铁铁水出炉后直接进行浇注外,绝大多数铸铁材料的铁水要在炉前进行变质处理。主要的炉前处理方法和工艺有以下几种。

(1)孕育处理

通过在出铁的过程中向铁水中加入预热的硅铁或硅钙孕育剂颗粒,达到使铁水变质的目的。其原理是这些颗粒在铁水中形成浓度起伏和成分起伏,增加了石墨的形核核心而细化石墨和共晶团组织。一般的处理工艺为随流孕育法，即将孕育剂洒在前炉的出铁槽内，出铁是由铁水直接冲入包内。现在已发展了一些新的孕育工艺，如喂丝法、同流法和型内孕育法等，大大提高了孕育效果。

(2)球化处理

球化处理是生产球墨铸铁的关键技术，指通过向铁水中加入球化剂使铁水凝固成为具有球状石墨组织的铸铁。球化剂的主要成分是镁，此外，还加入稀土、硅和铁等辅助材料，以改变球化剂的熔点和有效作用时间。处理方法多用包内冲入法，如图 2-12 所示。加入量通常为铁水重量的 1.5%～1.8%，同时还要进行孕育处理，处理完毕后应在 20～30 min 内浇注，以防止球化和孕育衰退。现在，为避免加入稀土使石墨球的形态恶化，可用钟罩压入法直接加入纯镁球化。为保证最佳的处理效果，也可以采用型内球化和孕育等工艺。

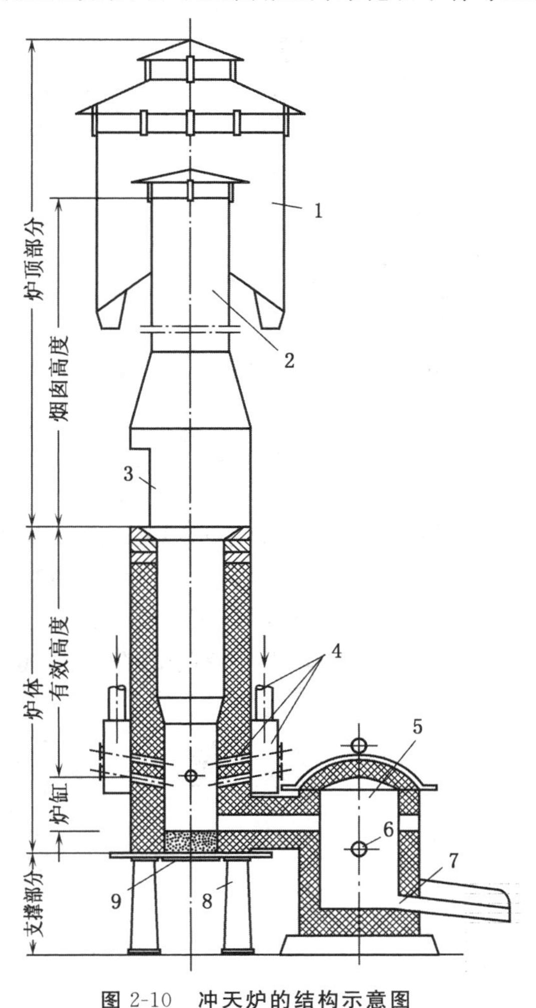

图 2-10　冲天炉的结构示意图

1. 除尘器　2. 烟囱　3. 加料口　4. 送风系统　5. 前炉　6. 出渣口　7. 出铁口　8. 支柱　9. 炉底板

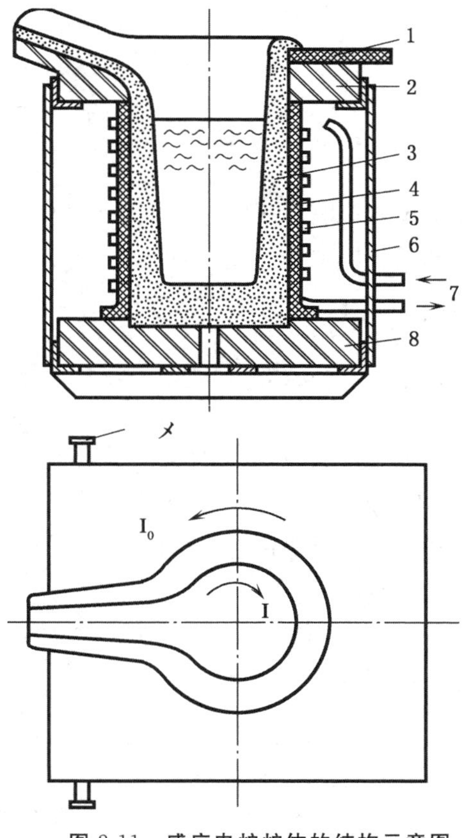

图 2-11　感应电炉炉体的结构示意图

1. 盖板　2. 耐火砖　3. 坩埚　4. 绝缘布　5. 感应线圈　6. 防护板　7. 冷却水　8. 底座

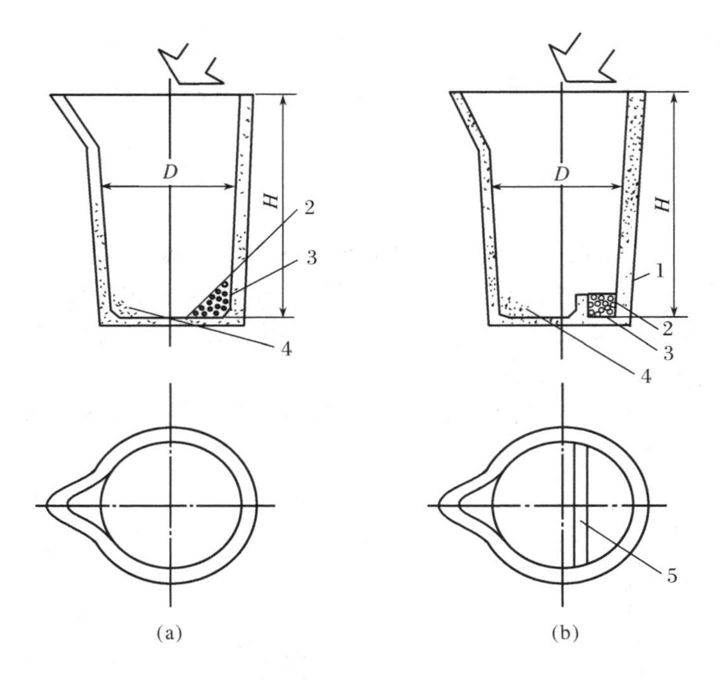

图 2-12　冲入法处理形式

(a)平底式　(b)堤坝式

1.铁板　2.草灰　3.球化剂　4.纯碱　5.堤坝　*H*.包高　*D*.包径

在缺少专用的炉前快速检测仪器的情况下,生产上常用一些经验的传统方法观察和判断铁水的质量和成分。主要有下面的方法:

(1)断口试片法

炉前试片检验,是以不同碳、硅量在不同冷却条件下,铸铁宏观组织有不同的表现为依据来判定铁水成分的。试片断面形状很多,其尺寸根据铸件壁厚来确定。图 2-13 为常用的三角断口试片,用来判断灰铸铁和球铁的成分及处理效果。试样凝固后淬入水中冷却,砸断后观察断口。白口宽度(或深度)越大,说明碳当量越低;反之,碳当量越高。断口发暗,则硅量偏低;发亮则硅量合适;发黑则碳高;色淡且中心晶粒细,说明碳低。

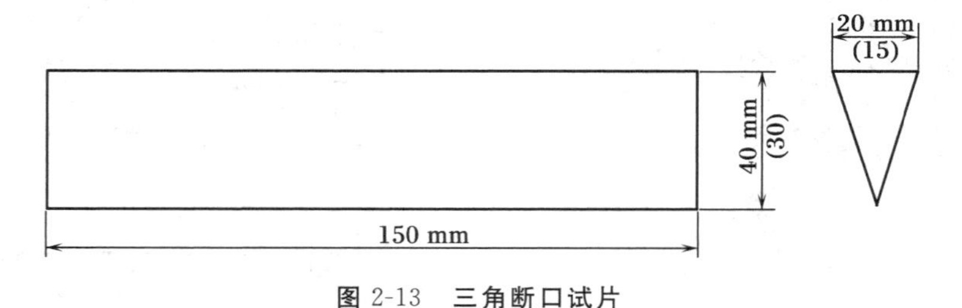

图 2-13　三角断口试片

(2)氧化观察法

通过观察铁水的颜色、亮度和氧化皮花纹的状况判定铁水的熔化状况和质量。铁水严重氧化的特征是铁水表面不断产生很厚的氧化皮,铁水表面成白亮色,但流动性很快降低,如图 2-14 所示。

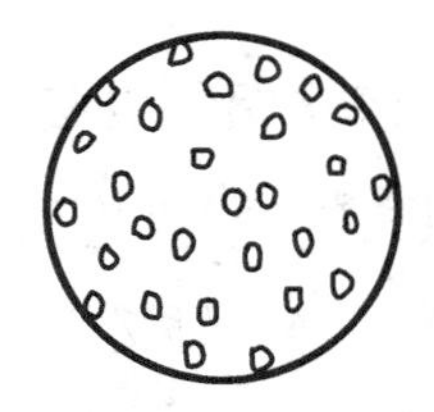

C=2.45%~2.65%	C=2.45%~2.65%	C=2.45%~2.65%	C=2.45%~2.65%
Si=1.0%~1.1%	Si=1.2%~1.35%	Si=1.4%~1.5%	Si=1.5%~1.65%

图 2-14　各种铸铁成分的花纹特征

(3)火花观察法

当铁水从出铁槽流入铁水包时,由于铁水的冲击会有铁豆飞出,铁豆直径小到一定程度就可能出现火花。此火花一般是由 FeO 所造成的,其形式有两种(图 2-15)。根据铁水火花的特征也可以初步估计铁水碳、硅含量的多少。在同样条件下,碳硅含量愈低,即铁水愈"硬",出现扫帚状和雪花状火花也就愈多。含碳量低时出现扫帚状火花多,含硅量低时出现雪花状火花多。

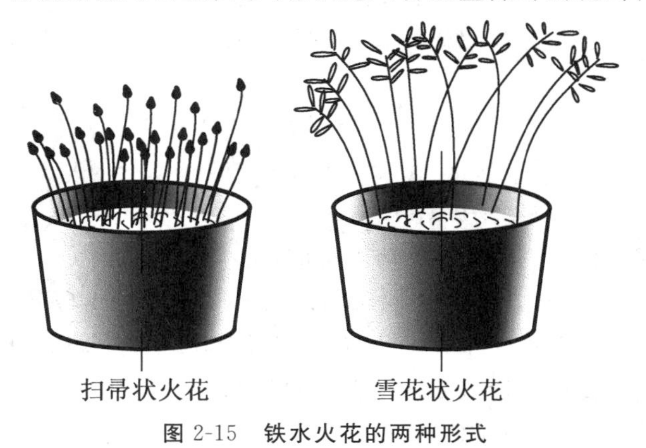

图 2-15　铁水火花的两种形式

2.3　有色金属的冶金工艺

2.3.1　铝的冶炼

铝在自然界中以氧化铝(Al_2O_3)形态存在,分布广、储量大(约占地壳总重的 7.65%)。铝与氧的亲和力很强,难以直接还原,故长期以来铝的价格极高。当发现用电解法可以从氧化铝中提炼出铝后,铝的价格大约降低了 20 倍。

氧化铝主要存在于铝矾土(Al_2O_3 含量 47%~65%)、高岭石(Al_2O_3 含量 39%左右)和矾土岩石(Al_2O_3 含量 40%~60%)中。其中,铝矾土矿是炼铝的主要原料。从这些矿物中提取金属铝一般分为两个步骤:氧化铝的制备和氧化铝的电解。

1. 氧化铝的制备

制备氧化铝的方法主要有湿碱法和干碱法两种。

(1)湿碱法(拜尔法)

将矿石磨细,在 160～170 ℃,0.3～0.4 MPa 的高压釜内和氢氧化钠溶液反应生成铝酸钠溶液,铝酸钠与水反应则生成氢氧化铝:

$$Al_2O_3 + NaOH \longrightarrow NaAlO_2 + H_2O$$

$$NaAlO_2 + 2H_2O \longrightarrow Al(OH)_3 + NaOH$$

将氢氧化铝在 950～1 000 ℃煅烧,即得 Al_2O_3:

$$Al(OH)_3 \longrightarrow Al_2O_3 + H_2O$$

(2)干碱法(碱石灰烧结法)

随着铝土矿铝硅比的降低,拜耳法生产氧化铝的经济效益明显下降。在我国已经开发的炼铝资源中,高硅铝土矿石占有很大数量,因而烧结法对于我国氧化铝工业具有很重要的意义。

烧结法生产氧化铝的实质,是将铝矿粉、石灰石和纯碱按比例混匀加热至 1 100 ℃,发生下列化学反应:

$$Al_2O_3 + Na_2CO_3 \longrightarrow Al_2O_3 \cdot Na_2O + CO_2$$

$$Fe_2O_3 + Na_2CO_3 \longrightarrow Fe_2O_3 \cdot Na_2O + CO_2$$

$$SiO_2 + CaCO_3 \longrightarrow SiO_2 \cdot CaO + CO_2$$

将熔融烧结的产物磨细后与稀 NaOH 溶液反应:

$$Al_2O_3 \cdot Na_2O + NaOH \longrightarrow NaAlO_2 + H_2O$$

生成的 $NaAlO_2$ 进入溶液,而 $Fe_2O_3 \cdot Na_2O$ 生成 $Fe(OH)_3$ 沉淀,$SiO_2 \cdot CaO$ 本身为不溶物,经过滤得铝酸钠溶液,向过滤液内通入 CO_2,即得 $Al(OH)_3$:

$$NaAlO_2 + CO_2 + H_2O \longrightarrow Al(OH)_3 + Na_2CO_3$$

将 $Al(OH)_3$ 经过滤、清洗和煅烧后可得 Al_2O_3。

2. 氧化铝的电解

从氧化铝中提取金属铝是通过熔盐电解法来实现的,用氟化铝、冰晶石(Na_3AlF_6)或其他氟化盐作为电解质,将其放入有碳素阳极和阴极所组成的电解槽中,然后通入直流电,使电解质发生一系列物理化学变化,结果在阴极得到液体铝,在阳极得到氧,它使碳阳极氧化而析出。

铝的熔点为 660 ℃,而 Al_2O_3 的熔点达 2 000 ℃以上。为了获得金属铝并节省能源,可将 Al_2O_3 置于电解液中,在电解液中 Al_2O_3 的熔点可降低至 900 ℃左右。电解过程中,Al_2O_3 在 900 ℃左右离解为 Al^{3+} 和 ${AlO_3}^{3-}$ 离子,在电流作用下 Al^{3+} 移向阴极,${AlO_3}^{3-}$ 离子移向阳极。其电解反应为

$$Al^{3+} + 3e \longrightarrow Al$$

$$AlO_3^{3-} - 12e \longrightarrow Al_2O_3 + O_2$$

电解出的铝呈液态沉积于电解槽底部,可定期放出。电解的一次产品铝含量为 99.7%,还含有少量的铁、硫等杂质,工业上通常还需要进一步通过精炼提纯后浇注成锭。

3. 铝合金的冶炼

纯铝的导电性好、塑性好，但机械性能差，除直接用作导电材料外，一般不用作结构材料。要求具有较好机械性能的各种铝合金，是根据不同材料的成分和性能要求，在坩埚中将纯铝重熔并通过合金化处理后获得的。根据成分和成形方法的不同，可分为变形铝合金和铸造铝合金两大类。

所谓变形铝合金是指这类合金大都是经过热态或冷态的压力加工，即经过轧制、挤压等工序制成板材、管材、棒材以及各种异型材使用。对这类合金要求具有相当高的塑性。

铸造铝合金则是将液体金属铝直接浇注在铸型内制成各种形状复杂的零件。对这类合金则应要求它具有良好的铸造性，即良好的流动性、小的收缩性及高的抗热裂性等。

(1)铝合金的熔炼特点

①熔化时间长。铝的熔点虽低，但熔化潜热大，比热大，黑度小，对热的反射强。与其他常用金属(如铁、铜)相比较，熔化时消耗热量多。因而熔化速度慢，熔化时间长。

②易氧化。铝对氧有很大的亲和力，它能很快氧化，生成 Al_2O_3；在熔体表面形成的氧化铝薄膜虽然有保护作用，但氧化膜一旦破坏，氧气进入熔体，便很难除去。因此，尽可能减少氧化是铝及铝合金熔炼过程中的一个重要问题。

③易吸气。铝及铝合金的吸气能力较强(主要是吸氢的能力)，特别是在有水蒸气或还原性气氛的炉气下，铝及铝合金的吸氢绝对量虽然不大，但在熔点时，氢在固相和液相中的溶解度相差很大，使铸锭结晶时形成气孔和疏松的倾向性很大。因此，尽可能减少吸氢是铝及铝合金熔炼的又一个重要问题。

④容易吸收各种杂质。铝及铝合金中的一些合金化元素具有很高的化学活性，它们不仅能直接吸收从铁坩埚和工具中溶解的铁，而且还能从炉衬的许多氧化物和熔剂的许多氯盐中置换出铁、硅、锌等金属杂质。这些金属杂质一旦进入铝熔体，便无法清除，而且熔炼次数越多，杂质含量越高，对合金性能影响越大，因此防止金属杂质的污染是铝及铝合金熔炼时的第三个重要问题。

(2)铝合金的熔制工艺

铝合金是以电解铝、中间合金及低熔点纯金属为原材料，在电阻炉或反射炉中进行重熔和合金化制备的。因为铝液在高温下极易吸气和氧化，所以熔炼的关键是除气和除渣，提高铝液的纯净度。此外，对于铝硅系合金，浇注前还要进行变质处理。

①配料及熔化。配料应根据所要求的合金成分和元素烧损率计算各种材料的加入配比，因此必须准确地掌握原料的化学成分，按工艺要求的顺序加入炉料和升温熔炼。为防止过分吸气，加热温度一般不超过 750 ℃，并尽可能快速熔化和浇注。

②精炼处理。精炼的目的是除气除渣。精炼方法很多，主要应用的有吹气精炼和氯盐精炼这两种方法。

吹气精炼是指通过向铝熔体直接吹入氩气或氮气等，使之与铝熔体中的气体和非金属夹杂物发生吸附作用，并在气泡上浮过程中将其带出液面，从而达到除气、除渣的目的。吹气精炼的温度一般选择为 710～730 ℃，吹气压力一般控制在 0.1～0.2 大气压，吹气时间一般控制在 10～30 min，精炼后的静置时间一般为 15～30 min。

氯盐精炼主要是利用氯盐与铝熔体的置换反应以及氯盐本身的挥发作用和热离解作用。最常用的是氯化锌、四氯化碳和六氯乙烷，与铝作用时生成的三氯化铝气体自铝液底部向上浮起的过程中起着和惰性气体精炼时相似的除气、除渣作用。其工艺要点是精炼温度 700～720 ℃，加入量 2～3 kg/t，精炼后将熔体静置 5～10 min。

③变质处理。对于铸造铝硅合金等，因成分接近共晶点，为细化有害的初生硅和共晶硅，需要在浇注前对铝液进行变质处理。常用的变质剂为氟化钠、氯化钠、氯化镁等组成的复合钠盐。变质温度一般为 720～730 ℃，以钟罩搅拌法压入铝液。

(3)铝合金铸锭

通常情况下，铸造铝合金直接浇注成要求的铸件，而变形铝合金要先铸成锭坯，再进行锻造或压力加工。铸锭大多数是用直接水冷半连续铸造或模铸制备的。在直接水冷半连续铸造中，当液态金属注入结晶器时，同冷的结晶器壁接触迅速进行热交换而快速凝固，形成硬壳使金属成形。接着，当铸锭从结晶器中出来到结晶器下面的喷水冷却时，热交换又强烈进行，铸锭迅速凝固。

2.3.2 铜的冶炼

铜在地壳中的含量只有 0.01%，在自然界中大多以硫化物和氧化物形式存在于各种共生矿石中。铜矿石中的含铜量一般为 0.4%～5%。根据矿石的类型不同，从铜矿中提取铜有火法冶金和湿法冶金两种方法。火法冶金主要用于硫化铜矿的冶炼，湿法冶金主要用于处理氧化铜矿。无论采用何种冶炼方法，冶炼前都必须对原矿进行浮选富集。富选后的铜精矿一般含铜 20%～30%，含铁 30%～35%，含硫 30%～35%，含二氧化硅 10%～15%，此外，还含有少量锑、铋、硒、碲、锗、锰、金和银等稀有和贵重金属。通过冶炼即能实现除硫、铁和各种金属的分离与回收。

1. 铜精矿的火法冶金

火法炼铜的主要流程如图 2-16 所示。

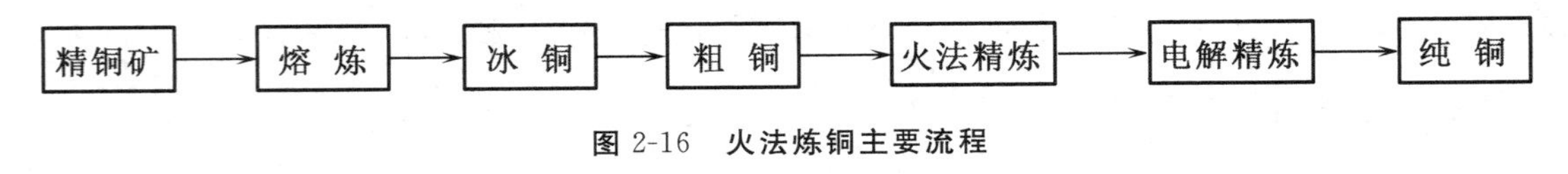

图 2-16 火法炼铜主要流程

(1)冰铜的形成

在炼铜炉的高温条件下，精铜矿中的高价硫化物将分解成简单硫化物。反应产生的硫蒸气在炉气系统中燃烧生成 SO_2 随烟气外排，Cu_2S、FeS 和其他金属硫化物则混合在一起形成冰铜。一些金属氧化物和脉石结合成炉渣，从而实现金属硫化物和脉石的分离。

(2)冰铜的吹炼

冰铜吹炼是指向 1 150 ℃～1 300 ℃的熔融冰铜中吹入压缩空气，并加入适量的石英熔剂，从而获得含铜 98%以上，并含有少量稀贵金属的粗铜的工艺过程。

(3)粗铜的火法冶炼

经吹炼得到的粗铜含有 0.5%～2%的氧、硫等杂质元素，此外，还含有金、银、铀等稀贵金属。因此，必须对粗铜进行精炼。粗铜火法精炼与平炉炼钢相似，即用气体或液体燃料加热，使粗铜温度维持在 1 150～1 170 ℃，再通入压缩空气，使杂质元素氧化成为金属氧化物进入炉渣。精炼后铜含量可达99%～99.5%。

(4)铜的电解

将火法精炼制得的铜板作为阳极，以电解产出的薄铜片作为阴极，置两极于充满电解液的电解槽中。在两极间通以低电压大电流的直流电，在铜阳极发生电化学溶解，纯铜在阴极上沉积，稀贵金属则进入阳极泥中，杂质元素一部分进入阳极泥，大部分以离子形态保留于电解液中，从而实现铜与杂质及稀贵金属的分离。

2. 铜的湿法冶金

湿法炼铜主要由下面两个基本过程组成：一是在溶剂作用下使矿石中的铜溶解进入溶液中，二是用置换、电沉积或氢还原等方法将溶液中的铜分离出来。

湿法炼铜以前主要用于处理不适合用火法冶炼的低品位氧化铜矿、废矿堆和浮选尾矿。近年来，为消除火法冶炼硫化铜对环境的危害，正在积极从湿法冶金中寻求处理硫化铜矿的新途径。

3. 铜合金的冶炼

作为工程结构材料，工业上常用的是铜合金，主要有青铜和黄铜两大类。青铜的主要合金元素是锡，而黄铜的主要合金元素是锌。

由于铜的熔点较高，所以不能用普通的电阻加热炉熔炼，通常采用感应电炉或火焰炉熔炼。熔炼中要注意的是铜合金的脱氧和除氢。

氧是影响铜各种性能的重要杂质元素，在大多数情况下，铜中的氧主要是以氧化亚铜(Cu_2O)形式分布在晶粒边界上的，所以将会降低铜的塑性，使铜难以进行冷加工，且可以引起铜的“氢脆”。

氢是铜中最常见、危害最大的气体。原子状态的氢可大量溶于铜液中，体积可占金属自身体积的27%。

在真空条件下，感应熔炼能得到氢、氧含量很低的铜。但是，由于真空感应熔炼投资大，工艺繁杂，而且产量有限，所以工业生产仍采用非真空感应熔炼的方法，只要采用合适的净化工艺，也可以得到氢、氧含量较低的铜合金。

(1)脱氧

目前应用得较为广泛的方法是加入脱氧剂法。把脱氧剂加到熔池表面，脱氧反应主要在熔池的表面进行。特点是作用较为缓慢，脱氧不易彻底。但是，由于脱氧反应仅在表面进行，所以熔池内部熔体不会受到污染。如用作覆盖剂的燃烧木炭，就是一种典型的扩散脱氧剂。木炭中的碳及其所产生的一氧化碳等气体，在高温下对铜液有脱氧作用：

$$Cu_2O + C \longrightarrow Cu + CO$$

$$Cu_2O + CO \longrightarrow Cu + CO_2$$

生成的二氧化碳气从熔体中逸出，还原出来的铜留在铜液中。

(2)除氢

①惰性气体法。主要使用的是氮气和氩气，它们既不溶于铜液，也不与铜液发生化学反应。当大量的气泡通过熔体时，随着气泡的上浮及对熔体的搅动作用，原来溶于熔体中的氢跟着上浮

至液面。基于氢气在气泡内外的压力差，溶于熔体中的氢不断向气泡中扩散，并随着气泡的上升和逸出而排出到大气中，达到除气目的。通过吹氮处理铜液，不仅可以除去熔体中的氢，而且有助于熔体中其他夹杂物的上浮。气泡越小，数量越多，越有利于除氢。但是，由于气泡上浮的速度大，通过熔体的时间短，且气泡不可能均匀分布于整个熔体中，因此除氢不彻底，且随着熔体中含氢量的减少，除气效果降低。

②氧化法。溶于铜液中的氢和氧，在一定条件下可能进行下列可逆反应：

$$2H_2 + O_2 \rightleftharpoons 2H_2O$$

随着所生成的水蒸气的逸出，反应向右进行，降低了铜液中的氢。可利用这一原理有意识地使铜液中的含氧量增加，以降低氢的含量。

氧化方法是将压缩空气吹入铜液中使大量的铜被氧化：

$$Cu + O_2 \longrightarrow Cu_2O$$

生成的氧化亚铜溶于铜液中并与铜液中的氢发生反应：

$$H_2 + Cu_2O \longrightarrow Cu + H_2O\text{(水蒸气)}$$

结果，铜被还原，水蒸气从熔体中逸出。当上述两个反应能够连续不断地进行时，铜液中的氢逐渐减少。经氧化处理过的铜液，出炉前应该对其进行脱氧处理，以除去铜液中多余的氧化亚铜。

2.3.3 镁的冶炼

镁是地壳中埋藏量较多的金属之一(地壳中含量为 2.1%)，仅次于 Al 和 Fe 而占第 3 位。镁还大量储存在海水及盐湖水中。生产镁的原矿主要有菱镁矿、白云石、卤水和光卤石等。

1. 金属镁的冶炼和提取

镁的生产方法分为两大类，即氯化镁熔盐电解法和热还原法。提取到的粗镁再经过溶剂精炼或升华精炼进行提纯。

(1)熔盐电解法

根据原料的不同，熔盐电解法又可分为以菱镁矿为原料的无水氯化镁的电解法、以海水或盐卤为原料制取无水氯化镁的电解法以及低水料电解法。

①以菱镁矿为原料的无水氯化镁的电解法(又称 IG 法)。采用此法生产金属镁时，将菱镁矿、石油焦、沥青混合制团，或将菱镁矿、石油焦直接加入氯化炉，通氯气进行氯化，制成无水氯化镁，然后送去电解，制成金属镁。此法的优点是流程简单，物料流量少，电流效率高，电解槽寿命长，缺点是氯化炉生产能力低和氯化效率不高。

②以海水或盐湖水为原料，经脱水后制取无水氯化镁的电解法。卤水或盐湖水经蒸发浓缩，除去钾盐、钠盐、溴、硼、硫酸盐等以后，经喷雾(或喷雾造粒)脱水制得含水较低的固体氯化镁，再经熔融氯化(或通氯化氢)彻底脱水制得无水氯化镁，送去电解，制取金属镁。此法的优点是氯化镁质量好，含氯化镁高，环境污染少。

③以海水为原料经脱水后得低水料的电解法(又称 Dow 法)。此法以海水为原料，用电解镁的副产品盐酸进行处理，制成氯化镁水溶液，再经干燥脱水后在外加热的电解槽中生产镁。

(2)热还原法

热还原法又分为硅热法、碳化物热法及炭热法，目前在工业上多用硅热法。

①硅热法。此法又名皮江法(Pidgeon),用硅铁在真空(约 0.1 mm 汞柱)和高温(1 200 ℃)的条件下还原煅烧白云石,直接制取金属镁。此法优点是投资省,建厂快,产品质量高,缺点是间断生产,劳动生产率低,并且需要优质的镍铬钢作还原罐,因此镁的成本高。

②熔融炉渣半连续热还原法[又名马格尼特法(Magnetherm)]。此法仍然是用硅铁还原煅烧白云石,直接制取金属镁,其特点是配料中附加煅烧铝土矿,在更高的温度下反应(>1 500 ℃)生成较低熔点的炉渣,这种炉渣在高温下具有适宜的导电性,同时熔渣本身可作为电热体。此法采用连续加料,间断排渣,故称作熔融炉渣半连续热还原法。

2. 镁合金的冶炼

工程上应用的大多是镁合金材料,因此,需要对镁进行重熔和合金化以制备镁合金铸件或锭坯。镁合金以铸造镁合金用量最大,且大多以压铸方法生产。在生产铸件和变形镁合金锭坯之前,镁通常是在软钢坩埚中进行重熔、精炼和合金化的。

(1)配料及熔化

与铝合金一样,镁合金的配料也是根据合金成分的要求,以镁锭、中间合金和纯金属等通过计算进行的。配料的过程中应注意元素的烧损和加料顺序。

镁合金的熔炼过程是在 650 ℃以上完成的,在熔炼过程中,镁合金熔液产生的氧化膜不像铝合金氧化膜那样能防护金属不被进一步氧化,反之,它还加速氧化过程。熔融金属表面的氧化速率随温度升高而迅速增大,以致在高于 800 ℃时新暴露的表面会自燃。因此,在熔炼镁合金时必须使用适当的熔剂或惰性气体进行熔体保护。目前常用的熔体保护方法有熔剂保护和气体保护。

①熔剂保护。使用的熔剂为碱金属和碱土金属的氯化物和氟化物,以及某些不活泼的氧化物,如 $MgCl_2$,KCl,NaCl,CaF_2,$BaCl_2$,MgO 等。熔剂在熔体表面形成一层连续完整的覆盖层,隔绝空气,防止镁合金被进一步氧化。此外,由于熔剂在精炼时对非金属夹杂物具有良好的润湿和吸附能力,还可以起到精炼净化的作用。熔剂保护法操作简单,效果可靠,但熔剂易在浇注时卷入金属液造成铸件的熔剂夹渣。

②气体保护。对镁合金溶液具有保护作用的气体有 SO_2,CO_2,SF_6 和惰性气体等,现在最常用的保护气体是 SF_6、CO_2 与空气的混合气体。气体保护与熔剂保护相比,可以避免造成熔剂夹渣并改善生产环境,但不具有精炼作用,而且 SF_6 是严重污染大气的气体。

(2)精炼

精炼的目的是除去镁熔液中的氧化镁等夹杂物,使熔体净化。现在使用的主要的精炼剂是 $MgCl_2$。通过强烈搅拌使熔融的 $MgCl_2$ 进入金属液中,由于其密度低而上浮,在上浮的时候吸附并携带悬浮于镁液中的氧化镁等非金属夹杂物,从而达到净化熔体的目的。

(3)除气

镁合金在熔化中吸收的气体主要是氢气,因氢在镁中的固溶度较高(平均每 100 g 约 30 mL),所以并不像对铝合金的影响那么严重。氢的主要来源是潮湿的熔剂或经过腐蚀的废金属铸锭,因此,如果对这些材料采取适当的预防措施就可以降低氢含量。常用氯气进行除气,最佳的除气温度是 725～750 ℃。

(4)变质处理

变质处理的目的是为了使晶粒细化，提高性能。对于镁铝系合金常用碳变质或熔体过热变质法，而对于镁锌系及镁稀土系合金则应该用锆变质。目前，国内外对镁合金变质剂和变质方法的研究很多，不断出现新的成果。

(5)浇注和制锭

由于镁合金易于氧化的特性，在浇注铸件和铸锭的过程中，应该对镁合金熔液进行保护。常用撒硫黄粉和硼酸的混合物的方法或用气体保护。此外，应尽可能采用低的浇注温度并保持平稳充型。

参考文献

1. 杨瑞成，蒋成禹，初福民. 材料科学与工程导论. 哈尔滨工业大学出版社，2002
2. 谢希文，过梅丽. 材料工程基础. 北京航空航天大学出版社，1999
3. F·哈伯斯. 提取冶金原理. 冶金工业出版社，1978
4. C. B. 奥尔考克. 火法冶金原理. 冶金工业出版社，1980

思考题

1. 火法冶金、湿法冶金和电冶金的主要特点是什么？
2. 简述火法冶金和湿法冶金的基本工艺过程。
3. 电解精炼和电解提取有何不同？
4. 试述炼钢的基本过程。
5. 简述碱性平炉炼钢、电弧炉炼钢和氧气顶吹转炉炼钢的特点和适用范围。
6. 工业上如何从铝矾土矿中提取出金属铝？
7. 铝合金的冶炼过程中为什么要进行精炼和变质？
8. 镁合金冶炼时熔体保护的方法有哪些？你认为哪一种更合理？

第三章　铸造工艺

铸造是指将金属、合金或复合材料熔化成为液体(熔体)，浇注于具有特定型腔的铸型中凝固成形的一种金属材料液态成形方法。铸造法是制备金属及合金的锭坯和铸件的主要方法之一。几乎所有的合金锭坯都是通过铸造制备的。因为工艺灵活和成本较低，在许多机械产品中，铸件占整机质量的比例很高，例如内燃机占80%，拖拉机占65%～80%，液压、泵类机械占50%～60%。一般来讲，铸造占包括锻压、焊接、粉末冶金和注塑成形等坯件工业产值的60%。

目前，砂型铸造仍是最主要的铸造方法。此外，还有许多特种铸造方法，如熔模铸造、金属型铸造、压力铸造、低压铸造、离心铸造、壳型铸造、陶瓷型铸造等。它们的铸型用砂较少或不用砂，采用特殊工艺装备，可以获得表面更光洁、尺寸更精确、机械性能更高的铸件。铸造的基本工艺流程如图3-1所示。

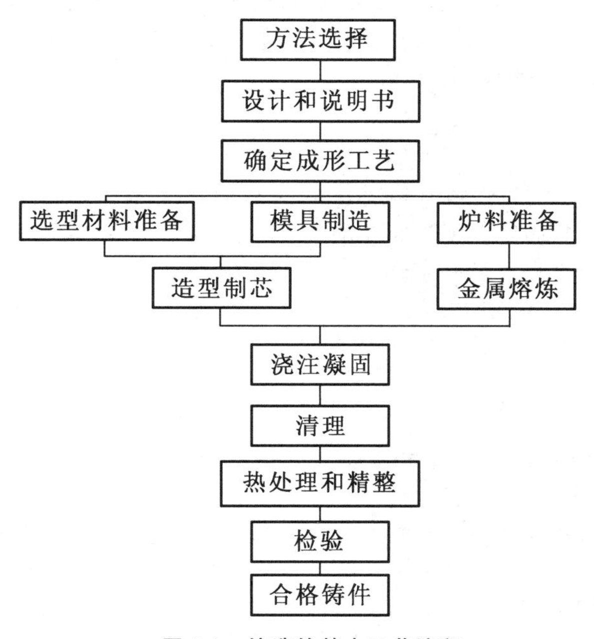

图3-1　铸造的基本工艺流程

3.1 铸件成形基本原理和铸锭组织

3.1.1 铸造原理

铸造是液态金属充填铸型型腔并在其中凝固和冷却的过程。液态金属的流动特性和凝固收缩特性直接影响着铸件的形成。同时,液态金属的流动特性和凝固收缩特性也是衡量其铸造性能的重要依据。

1. 金属的充型能力

液态金属填充铸型的过程简称为充型。液态金属充填铸型型腔,获得形状完整、轮廓清晰的铸件的能力称为金属的充型能力。金属的充型能力和金属的流动性、浇注条件以及铸型等因素密切相关。

(1)金属的流动性

金属的流动性指液态金属本身的流动能力。金属的流动性越好,充型能力就越强,越易于获得轮廓清晰、薄壁复杂的铸件。同时,流动性好还有利于非金属夹杂物和气体的上浮与排除,有利于对金属冷凝过程所产生的收缩进行补缩。

金属的流动性主要与化学成分有关。纯金属和共晶成分的合金在恒定温度下结晶时,液态合金从表面逐层向中心凝固,由于液固相界面光滑,对液态金属流动的阻力小,流动性好。其他成分的合金均在一定温度范围内逐步凝固。由于有初生树枝状晶体使固液界面粗糙,阻碍合金液的继续流动,因此,具有一定结晶温度范围的合金流动性较差,且结晶温度范围越大,流动性越差。实际应用的合金材料中,为了保证材料具有高的机械性能,绝大多数合金都不是纯金属或共晶成分,因此,必须从浇注条件上保证充型能力。

(2)浇注条件

①浇注温度。浇注温度对充型能力有决定性的影响。浇注温度越高,液态金属的黏度就越小,液态金属在铸型中保持流动能力的时间就越长,故充型能力也越强。反之,则充型能力越差。所以,液态金属在浇注时一般都要求一定的过热度。

②浇注压力。液态金属在流动方向上所受的压力愈大,充型速度越快,充型能力就愈好。压力铸造、挤压铸造和半固态铸造就是利用这一原理。

(3)铸型条件

铸型的温度越高、导热系数越小、蓄热系数越小,则液态金属的充型能力越好。但是对凝固速度和合金的组织和性能会产生不利的影响。

此外,充型能力还受到铸件结构(如铸件的薄厚、大小和复杂程度等)的影响。

2. 铸件的凝固与收缩

(1)凝固过程

金属液注入铸型后,按照传热学基本规律,与铸型型腔表面相接触的金属液将首先冷却结晶转变为固态。此时，金属形态由已结晶的外层固相区、未结晶的心部液相区以及两者之间的两相区（即凝固区）组成。随着热量不断从铸件中心向铸型传递，铸件内部温度不断降低，凝固区不断向液相区延伸，固相区不断扩大，直至液相全部消失为止，如图 3-2 所示。

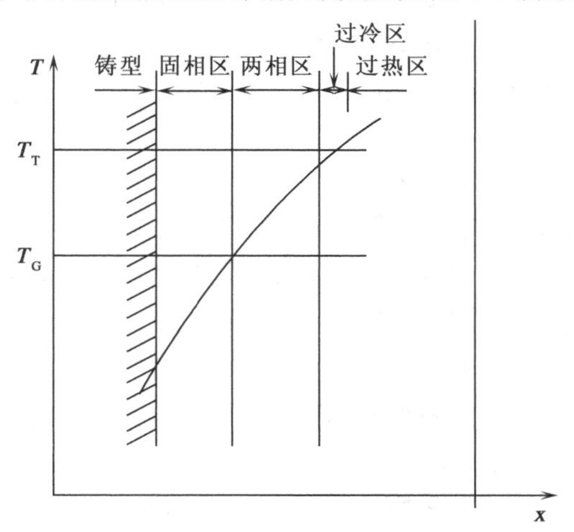

图 3-2　铸件凝固过程的典型区域及其对应的温度分布

T_T——合金的平衡凝固温度，T_G——合金的固相线温度

(2)凝固方式

在铸件凝固过程中，对铸件质量影响较大的主要是液相和固相并存的凝固区的宽窄。铸件的"凝固方式"就是依据凝固区的宽窄来划分的，如图 3-3 所示。

①逐层凝固：纯金属或共晶成分合金在凝固中因不存在液、固两相并存的凝固区，故断面上外层的固体和内层的液体由一条界线（凝固前沿）清楚地分开，见图 3-3(a)。随着温度的下降，固体层不断加厚，液体层不断减少，直到铸件的中心。这种凝固方式称为逐层凝固。

②中间凝固：大多数合金的凝固介于逐层凝固和糊状凝固之间，称为中间凝固方式，见图 3-3(b)。

③糊状凝固：如果合金的结晶温度范围很宽，且铸件截面上温度变化小，则在凝固的某段时间内铸件表面不存在固相层，液、固共存的凝固区贯穿整个断面，见图 3-3(c)。这种凝固方式称为糊状凝固（或同时凝固）。

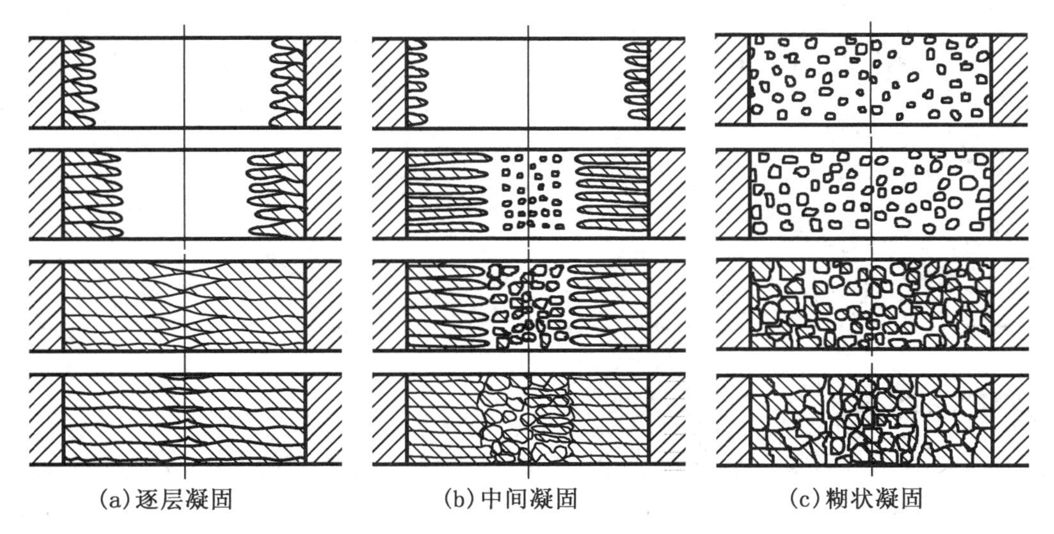

图 3-3　铸件的凝固方式与铸件质量的关系

通常，逐层凝固时合金的充型能力强，易获得内部致密的铸件，而糊状凝固时，难以获得内部致密的铸件。影响合金凝固方式的主要因素是合金的凝固温度范围和铸件凝固期间固、液相界面前沿的温度梯度。通常，合金凝固温度范围越小，铸件凝固期间固、液相界面前沿的温度梯度越大，则铸件凝固时越趋于逐层凝固；反之，合金凝固温度范围越大，铸件凝固期间固、液相界面前沿的温度梯度越小，则铸件凝固时越趋于糊状凝固。

(3)铸件的收缩

合金从浇注、凝固到冷却至室温的过程中，其体积或尺寸缩减的现象称为收缩。收缩是金属的物理本性。合金的收缩为铸造生产带来许多困难，是多种铸造缺陷产生的根源。

在铸件形成的过程中，通常要经历如下 3 个阶段的收缩：

①液态收缩：从浇注温度到凝固开始温度间产生的收缩。

②凝固收缩：从凝固开始温度到凝固终止温度间产生的收缩。

③固态收缩：从凝固终止温度到室温间产生的收缩。

金属的液态收缩和凝固收缩主要表现为铸件体积的缩减，常用单位体积收缩量(体收缩率)表示。固态收缩不仅引起合金体积上的缩减，同时，还使铸件在尺寸上缩减，因此常用单位长度上的收缩量(线收缩率)来表示，如表 3-1 所示。

表 3-1 砂型铸造时几种合金的铸造收缩率的经验值

合金种类		铸造收缩率	
		自由收缩	受阻收缩
灰铸铁	中小型铸件	1.0	0.9
	中大型铸件	0.9	0.8
	特大型铸件	0.8	0.7
球墨铸铁		1.0	0.8
碳钢和低合金钢		1.6～2.0	1.3～1.7
锡青铜		1.4	1.2
无锡青铜		2.0～2.2	1.6～1.8
硅黄铜		1.7～1.8	1.6～1.7
铝硅合金		1.0～1.2	0.8～1.0

(4)收缩对铸件质量的影响

①缩孔和疏松。金属液在铸型中冷却和凝固时，若液态收缩和凝固收缩所缩减的容积得不到补充，则在铸件的厚大部位等最后凝固部位将形成一些孔洞，如图 3-4 所示。其中，在铸件中集中分布且尺寸较大的孔洞称为缩孔，分散且尺寸较小的孔洞称为疏松(缩松)。

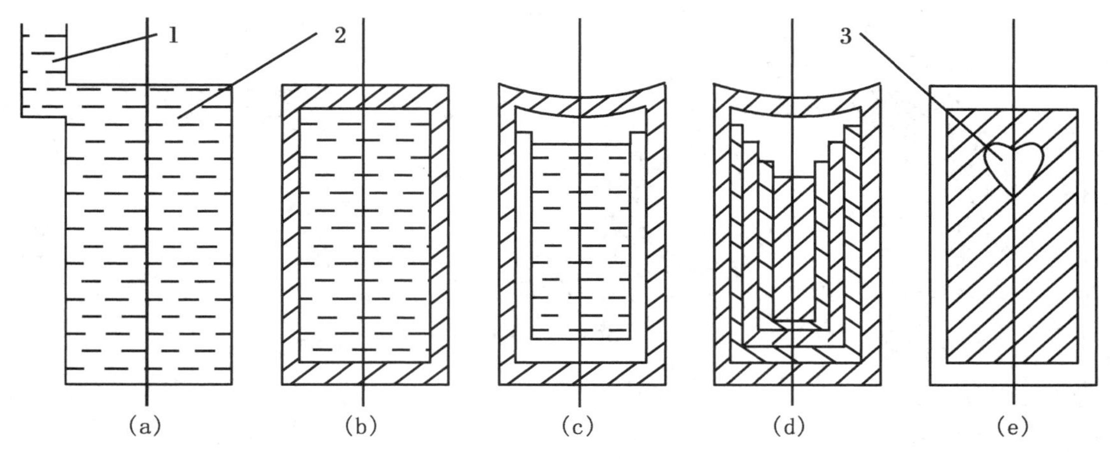

图 3-4　缩孔形成过程示意图

1. 浇口　2. 金属液　3. 缩孔

缩孔和疏松都使铸件的机械性能降低，疏松还是造成铸件渗漏的重要原因。因此，缩孔和疏松都属于铸造缺陷，必须根据技术要求在制备过程中采取适当的工艺措施予以防止。

在实际铸件的生产中，通常采用顺序凝固的原则来避免铸件产生缩孔、疏松缺陷，如图 3-5 所示。所谓顺序凝固是指通过在铸件上可能出现缩孔的厚大部位安置冒口等工艺措施，使铸件上远离冒口的部位先凝固，而后是靠近冒口的部位凝固，最后是冒口本身凝固。按照这样的凝固方式，先凝固区域的收缩由后凝固部位的金属液来补充，后凝固部位的收缩由冒口中的金属液来补充，从而使铸件各个部位的收缩都能得到补充，而将缩孔移至冒口之中。冒口为铸件上多余的部分，在铸件清理时应将其去除。

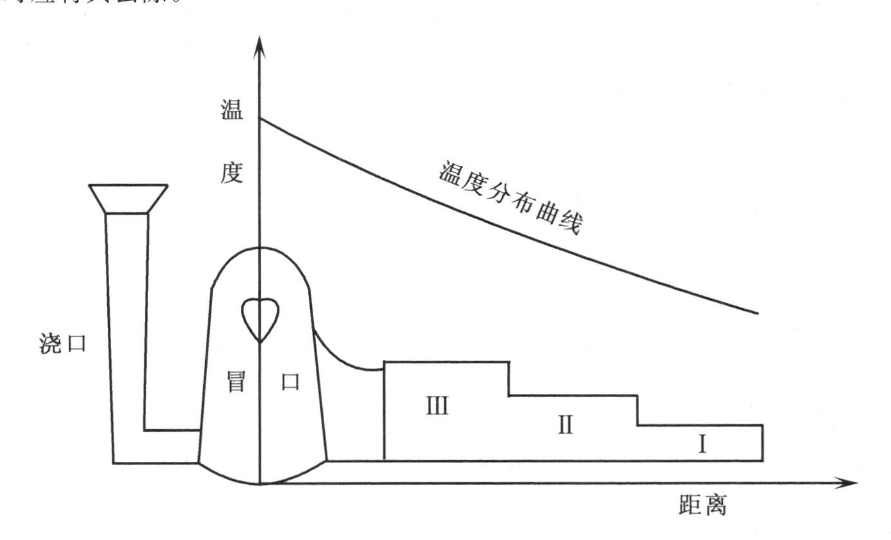

图 3-5　顺序凝固示意图

为了实现顺序凝固，在安放冒口的同时，还可以在铸件的某些厚大部位放置冷铁，以加大局部区域的凝固速度。对于如图 3-6 所示的铸件，在不设置冒口和冷铁时，将在两个局部厚大区域产生缩孔，见图 3-6(a)。这种缩孔可以通过同时设置两个冒口或在顶部设置冒口、在侧面厚大部位放置冷铁来消除，见图 3-6(b)和图 3-6(c)。

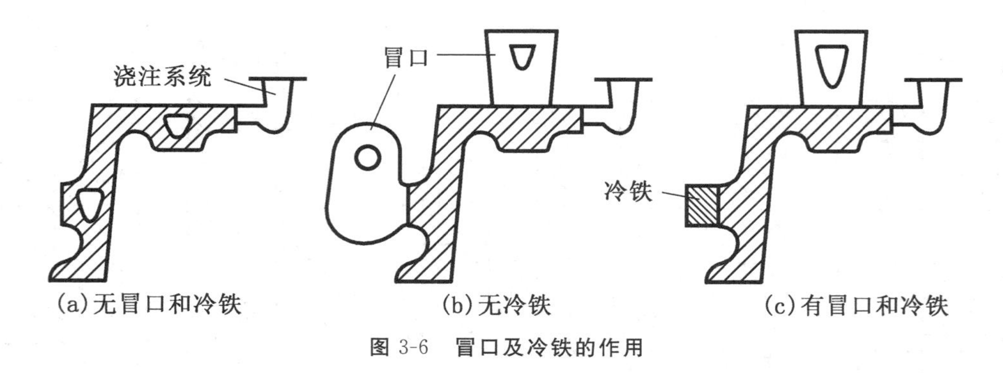

图 3-6 冒口及冷铁的作用

②铸造应力、裂纹和变形。在铸件的固态收缩阶段会引起铸造应力。按其形成原因,可分为机械应力、热应力和相变应力。

机械应力是由于铸件收缩受阻而产生的应力。热应力是由于铸件各部分冷却速度不一致、温度不一致,导致在同一时间内收缩不一致,因相互制约而产生的应力。当铸件中存在较大的铸造应力时,常会发生不同程度的变形来缓解铸造应力。因而铸造应力是引起铸件变形的根本原因。为防止铸件以及加工后零件的变形,除采用正确的铸造工艺外,在进行零件设计时,应该力求铸件形状简单、对称和薄厚均匀。此外,还应在铸造后及时进行退火热处理,充分消除铸造应力。当铸造应力过大时,还易在应力集中部位产生裂纹。

3. 合金的偏析及吸气性

(1)合金的偏析

铸件各部分化学成分不均匀的现象称为偏析。它影响铸件的性能和质量,进而影响其寿命和工作效果,必须减少和防止该现象。偏析分为微观偏析和宏观偏析两类。前者指晶粒范围内的化学成分不均匀现象,有枝晶偏析、胞状偏析和晶界偏析,可通过高温扩散退火和晶粒化孕育处理而消除。后者是铸件各部位之间化学成分的差异,有正偏析、反(逆)偏析、重力偏析等,加快冷却速度或调整铸件各处的温度差及降低有害元素的含量等措施能防止产生宏观偏析。

(2)合金的吸气性

合金中总会吸入一定量的气体,且随温度升高其含量增加。若凝固前气体来不及排除,铸件将产生气孔。气孔表面光滑、明亮或带有氧化色,呈梨形、圆形或椭圆形。气孔的存在减小了铸件的承载面积,并且是应力集中源,会显著降低铸件的机械性能和气密性。按气体来源不同,气孔可分为侵入性气孔、析出性气孔和反应性气孔 3 类。

①侵入性气孔。指在浇注过程中铸型和型芯受热产生的气体及型腔中的空气侵入金属液中所形成的气孔,其数量少、体积大,常出现于铸件上表面或靠近型芯的表面处。减少铸型、芯子的发气性,提高其透气性等方法可防止侵入性气孔的产生。

②析出性气孔。指溶解于合金液中的气体在冷凝过程中,因气体的溶解度下降而析出,在铸件中产生的气孔,主要是氢气孔和氮气孔。它的直径一般小于 1 mm,多而分散,分布在铸件整个断面或某一部分。减少合金液的吸气量,对合金液进行除气处理,提高合金液的冷却速度或在压力下凝固都能减少析出性气孔的产生。

③反应性气孔。指浇入铸型的金属液与铸型材料、冷铁和熔渣反应以及金属液内部某些成分

之间进行化学反应所产生的气孔。前者产生的气孔直径一般为1～3 mm，分布于铸件表皮下，又称皮下气孔；后者往往在铸件内部均匀分布。芯撑和冷铁表面净洁、干燥是防止铸件产生皮下气孔的主要措施之一。

3.1.2　铸锭的宏观组织及控制

铸锭及铸件的组织，包括晶粒的形状、大小和分布状况以及溶质的重新分布形式等，对于它们的性能尤其是机械性能有很大的影响。

液态金属在铸型内凝固时，根据液态金属所含溶质的种类与铸型的材料、大小、熔化及浇注温度、浇注方法等等不同，能够得到不同的凝固组织。

1. 铸锭的宏观组织

一般来说，工业上的铸锭和铸件凝固后的宏观组织具有3个晶体形态不同的区域，图3-7给出了铸锭横截面的典型宏观组织示意图。

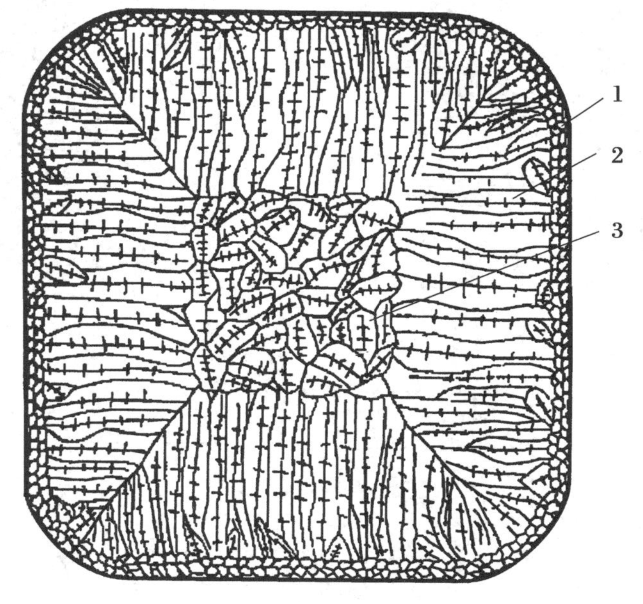

图3-7　铸锭的宏观组织示意图
1. 激冷区　2. 柱状晶区　3. 等轴晶区

这3个区域包括：

①激冷区。指紧邻型壁的一个外壳层，它是由无规则排列的细小等轴晶粒组成的。

②柱状晶区。它是由垂直于型壁并彼此平行的柱状晶粒所组成的。

③等轴晶区。它是处于铸锭（件）的中心区域，由等轴晶粒所组成的。中心区域的性质是各向同性的。等轴晶区中晶粒尺寸往往比激冷区的大得多。

这3个区域的大小随凝固条件的不同而变化。一般而言，激冷区较薄，只有数个毫米厚，其余两个区域比较厚。在不同的凝固条件下，柱状晶区和等轴晶区在铸件截面上所占的面积是不同的，有时甚至有全部由柱状晶区所组成（叫作“穿晶”，见图3-8）或全部由等轴晶区所组成（见图3-9）的情况。

对铸锭及铸件宏观组织的3个区域形成的原因，一般认为当液态金属刚一注入时，型壁接触部分的液体受到剧烈的冷却，获得很大的过冷度，加之型壁对形核又有利，于是在紧邻型壁的那部分液体中就产生了大量的晶核。型壁表面随着激冷区的形成逐渐变热，对液态金属的冷却作用减缓。这时只有处于结晶前沿的那层液体金属才是过冷的，才可以进行凝固。但是由于此层液态金属过冷度很小，所以一般不会产生新的晶核，而是以激冷区内壁上原有的晶粒为基础进行长大。同时，由于散热是沿着垂直于型壁的方向进行的，而凝固时每个晶粒的成长又受到其四周正在成长的晶体的限制，因此结晶只能沿着垂直于型壁的方向由外向里生长，结果就形成了彼此平行的柱状晶区(图 3-10)。

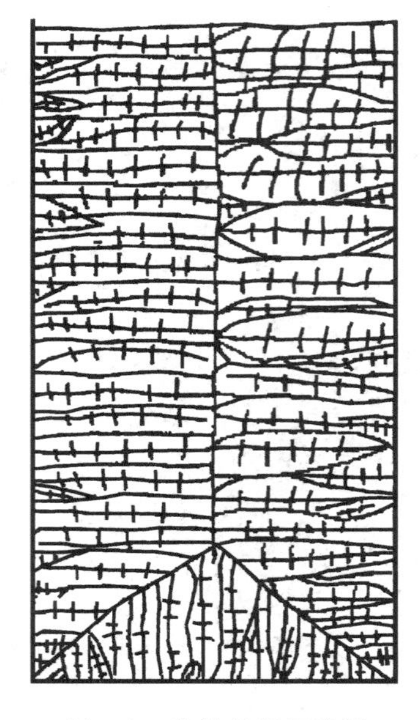

图 3-8　穿晶组织示意图

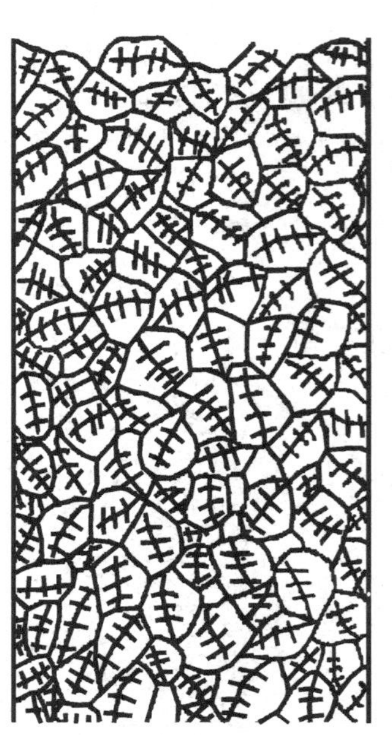

图 3-9　全部等轴晶组织示意图

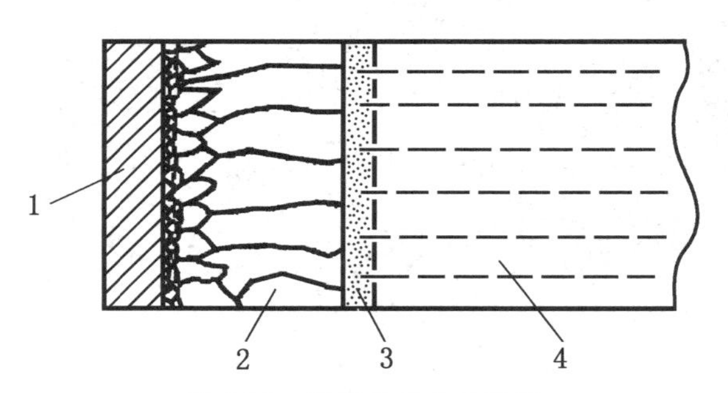

图 3-10　柱状晶长大示意图

1. 模壁　2. 柱状晶　3. 过冷区　4. 液体

应当指出，只有在那些与型壁垂直的方向上生长线速度最大的枝晶才有可能发展成柱状晶，因为它们比其他(倾斜的)枝晶向液态金属深处生长的途径要短些，故能较早地深入过冷层，并在相邻的斜生的树枝晶的前沿长出自己的二次枝晶轴，使斜生的树枝晶的生长遇到阻碍而最终完全停止，这种现象称为几何淘汰。由于几何淘汰的原因，只有部分晶粒可成长为较长的柱状晶。

随着柱状晶的发展，型壁温度进一步升高，散热愈来愈慢，而成长着的柱状晶前沿的温度又由于结晶潜热的释放而有所升高。这样整个截面的温度逐渐变得均匀。当剩余液态金属都过冷到熔点以下时，就会在整个残留的液态金属中同时出现晶核而进行凝固。在这种情况下，由于冷却较慢，过冷度不大，形成的晶核也不会很多，所以铸锭及铸件的中心区就形成了比较粗大的等轴晶粒。

2. 铸锭组织的控制

一般而言，铸锭(件)表面激冷区比较薄，它对铸锭(件)的机械性能不产生决定性的影响。铸锭的性能主要取决于柱状晶区和等轴晶区的比例。

柱状晶区中晶体的成长是择优取向的，结晶后的显微缩孔少，晶间杂质少，组织致密，但是由于柱状晶较粗又较脆，并且位向一致，导致后面的压力加工困难和产品机械性能的各向异性。

等轴晶与柱状晶相比，枝晶彼此嵌合，结合得比较牢固，不产生弱面，在热加工过程中不容易产生开裂，同时铸件性能也不呈现方向性。其缺点是因为树枝较发达，分枝比较大，所以铸锭的显微缩孔较多，凝固后的组织不够致密，重要工件的毛坯要进行锻造将中心压实。

在实际生产中，一些有色金属及其合金和奥氏体不锈钢铸锭由于本身的塑性好，形成柱状晶可使铸锭的致密度增加，因此在控制易熔杂质和进行除气处理的前提下，希望得到较多的柱状晶。对一般钢铁材料和塑性较差的有色金属及其合金来说，则设法减少柱状晶区，以获得较多的甚至是全部细小的等轴晶组织。对于高温合金则希望获得柱状晶甚至单晶，以提高高温性能。

控制铸态组织就是控制铸锭(件)中等轴晶区和柱状晶区的相对比例。一般在铸锭和铸件上都希望获得细小的等轴晶组织，因为这种组织的性能是各向同性的。为了获得这种组织，要求抑制柱状晶的长大，主要有以下几条途径。

①增加形核的概率。这可以通过提高液体金属的冷却速度、降低熔化温度或在液体金属中加入少量的形核剂进行变质处理，以及一切能促进非均质形核的熔炼及浇注措施等方法来达到这个目的。

②抑制晶体的长大。这可以通过采取在液体金属中加入少量的成长抑制剂进行变质处理或采取特殊措施(如电磁凝固等)来实现。

③使正在生长的枝晶产生“颈缩”。这可以通过向液体金属中加入偏析系数值(即$|1-k_0|$)大的合金元素来达到这个目的。

④促使颈缩的晶体脱离模壁或枝晶干。这可以应用物理方法即加强液体金属液的对流，进行机械搅拌、振动或震荡的方法来达到，也就是所谓的动态晶粒细化的方法。

⑤使熔断破碎的晶体不被重新熔化。这可以通过降低浇注温度等方法来达到。

3. 铸件典型凝固组织形态的控制

凝固组织形态的控制主要是晶粒形态和相结构的控制。相结构在很大程度上取决于合金的成分，而晶粒形态及其尺寸则是由凝固过程决定的。单相合金的凝固是最常见的凝固方式，单相合金凝固过程中形成的柱状晶和等轴晶两种典型凝固组织各有不同的力学性能，因此晶粒形态的控制是凝固组织控制的关键，其次是晶粒尺寸。

晶粒形态的控制主要是通过形核过程的控制实现的。促进形核的方法包括浇注过程控制方法、化学方法、物理方法、机械方法、传热条件控制方法等，各种形核控制方法的应用应根据合金的凝固温度等条件做合理的选择。许多方法对于小尺寸铸件是有效的，但对于高熔点的大型铸件，浇注过程控制、化学方法及激冷方法的作用则有限，获得细小的等轴晶非常困难，可采用电磁搅拌或机械搅拌方法进行晶粒形态控制。

抑制形核可在铸件中获得柱状晶组织。大过热度浇注及抑制对流可起到抑制形核的作用。在普通铸件中，柱状晶组织会导致力学性能及工艺性能的恶化，不是所期望的凝固组织。但在高温下单向受载的铸件中，柱状晶会使其单向力学性能大幅度提高，从而使定向凝固成为其重要的凝固技术，这已取得很大进展。

3.2 砂型铸造

砂型铸造是指用型砂来制备铸型、生产铸件的铸造方法。有别于砂型铸造的其他铸造方法称为特种铸造。

3.2.1 砂型铸造的生产过程

砂型铸造的生产过程包括技术准备、生产准备和工艺过程3个环节。

1. 技术准备

在铸造生产开始前，应根据零件的结构特点、技术要求、生产类型以及生产条件等，制订出铸造工艺方案，作为指导制模、造型、浇注等过程的工艺文件。铸造工艺设计的内容主要包括确定浇注位置和分型面、加工余量和收缩量、浇注系统和补缩系统等。

(1)浇注位置和分型面的选择。浇注位置是指浇注时铸件在铸型中的位置。在确定浇注位置时，需要遵循许多原则，主要以保证铸件质量为前提，同时尽量做到简化造型工艺和浇注工艺。

为完成造型、取模、设置浇冒系统和安装砂芯等需要，砂型型腔必须由两个或两个以上的部分组合而成，铸型的分割或装配面被称为分型面。铸型的分型面主要由铸件的结构和浇注位置所决定。

(2)确定主要工艺参数。在确定了铸件的铸造工艺方案后，还需正确选择收缩率、机械加工余量、拔模斜度等工艺参数。通常，用铸件做毛坯的机械零件比较复杂。但考虑到铸造工艺的特点以及为后续成形提供方便，有时需对铸件结构进行适当简化。

(3)浇注系统设计。浇注系统是铸型中液态金属流入型腔的通道，通常由浇口杯、直浇道、横浇道和内浇道等组成，如图3-11所示。浇注系统必须确保液态金属能够平稳而合理地充满型腔。

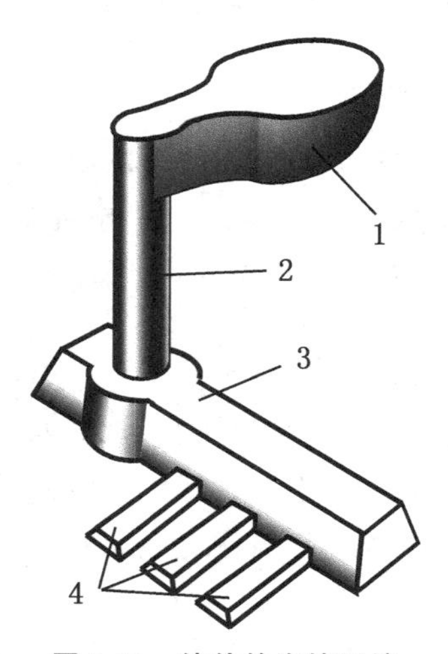

图3-11　铸件的浇铸系统

1.浇口杯　2.直浇道　3.横浇道　4.内浇道

(4)补缩系统设计。为了消除由于金属的液态收缩和凝固收缩而产生的缩孔和疏松，在铸造工艺上普遍采用设置冒口、冷铁等工艺措施，以控制铸件的凝固过程，补充铸件的液态收缩。为了确保铸件内部致密，冒口的凝固时间必须大于或等于铸件被补缩部分的凝固时间，冒口应具有足够大的体积，以保证有足够的金属液补充铸件内的体收缩，在铸件凝固过程中，冒口与被补缩部位之间应有通畅的补缩通道。为了增加铸件局部冷却速度，在铸型局部区域设置激冷能力强的材料做冷铁，例如铸铁、铸钢或石墨等。

2. 生产准备

(1)设计模样和芯盒。在造型时，为获得与铸件形状和尺寸相适应的铸型空腔，必须用一个与铸件的形状和尺寸相适应的模样。模样决定了铸型型腔即铸件外部轮廓的形状和尺寸。它除了要比铸件尺寸大出一个收缩量外，还要有合箱时放置型芯用的芯头。同样，对于有孔或其他中空的铸件，需由型芯来获得，此时要制作用于制造型芯的芯盒。芯盒决定了铸件内部的形状和尺寸。

(2)制备型(芯)砂。在砂型铸造中，由型(芯)砂制成的铸型或型芯应具有一定的强度、透气性、退让性和溃散性。其性能除与造型时的紧实程度有关外，主要取决于型砂的成分。通常，型砂是由原砂(例如石英砂、铬铁矿砂或锆英砂等)、黏结剂(黏土、水玻璃或树脂等)和附加物等按一定比例混制而成的混合料。其中，原砂是型砂组成中的基本部分，决定了型砂的耐火度。黏结剂的作用是使原砂颗粒黏结在一起，使型砂具有适当的强度。砂型铸造黏结剂可以分为无机黏结剂(包括黏土、膨润土、水玻璃)和有机黏结剂(包括植物油、合脂、树脂)两大类。型砂制备是根据对型(芯)砂的性能要求，将一定配比的各种组成物通过混碾等操作，使之成为成分均匀并且松散的符合造型和制芯要求的型(芯)砂。

3. 工艺过程

砂型铸造的基本工艺过程如图 3-12 所示。

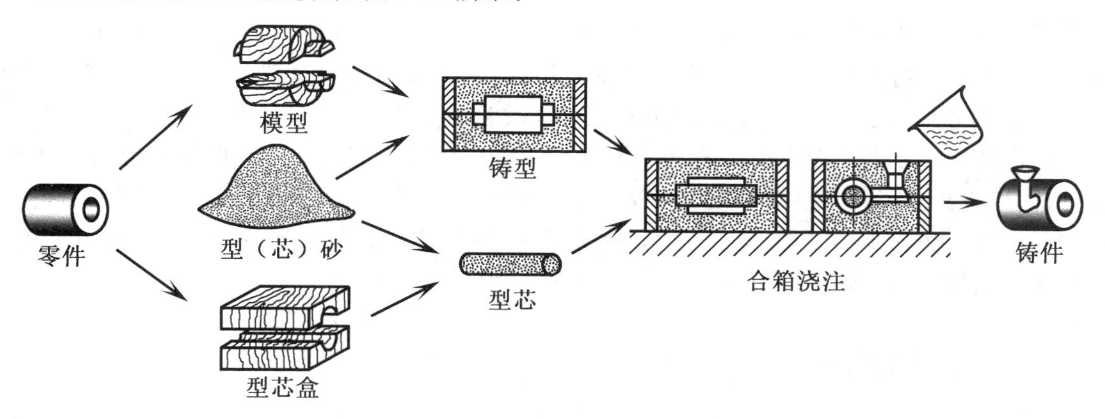

图 3-12　砂型铸造的基本工艺过程

(1)造型和制芯。制造砂型的过程称为造型，制造砂芯的过程称为制芯。

造型和制芯方法按照机械化程度可以分为手工造型(制芯)和机器造型(制芯)两大类。其中，手工造型是指用手工完成向砂箱填砂和紧实型砂、起模及合箱等基本操作的造型过程。机器造型则是指用机器全部完成或大部分操作的造型工序。手工造型简单，适用于单件或小批量生产。机器造型可以大幅度提高劳动生产率，提高铸件精度和表面质量，适用于大批量生产。

(2)合箱。合箱是把砂型和砂芯按要求组合在一起成为完整铸型的过程，也是砂型铸造生产中的重要环节。

(3)浇注。浇注是向铸型中充填液态金属的过程。为了获得合格的铸件,需要根据合金的种类、铸件的结构和铸型的特点控制浇注温度和浇注速度。

(4)落砂和清理。铸件在砂型中冷却到一定温度后清除型砂和芯砂的工艺过程称为落砂。

落砂后的铸件需要用锯床或气割等方法去除浇冒口,清除铸件内外表面的粘砂、披缝和毛刺等,并通过喷丸处理提高铸件的表面质量。清理好的铸件在经过表面和内在质量检验合格后就可以入库并交付用户。

3.2.2 砂型铸造的特点及应用

(1)砂型铸造的适应性强,不受铸件材质、尺寸、质量和生产批量的限制,几乎所有的铸件都可以采用砂型铸造。

(2)砂型铸造的铸型为一次性铸型,造型工作量大,尤其是手工造型工作量更大,工人劳动强度大,生产效率低。在大批量生产时采用机器造型,可提高生产效率。

(3)砂型铸造的铸件尺寸精度和表面质量差,铸件需留较大的加工余量。

(4)砂型铸造影响铸件质量的因素很多,易产生铸造缺陷,质量不稳定,废品率高,机械性能差,因此对机械性能要求高的零件不宜采用。

(5)砂型铸造设备简单,投资小,生产成本低。因此,砂型铸造是应用最广的一种铸造方法。

3.3 特种铸造

虽然砂型铸造具有适应性强、生产准备简单和成本低等优点而被广泛采用,但用砂型铸造方法生产的铸件尺寸精度低、表面和内在质量差,同时砂型铸造的劳动强度大、生产条件差。为此,人们在砂型铸造的基础上,通过改变铸型材料、浇注方法或凝固条件等,又创造了许多其他的铸造方法。通常把这些有别于砂型铸造的其他铸造方法统称为特种铸造。常见的特种铸造方法有金属型铸造、熔模铸造、陶瓷型铸造、压力铸造、低压铸造、离心铸造、连续铸造和消失模铸造等。每一种特种铸造方法都能在提高铸件质量、提高劳动生产率、降低成本和改善劳动条件等方面,表现出其特殊的优越性,因此成为铸造技术不可缺少的重要组成部分。

3.3.1 金属型铸造

金属型铸造是指利用金属材料(例如铸铁)制成铸型或型芯,在重力条件下将熔融金属浇入铸型中制造铸件的一种铸造方法。由于一套金属型可以重复使用数百次甚至数万次,故金属型铸造又称为永久型铸造。

1.金属型铸造的工艺过程

其工艺过程如图 3-13 所示。

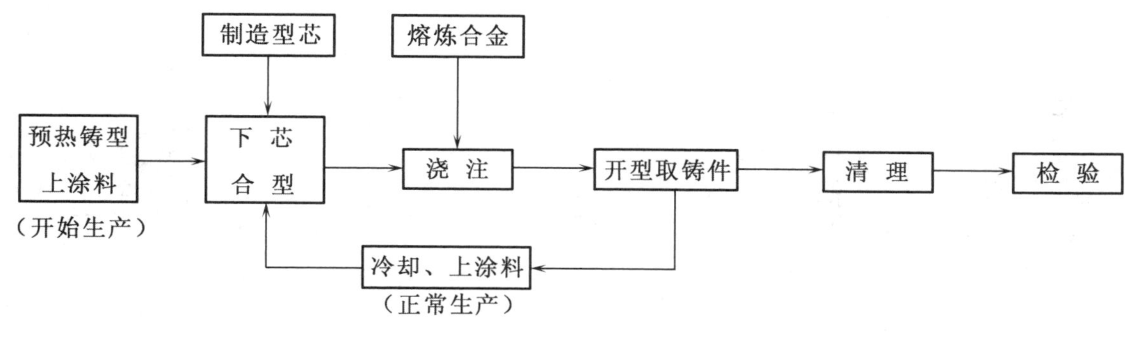

图 3-13　金属型铸造的工艺过程

2. 金属型铸造的特点及其应用

金属型可以连续重复使用，生产效率高，劳动条件好。因金属型制作精密，所以铸件质量稳定，尺寸精度较高，表面粗糙度较低。又因金属型散热能力强，有利于铸件晶粒细化、组织致密，使机械性能明显提高。但金属型的制造成本高，不透气且无退让性，易造成铸件的浇注不足或开裂。受铸型限制，采用金属型铸造时合金的熔点不宜太高，铸件的形状和壁厚等有一定局限性。

金属型铸造主要适用于制备铸锭及大批量生产的有色合金铸件，例如铝合金活塞、汽缸体和油泵壳体、铜合金轴瓦和轴套等。

3.3.2　熔模铸造

熔模铸造是指利用易熔材料（例如蜡）制成模型，并在模型表面黏结一定厚度的耐火材料，然后加热将模型熔失，再将金属液充满型腔的一种铸造方法。这种铸造方法比砂型铸造所获得的铸件尺寸精度和表面质量高，因此又称为熔模精密铸造。

1. 熔模铸造的工艺过程

工艺过程如图 3-14 所示。主要工序包括蜡模制造、制壳、脱蜡、焙烧和浇注等。

制造蜡模的材料有石蜡、松香、硬脂酸等。用来制造蜡模的专用模具称为压型。压型通常用钢、铜或铝经切削加工制成。通常将蜡料熔化成糊状，在一定压力下压入压型中，保压一段时间，待蜡料冷却凝固后便可从压型中取出蜡模。对于一些复杂的内腔，可用预制的易溶陶瓷等制成型芯，置于压型中压制蜡模。压制好的蜡模需要放在特制的浇口棒上。对于尺寸较小的铸件，为提高生产率和降低成本，通常将若干个蜡模焊在一个浇口棒上构成蜡模模组。

在蜡模模组上涂挂上耐火材料，以制成具有一定强度的耐火材料型壳的过程称为制壳。制壳要经过浸挂涂料、撒砂、硬化、干燥等工序。为了使型壳具有较高的强度，制壳过程要重复进行 4～6 次，最后制成 5～12 mm 厚的耐火型壳。

将带有蜡模模组的型壳加热使其中的蜡熔化及流出的工序称为脱蜡。一般在水或蒸汽釜内脱蜡。熔点高的蜡料通常用蒸汽脱蜡，熔点低的蜡料用 80～90 ℃的热水脱蜡。脱蜡后需将型壳放入电炉中加热干燥。

型壳高温焙烧的目的是进一步除去残余的蜡料、提高型壳的温度以改善浇注时合金的充型能力。高温焙烧的型壳从高温炉中取出后立即浇注。要求高的铸件可以在真空炉中浇注。浇注完成后，待金属液冷却凝固后敲碎型壳，即可获得铸件。

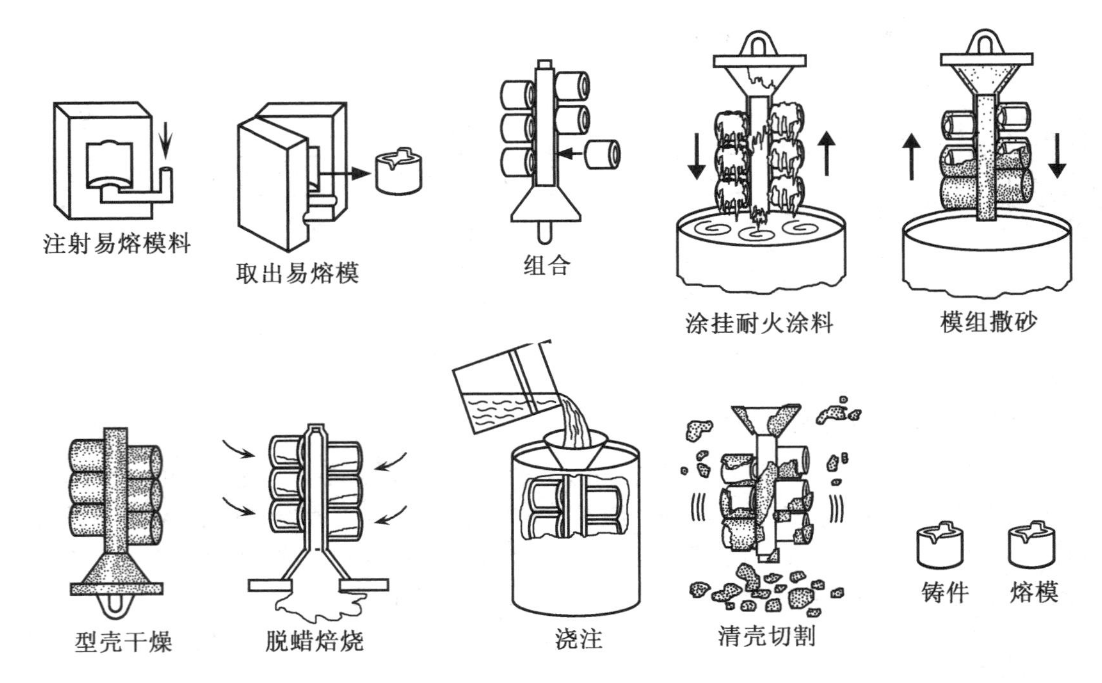

图 3-14 熔模铸造的工艺过程

2.熔模铸造的特点和适用范围

(1)可获得尺寸精度高、表面光洁的铸件。由于采用精确的压型压制蜡模,蜡模修型后无分型面,不存在起模下芯等尺寸误差问题,铸件无披缝。故铸件的尺寸精度很高,表面粗糙度 *Ra* 可达 1.6～12.5 mm,能实现少切削或无切削铸造。

(2)可铸造出形状复杂的铸件。只要能够制造出压型模具,就能够制造蜡模和型壳。模具可以分块组合,并配以陶瓷型芯,可使铸件的外形和内腔的复杂程度增加。型壳在高温下浇注使金属具有良好的充型能力,因此,可获得非常复杂的薄壁铸件。

(3)不受铸造合金种类的限制。由于型壳材料的耐热性好,所以适于各种铸造合金,尤其是合金钢等高熔点合金。

3.3.3 压力铸造

压力铸造简称压铸,是指将液态或半液态合金浇入压铸机的压室内,使之在高压和高速下充填型腔,并在高压下成形和结晶而获得铸件的一种铸造技术。

压力铸造的工艺过程如图 3-15 所示。压力铸造是在压铸机上进行的。压铸所用的铸型称为压铸模。压铸模与垂直分型的金属型相似,一半固定在压铸机上,称为静型;另一半可水平移动,称为动型。压铸模上装有抽芯机构和顶出机构。

压铸时,首先使动型和静型以很大的合型力合型,然后将液态金属注入压室,见图 3-15(a),再使活塞向前推进,将金属液压入型腔,并使金属液在高压下凝固,见图 3-15(b),开模后,铸件与余料一起被顶杆顶出,见图 3-15(c)和(d)。

为了获得高质量的压铸件,压铸模具型腔部位应具有很高的尺寸精度和表面质量。压铸模常采用耐热钢制成(如 3Cr2W8V),并需经过严格的热处理。压铸时,模具应保持在 120～280 ℃的工作温度,并喷刷涂料。

压铸最大的特点是生产效率高,铸件质量好。但只适合用于大批量生产有色合金中的小铸件。

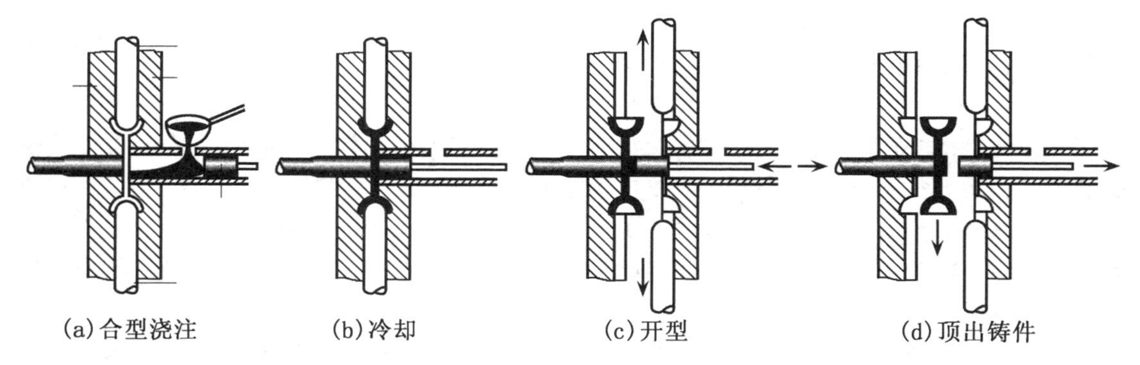

图 3-15 压力铸造的工艺过程示意图

3.3.4 离心铸造

将液态金属浇入高速旋转的铸型中,使金属在离心力的作用下填充铸型并凝固成形的铸造方法称为离心铸造。

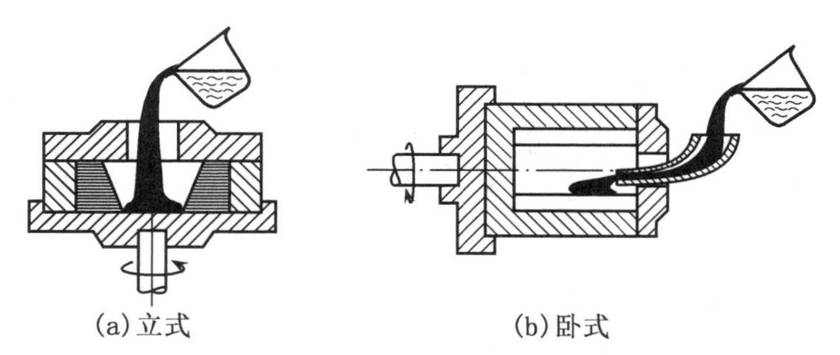

图 3-16 离心铸造示意图

离心铸造主要用于生产圆筒形铸件。离心铸造机分为立式和卧式两种。立式离心铸造机上的铸型绕垂直轴旋转,见图 3-16(a),主要用于生产高度小于直径的圆环类铸件。卧式离心铸造机上的铸型绕水平轴旋转,见图 3-16(b),主要用于生产长度大于直径的套类或管类铸件。许多大型的上、下水管,就是用卧式离心铸造方法生产的。

与砂型铸造相比,离心铸造具有以下几方面特点:

(1)离心力的作用改善了铸件的补缩条件,使铸件组织致密,有效地减少了缩孔、疏松、气孔以及夹杂缺陷。

(2)不必使用型芯、浇注系统和冒口即可获得中空圆柱形铸件,从而简化了套筒和管类铸件的生产过程。

(3)离心铸造可提高金属的充型能力,从而可铸出流动性较差的金属铸件、双金属铸件以及薄壁铸件。

(4)由于离心力的作用,易产生成分偏析,故不适用于铸造密度偏析大的合金,例如铅青铜;也不适于铸造易氧化的轻合金,例如铝合金和镁合金。此外,铸件内腔为自由面,内表面较为粗糙,难以精确控制尺寸。

目前,离心铸造是生产铸铁管、气缸套、铜套、双金属轴承的主要方法,所生产的最大铸件重达十几吨。在耐热钢辊道、特殊钢的无缝管坯、涡轮发动机铝合金机匣等铸件的生产中,都采用了离心铸造方法。

3.3.5 连续铸造

连续铸造是将熔融金属液连续不断地浇入被称为结晶器的特殊金属型中,凝固的铸件不断从结晶器的另一端被引出,从而获得任意长度的等截面铸锭或铸件的铸造方法。

连续铸造的工艺过程如图 3-17 所示。在结晶器的下端插入引锭,形成结晶器的底,当浇注的金属液面达到一定高度时,开动拉锭装置,使引锭下降。同时向结晶器不断补充金属液,即可从下面连续拉出铸锭。

连续铸造时,金属的冷却速度快,组织致密,机械性能好,不用造型和浇注系统,大大简化了工艺和提高了生产效率。目前,连续铸造已成为生产钢材、铝材铸锭和铸铁管的主要方法。包括自来水管、煤气管、农业排灌及工业用管等许多管道都可以用连续铸造的方法生产。

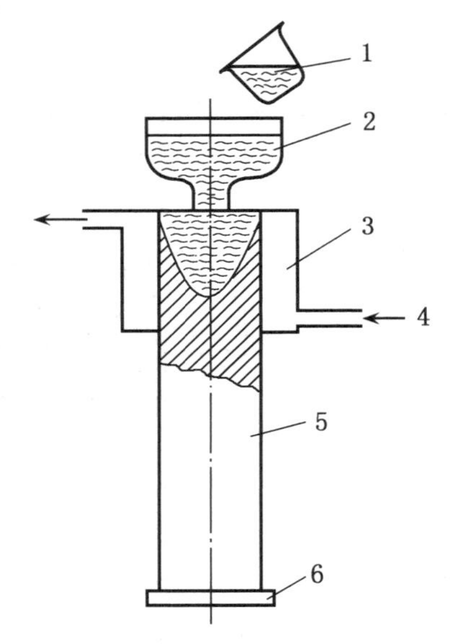

图 3-17 连续铸造的工艺过程示意图

1.浇包 2.浇口杯 3.结晶器 4.水 5.铸件 6.引锭

第四章　焊接工艺

焊接是利用加热或加压(或者加热和加压),使分离的两部分金属靠得足够近,通过两部分金属的原子互相扩散,形成原子间结合的永久性连接方法。

4.1　焊接原理和特点

4.1.1　焊接工艺的特点

1. 焊接工艺的主要优点

(1)成形方便:焊接方法灵活多样,工艺简便;在制造大型、复杂结构和零件时,可采用铸焊、锻焊方法,化大为小,化复杂为简单,再逐次装配焊接而成。

(2)适应性强:采用相应的焊接方法,不仅可生产微型、大型和复杂的金属构件,也能生产气密性好的高温、高压设备和化工设备;此外,采用焊接方法,还能实现异种金属或非金属的连接。

(3)生产成本低:与铆接相比,焊接结构可节省材料10%～20%,并可减少画线、钻孔、装配等工序。另外,采用焊接结构能够按使用要求选用材料。在结构的不同部位,按强度、耐磨性、耐腐蚀性、耐高温等要求选用不同材料,具有更好的经济性。

(4)易于实现机械化和自动化。

2. 焊接工艺的主要缺点

(1)焊接结构是不可拆卸的结构,更换修理不方便;

(2)焊接接头的组织和性能往往要变坏;

(3)会产生焊接残余应力和焊接变形,焊接残余应力和焊接变形常常是造成恶性事故的根源;

(4)会产生焊接缺陷,如裂纹、未焊透、夹渣、气孔等缺陷,影响焊接件的使用寿命。

4.1.2 焊接方法的分类

焊接方法的种类很多，一般都根据热源的性质、形成接头的状态及是否采用加压来划分。按照焊接过程的物理特点可分为熔焊、压焊和钎焊三类。

1. 熔焊

熔焊是将焊件接头加热至熔化状态，不加压力完成焊接的方法。包括气焊、电弧焊、电渣焊、激光焊、电子束焊、等离子弧焊、堆焊和铝热焊等焊接工艺。

2. 压焊

压焊是通过对焊件施加压力（加热或不加热）来完成焊接的方法。包括爆炸焊、冷压焊、摩擦焊、扩散焊、超声波焊、高频焊和电阻焊等焊接工艺。

3. 钎焊

钎焊是采用比母材熔点低的金属材料作钎料，在加热温度高于钎料且低于母材熔点的情况下，利用液态钎料润湿母材，填充接头间隙，并与母材相互扩散，将焊件牢固地连接在一起的焊接方法。包括真空钎焊、感应钎焊、炉中钎焊、盐浴钎焊、火焰钎焊、电阻钎焊和烙铁钎焊等焊接工艺。

焊接方法的分类如图 4-1 所示。

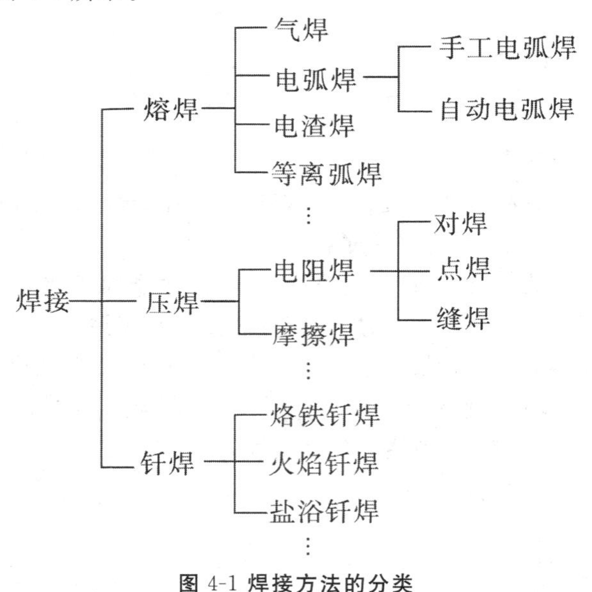

图 4-1 焊接方法的分类

4.1.3 焊接工艺原理

1. 焊接的本质和途径

焊接是利用加热或加压等手段，使分离的两部分金属借助于原子的扩散与结合而形成原子间永久性连接的工艺方法。以低碳钢的焊接为例，分析采用焊条电弧焊时，焊接接头的组成、各区域金属的组织与性能特点。焊接接头由焊缝金属和热影响区组成，如图 4-2 所示。

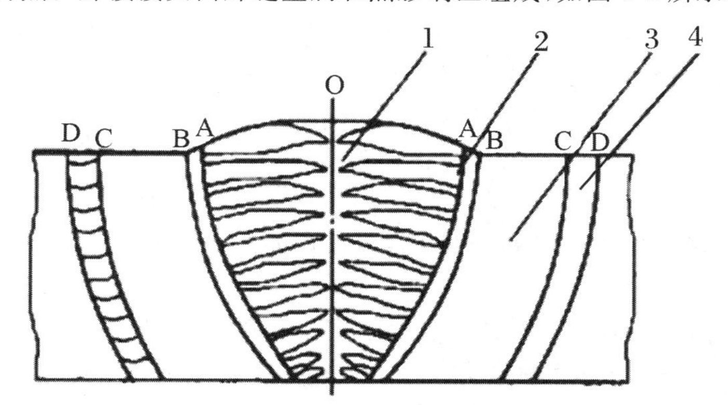

图 4-2　焊缝金属和热影响区示意图

1. 焊缝(OA)　2. 熔合区(AB)　3. 热影响区(BC)　4. 热应变脆化区(CD)

(1)焊缝金属。焊接加热时，焊缝处的温度在液相线以上，母材与填充金属形成共同熔池，冷凝后成为铸态组织。在冷却过程中，液态金属自熔合区向焊缝的中心方向结晶，形成柱状晶组织。由于焊条芯及药皮在焊接过程中具有合金化作用，焊缝金属的化学成分往往优于母材，只要焊条和焊接工艺参数选择合理，焊缝金属的强度一般不低于母材强度。

(2)热影响区。在焊接过程中，焊缝两侧金属因焊接热作用而产生组织和性能变化的区域。低碳钢的热影响区分为熔合区、过热区、正火区和部分相变区。

①熔合区。位于焊缝与基本金属之间，部分金属熔化而部分未熔，也称半熔化区。加热温度约为 1 490～1 530℃，此区的成分及组织极不均匀，强度下降，塑性很差，是产生裂纹及局部脆性破坏的发源地。

②过热区。紧靠着熔合区，加热温度约为 1 100～1 490℃。由于温度大大超过 Ac_3，奥氏体晶粒急剧长大，形成过热组织，使塑性大大降低，冲击韧性值下降幅度约 25%～75%。

③正火区，加热温度约为 850～1 100℃，属于正常的正火加热温度范围。冷却后得到均匀细小的铁素体和珠光体组织，其力学性能优于母材。

④部分相变区。加热温度约为 727～850℃。只有部分组织发生转变，冷却后组织不均匀，力学性能较差。

2. 金属的焊接性能

(1)焊接性的概念：金属的焊接性是金属材料对焊接加工工艺的适应性。即在一定的焊接工艺条件下，获得优质焊接接头的难易程度。

金属的焊接性包括两方面的内容，一是接合性能，即在一定焊接工艺条件下，一定的金属形成焊接缺陷的敏感性；二是使用性能，即在一定的焊接工艺条件下，一定金属的焊接接头对使用要求的适应性。

不同的金属材料，其焊接性有很大的差别。金属的焊接性不但取决于材料的化学成分，还与焊接方法、焊接材料、焊接工艺条件及结构使用条件等有着密切的关系。

在焊接生产中，常根据钢材的化学成分来判断其焊接性，钢中的碳含量对其焊接性影响最明显。

(2)评价方法:金属的焊接性常用碳当量法或实验法进行评定。

①碳当量法

碳当量含义:把某种钢中的合金元素(包括碳)的含量按其对焊接性的影响程度换算成碳的相当含量(百分比含量),这个百分比含量数值称为这种钢的碳当量。

碳当量计算公式:

$$CE = w_c + \frac{w_{Mn}}{6} + \frac{w_{Cr} + w_{Mo} + w_V}{5} + \frac{w_{Ni} + w_{Cu}}{15}$$

用碳当量数值对钢材概括地、相对地间接评价其焊接性的方法称为碳当量法。碳当量数值越小,焊接性越好。

当 CE<0.4%时,冷裂倾向不大,焊接性良好,不需预热;当 CE=0.4%~0.6%时,冷裂倾向明显,焊接性较差,需预热和采取其他工艺措施来避免裂纹;当 CE>0.6%时,冷裂倾向严重,焊接性很差,需采用较高的预热温度和其他严格的工艺措施。

②实验法

钢材的焊接性还受结构刚度、焊后应力条件、环境温度的影响。在实际生产中,为了正确地确定某种金属材料的焊接性,一般是先查焊接手册,根据碳当量初步估算,然后根据具体情况进行抗裂试验及使用焊接性试验。对于重要的焊接结构,要进行多次试验。

3. 常见金属材料的焊接性能

低碳钢塑性好,焊接性良好,焊接时一般不需要预热;

中碳钢的塑性下降,易产生淬硬组织及裂纹,焊接性较差,焊接时需采用预热和一定工艺措施;

高碳钢的塑性较低,淬硬和裂纹倾向严重,焊接性很差,焊接时需要采用较高的预热温度和严格的工艺措施。

合金钢的焊接性随合金钢的强度等级的提高而变差。

铸铁中碳的质量分数高,硫、磷杂质多,其强度低,几乎无塑性,焊接性差。

铝合金及铜合金的焊接性均较差。

4.2 熔焊工艺

熔焊是利用局部加热的方法,把工件的焊接处加热到熔化状态,形成熔池,然后冷却结晶,形成焊缝,将两部分金属连接成为一个整体的一种焊接方法。

4.2.1 熔焊原理

在熔焊过程中,如果大气与高温的熔池直接接触,大气中的氧就会氧化金属和各种合金元素。大气中的氮、水蒸气等进入熔池,还会在随后冷却过程中在焊缝中形成气孔、夹渣、裂纹等缺陷,恶化焊缝的质量和性能。为了提高焊接质量,人们研究出了各种保护方法。例如,气体保护电弧焊就是用氩、二氧化碳等气体隔绝大气,以保护焊接时的电弧和熔池率;又如钢材焊接时,在焊条药皮中加入对氧亲和力大的钛铁粉进行脱氧,就可以保护焊条中的有益元素锰、硅等免于氧化而进入熔池，冷却后获得优质焊缝。根据热源的不同，熔焊可分为气焊、电弧焊、电渣焊、激光焊、电子束焊、等离子弧焊等。

4.2.2　电弧焊

1. 电弧焊原理

焊接电弧是在焊条与工件之间产生的强烈、持久又稳定的气体放电现象。焊接引弧时，焊条和工件瞬间接触形成短路，强大的电流产生强烈的电阻热使接触点金属熔化甚至蒸发，当焊条提起时，在电场作用下，热的金属发射大量电子，电子碰撞气体使之电离，正离子、负离子和电子这种带电粒子束构成电弧，如图 4-3 所示。

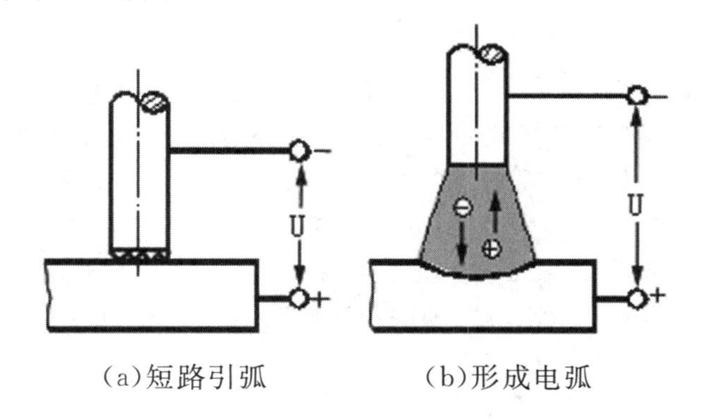

图 4-3　焊接电弧的发生

焊接电弧由阴极区、阳极区和弧柱区三部分组成，如图 4-4 所示。

1）阴极区：电子发射区，热量约占 36％，平均温度 2 400K；

2）阳极区：受电子轰击区域，热量约占 43％，平均温度 2 600K；

3）弧柱区：阴、阳两极间区域，几乎等于电弧长度，热量约占 21％，弧柱中心温度可达 6 000～8 000K。

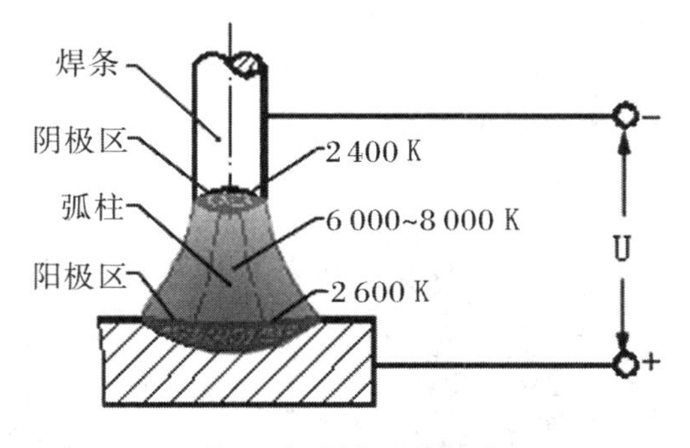

图 4-4　焊接电弧的组成

母材和焊条受电弧高温的作用熔化形成金属熔池。在熔池中将进行熔化、氧化、还原、造渣、精炼及合金化等物理、化学过程。

2. 焊条电弧焊（手工电弧焊）

（1）原理及特点：利用电弧作为热源，由工人手工操纵焊条进行焊接的方法称为焊条电弧焊。

当焊条的焊芯与工件接通电源后而引燃电弧，随着焊条向前移动，熔化的焊芯及焊件形成焊缝，焊条外部的药皮形成渣壳覆盖在焊缝表面，如图 4-5 所示。

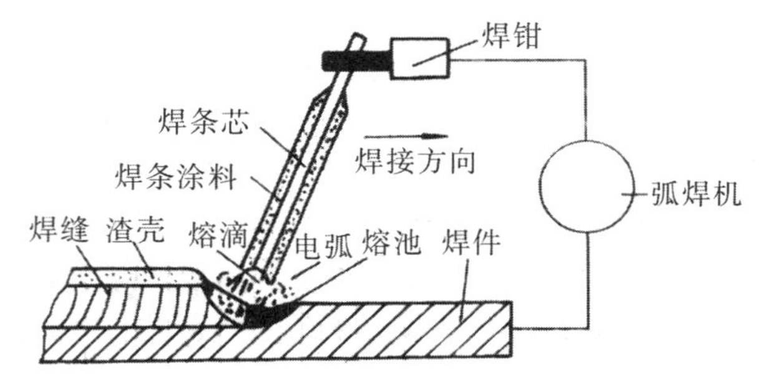

图 4-5　焊条电弧焊示意图

焊条电弧焊工艺的设备简单、操作灵活，可焊接多种金属材料，室内外焊接效果相近，是野外焊接的首选方法。对于钢结构桥梁型钢连接、建筑工地钢筋连接、远程输油管道连接等野外场合应该采用焊条电弧焊。但是焊条电弧焊对焊工的操作技术水平要求较高，生产率较低。

(2)焊接设备与过程：焊条电弧焊的设备是电焊机，分为交流电焊机和直流电焊机。交流电焊机为焊接时提供交流焊接电源。焊接时首先将焊条夹在焊钳上，把焊件同电焊机相连接。引弧时，使电焊条与焊件相互接触而造成短路，随即提起焊条 2～4mm，在焊条端部和焊件之间产生电弧。电弧产生的热量将焊条、焊件局部加热到熔化状态，焊条端部熔化后形成的熔滴和熔化的母材融合在一起形成熔池，随着电弧的向前移动，新的熔池开始形成，原来的熔池随着温度的降低开始凝固，从而形成连续的焊缝。

3. 埋弧焊

埋弧焊是电弧在焊剂层下燃烧进行焊接的方法，其电弧的引燃、焊条送进和电弧移动都采用机械装置来完成。埋弧焊机由焊接电源、控制箱和焊接小车三部分组成，焊接小车又由送丝机头、行走小车、控制盘、焊丝盘和焊剂漏斗等组成。

在埋弧焊的焊接过程中，焊丝和焊接件分别接焊接电源的二极，漏斗将焊剂均匀地堆撒在二个焊件的接缝处，厚度为 40～60mm，焊丝连续送入电弧区，电弧在焊剂层下稳定燃烧，焊接小车匀速向前行走，后面的熔池金属逐渐冷却凝固，形成焊缝，如图 4-6 所示。

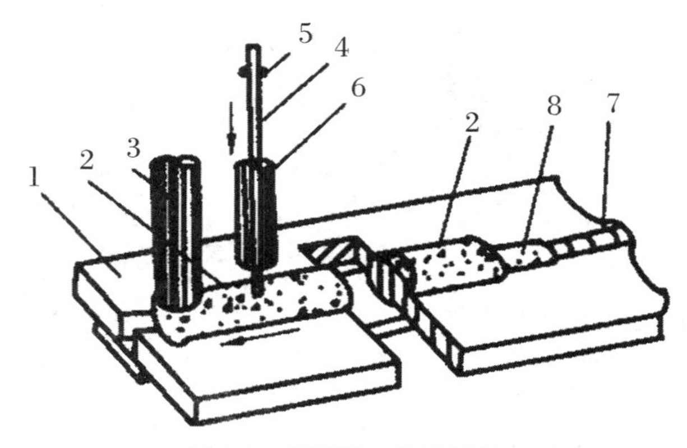

图 4-6　埋弧焊工艺示意图

1. 焊件　2. 焊剂　3. 焊剂漏斗　4. 焊丝　5. 送丝滚轮　6. 导电嘴　7. 焊缝　8. 渣壳

埋弧焊所用焊接材料有焊丝和焊剂。焊丝起电极和填充金属的作用;焊剂的作用与焊条药皮的作用基本相同,在焊接过程中起稳弧、保护、脱氧及渗合金等作用。焊剂分熔炼和非熔炼两类,其中熔炼焊剂广泛用于碳钢和低合金结构钢的焊接。为保证焊缝的化学成分和力学性能,焊丝和焊剂使用时要合理匹配。例如,焊接低碳钢结构件时,常用低锰焊丝,同时配用高锰高硅焊剂。

埋弧焊生产效率高、焊接质量好、焊缝成形美观,能够节省材料与电能,并改善工人的劳动条件。但是埋弧焊的适应性较差,焊前准备工作量大,焊接电流强度大,不适于 3mm 以下薄板,难以完成铝、钛等强氧化性金属及合金的焊接,设备的一次性投资较大。埋弧焊适用于大批量的中厚板结构的长直焊缝和较大直径的环焊缝焊接。在桥梁、造船、锅炉、压力容器、冶金机械制造等工业中获得广泛应用。

4.2.3 气体保护电弧焊

气体保护焊是用外加气体作为电弧介质并保护电弧区的熔滴、熔池及焊缝的电弧焊。常用保护气体有惰性气体[氩气(Ar)、氦气(He)和混合气体]和活性气体[二氧化碳气(CO_2)]两种,分别称为惰性气体保护焊和 CO_2 气体保护焊。

1. 惰性气体保护焊

(1)保护气体和电极材料:保护气体有氩气(Ar)或氦气(He),或其混合气体(氩气 80%+氦气 20%),分别称为氩弧焊和氦弧焊及混合气体保护焊。按电极熔化与不熔化,氩弧焊分为熔化极氩弧焊和非熔化极氩弧焊,如图 4-7 所示。

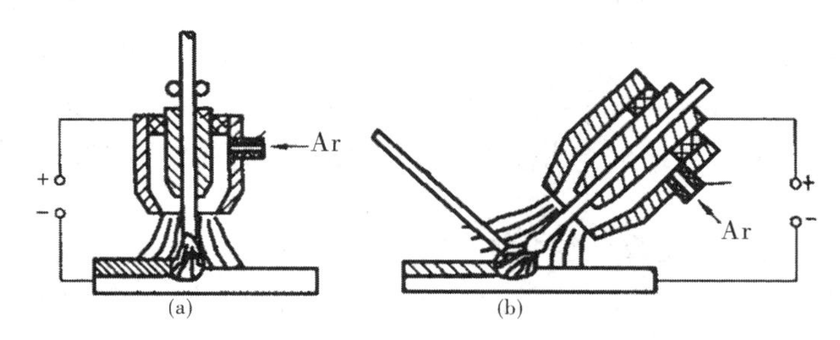

图 4-7 氩弧焊工艺示意图

(2)电源种类和极性:氩弧焊一般采用直流正接,可以减少钨极烧损,如工件接正极,钨极就接负极,由于负极温度比较低,因此可以减少钨极烧损;但焊接铝、镁金属时,为去除氧化物而利用阴极破碎作用可采用直流反接或者采用交流电源。熔化极氩弧焊一般采用直流反接。

(3)氩弧焊的特点:氩气是惰性气体,它不与金属发生化学反应,又不溶入液态金属,其保护效果最佳,特别适宜于焊接化学性质活泼的金属及合金。氩弧焊的电弧燃烧稳定,飞溅小,表面无熔渣,焊缝成形美观,质量好。电弧在气流压缩下燃烧,热量集中,焊缝周围气流冷却,热影响区小,焊后变形小,特别适用于薄板焊接,操作方便,易于自动控制焊缝。但氩气、氦气的价格较贵,焊件成本高。

惰性气体保护焊适用于焊接铝、镁、钛及其合金,稀有金属锆、钼,不锈钢,耐热钢,低合金钢等。

2. CO_2 气体保护焊

(1)工艺原理：采用 CO_2 为保护气体，同时采用能脱氧和渗合金的特殊焊丝，以防止 CO_2 对金属的氧化，保证焊缝的质量和性能。常采用硅锰合金钢焊丝 H08MnSiA 或 H08Mn2SiA，可以对焊缝进行脱氧、渗合金等冶金处理作用。如图 4-8 所示。

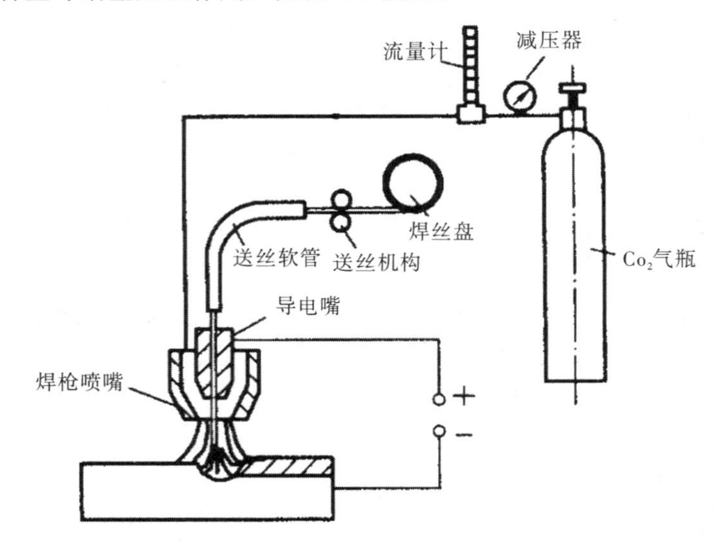

图 4-8　CO_2 气体保护焊示意图

(2)特点：CO_2 气体来源广，价格低廉，焊丝又是整圈光焊丝，成本仅为埋弧焊和焊条电弧焊的 40%左右。由于 CO_2 焊电流密度大，电弧穿透能力强，因此焊接速度快，焊后没有熔渣，节省清渣时间，生产效率比焊条电弧焊提高 1～4 倍。此外，CO_2 焊的操作性能好，属于明弧焊，与手弧焊一样灵活方便，适用于全位置焊接。由于用 CO_2 气体能有效保护焊丝和熔池不受空气的侵害，因此焊缝焊接质量较好。

CO_2 焊的缺点是使用大电流焊接时电弧飞溅大，焊缝成形不美观，很难用交流焊接及在有风的地方施焊。此外，CO_2 在 1000℃以上高温会分解成 CO 和 O_2，有一定的氧化性，不宜焊接容易氧化的有色金属材料。

CO_2 气体保护焊主要用于碳钢、低合金钢等材料的薄板焊接及磨损零件堆焊等。广泛应用于造船、汽车、机车车辆等工业部门。

4.3　压焊和钎焊工艺

4.3.1　压焊

压焊是指在加热或不加热状态下对组合焊件加压，使其产生塑性变形，并通过再结晶和扩散等作用，使两个分离表面的原子形成金属键而连接的焊接方法。常用的压焊方法有电阻焊和摩擦焊。

1. 电阻焊

电阻焊是利用电流通过焊接接头的接触面及邻近区域产生的电阻热，把焊件加热到塑性或局部熔化状态，再在电极压力作用下形成接头的一种焊接方法。电阻焊通常可分为点焊、缝焊和对焊。

(1) 点焊：点焊是一种利用电流通过两个圆柱形电极和搭接的两个焊件产生电阻热，将焊件加热并局部熔化，形成一个熔核(其周围为塑性状态)，然后在压力下熔核结晶，形成一个焊点的焊接方法(如图 4-9 所示)。

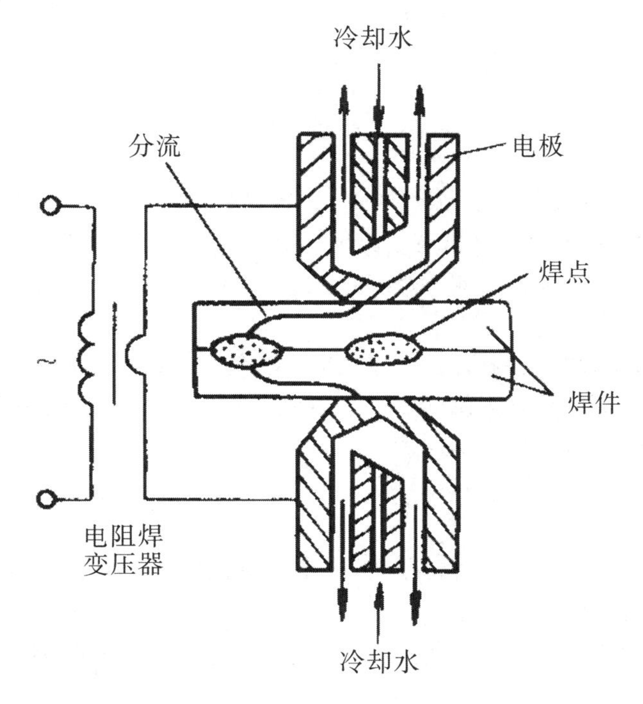

图 4-9 点焊工艺示意图

点焊的主要焊接参数是电极压力、焊接电流和通电时间。压力过大或电流过小，会使热量少，焊点强度下降；压力过小、电流大会使热量大而不稳定，易飞溅、烧穿。

(2) 缝焊：缝焊与点焊同属于搭接电阻焊，焊接过程采用滚盘作电极，边焊边滚动，相邻两个焊点重叠一部分，形成一条有密封性的焊缝。焊接接头形式与点焊相似。焊接分流现象较严重，故同等条件下焊接电流较大。主要用于有密封性要求的薄板件。

(3) 对焊：对焊是利用电阻热将焊件断面对接焊合的一种电阻焊，可分为电阻对焊和闪光对焊。

①电阻对焊。焊接过程中用力夹紧二个焊接件，预加挤压力并通电，接头处利用电阻热被迅速加热至塑性状态。增大轴向力顶锻，形成牢固的焊接接头。

②闪光对焊。焊接过程中二个焊接件先不接触，夹紧二个焊接件通电，并缓慢接触，端面上少数点熔化、气化，在磁场作用下，液态金属爆破飞出，形成“闪光”。焊接件不断送进，加挤压力使接头端面金属全部熔化、气化，爆破飞出，形成持续“闪光”。加轴向力顶锻，形成牢固的焊接接头。对焊工艺如图 4-10 所示。

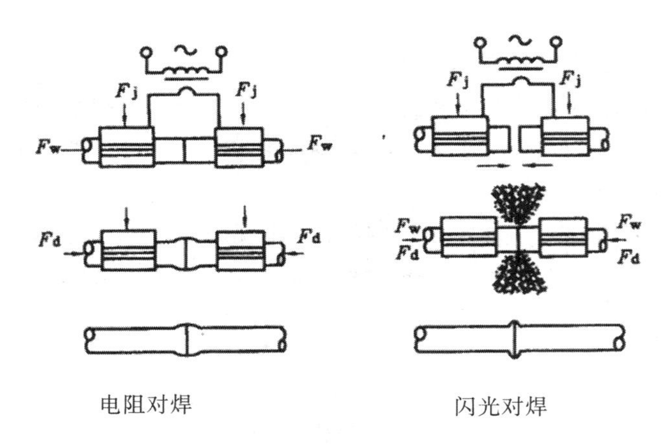

图 4-10　对焊工艺示意图

(4)特点及应用:电阻焊加热迅速,温度较低,焊接热影响区及变形小,容易获得优质的焊接接头;不需外填金属和焊剂;电阻对焊无弧光,噪声小,烟尘及有害气体少,工人的劳动条件好;焊件结构简单、容易实现机械化、自动化。电阻焊的缺点主要是焊接接头质量不够稳定,焊机复杂,造价较高。

点焊适用于低碳钢、不锈钢、铜合金、铝镁合金,厚度 4mm 以下的薄板冲压结构及钢筋的焊接;缝焊适于板厚 3mm 以下,焊缝规则的密封性结构的焊接;对焊主要适用于制造封闭形零件,轧制材料接长、异种金属材料制造时的连接。

2. 摩擦焊

摩擦焊是利用工件金属焊接表面相互摩擦产生的摩擦热,将金属局部加热到塑性状态,然后在压力下完成焊接的一种热压焊接方法。

(1) 摩擦焊的工艺过程:摩擦焊分为连续驱动式摩擦焊和储能式摩擦焊。工艺过程如图 4-11 所示。

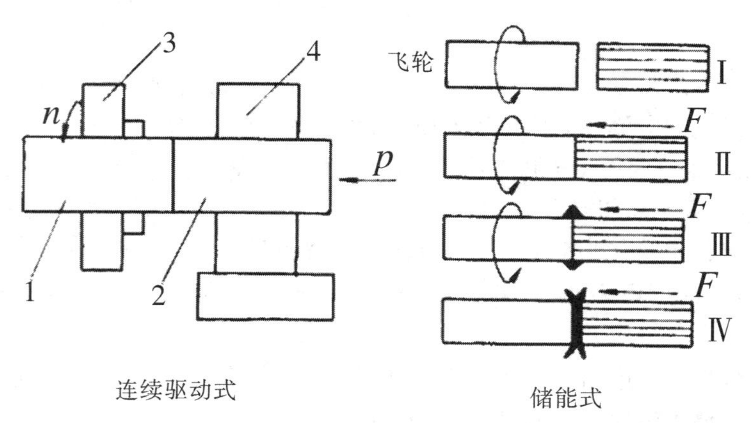

图 4-11　摩擦焊工艺示意图

1 和 2. 工件　3. 旋转夹头　4. 移动夹头　p. F. 轴向压力

①连续驱动式摩擦焊。旋转夹头夹紧焊接件 1 高速旋转,移动夹头夹紧焊接件 2 以很大的压力向焊接件 1 的端面贴紧,摩擦热使接头处加热至塑性状态,增大压力顶锻,可形成牢固的焊接接头。

②储能式摩擦焊。Ⅰ:飞轮和焊接件1旋转;Ⅱ:断电,焊接件1与2接触并加压,飞轮的动能转化为热能;Ⅲ:飞轮停止转动,加压顶锻;Ⅳ:接头处形成牢固的焊接接头。

(2)摩擦焊接头形式:摩擦焊的接头形式是对接接头,被焊接的两个工件一般是等断面,也可为不等断面,但其中必须有一个为圆形断面。

(3)摩擦焊的特点及应用:摩擦焊接头质量好且稳定,生产率高、成本低,适用范围广,生产条件好。适用于圆形工件、棒料、管子的对接。

4.3.2　钎焊

钎焊是采用比母材熔点低的金属材料作钎料,将焊件和钎料加热到高于钎料熔点并低于母材熔点的温度,利用液态钎料湿润母材,填充接头间隙并与母材的原子相互扩散实现连接的焊接方法。

1.焊接钎料和钎剂

钎料的作用是填充金属与母材的原子相互扩散,形成焊接接头。钎剂的作用是除去母材待焊处的氧化膜和油污等杂质,保护母材接触面和钎料不受氧化,并增加钎料的湿润性和毛细流动性。

2.钎焊工艺

按钎料熔点可分为软钎焊和硬钎焊。

(1)软钎焊。钎料熔点在450℃以下的钎焊称为软钎焊,也称为锡焊。使用的钎料为锡铝合金或锡铅合金,钎剂为松香及氯化锌溶液。软钎焊具有较好的焊接工艺性,焊接接头强度低(60～190MPa),工作温度应低于100℃。主要用于电子线路的焊接。

(2)硬钎焊。钎料熔点在450℃以上的钎焊称为硬钎焊,也称为铜焊、银焊或铝焊。使用的钎料为铜合金、银合金或铝合金,钎剂为硼砂、硼酸、氯化物和氟化物。硬钎焊的焊接接头强度高(>200MPa),工作温度可高于100℃。主要用于机械零部件的焊接和硬质合金刀具的焊接。

3.钎焊接头及加热方式

钎焊的接头形式有板料搭接、套件镶接等。

钎焊的加热方式有:火焰加热、电阻加热、感应加热、炉内加热、盐浴加热和烙铁加热。钎焊方法以加热方式而命名。

4.钎焊特点及应用

①采用低熔点的钎料作为填充金属,钎料熔化,母材不熔化;

②工件加热温度较低,接头组织、性能变化小,焊件变形小,接头光滑平整,焊件尺寸精确;

③可焊接异种金属,焊件厚度不受限制;

④生产率高,可整体加热,一次焊成整个结构的全部焊缝,容易实现机械化自动化;

⑤钎焊设备简单,生产投资费用少。

钎焊主要适用于焊接精密件、微型件、复杂件、多焊点件、多焊缝件以及异种材料的焊接。

参考文献

1. 王洪光.实用焊接工艺手册.化学工业出版社,2010
2. 邹增大.焊接材料、工艺及设备手册(二版).化学工业出版社,2011
3. 赵俊丽.电焊工.化学工业出版社,2009
4. 金凤柱,陈永.电焊工操作入门与提高.机械工业出版社,2012

思考题

1. 什么是焊接,我们常见的电焊属于哪一种?
2. 焊接件本体不熔化的焊接方法是什么?
3. 分析摩擦焊与电阻焊的工艺特点。

第五章　塑性变形加工工艺

金属的塑性指金属在外力作用下发生永久变形而不破坏的能力，利用金属的塑性使其形状发生改变，以获得一定形状的加工方式称为塑性变形加工，或压力加工。金属材料在再结晶温度以下进行的压力加工称为冷加工，如冲压、冷轧、冷挤压、冷拔、冷弯曲等，而在再结晶温度以上进行的加工称为热加工，如锻造、热轧、热挤压、热拔等。

钢和有色金属及其合金具有较好塑性，可在冷态或热态下进行塑性成形加工。而脆性材料，如各种牌号的铸铁都不能采用塑性成形加工。

5.1　锻造工艺

锻造是指在加压设备及工（模）具的作用下，使坯料、铸锭产生局部或全部的塑性变形，以获得一定几何尺寸、形状和质量的锻件的金属塑性变形加工方法。

锻造包括自由锻造和模型锻造。

5.1.1　自由锻造

自由锻指将加热至始锻温度的金属坯料放在锻造设备的上下砧铁之间，施加冲击力或压力，使之产生自由变形而获得所需形状锻件的成形方法。坯料在锻造过程中，除与上下砧铁或其他辅助工具接触的部分表面外，都是自由表面，变形不受限制。

1. 自由锻造的特点

(1)优点：自由锻使用工具简单，不需要造价昂贵的锻模；可锻造各种重量的锻件，是大型、重型件唯一的锻造方法；由于自由锻每次锻击坯料只产生局部变形，变形金属的流动阻力也小，故同样重量的锻件，采用自由锻比采用模锻所需的设备吨位小；

(2)缺点：锻件的状和尺寸靠锻造工人的操作技术水平来保证，故尺寸精度低，加工余量大，金属材料消耗多。此外，自由锻的锻件形状比较简单，生产率低，劳动强度大。适用于单件或小批量生产。

2. 自由锻设备

自由锻设备可以分为锻锤和压力机两类。

锻锤是以冲击力使金属变形，其锻造能力以锤头质量表示，常用的有空气锤和蒸汽-空气锤。

压力机是以静压力使金属变形，其锻造能力用产生的最大压力来表示。常用压力机有水压机、曲柄压力机、摩擦压力机、油压机等。

3. 自由锻造工序

自由锻造的工艺过程包括基本工序、辅助工序和精整工序。

基本工序是指改变坯料的形状和尺寸以达到锻件基本成形的工序，包括镦粗、拔长、冲孔、弯曲、切割、扭转、错移等。最常用的是镦粗、拔长和冲孔。

辅助工序是指为方便基本工序的操作，而使坯料预先产生某些局部变形的工序。如压钳口、倒棱和压肩。

精整工序是指修整锻件的最后尺寸和形状，消除表面的不平和歪扭，使锻件达到图样要求的工序。如修整鼓形、平整端面、校直弯曲等。

5.1.2 模锻

模锻是将加热到始锻温度的坯料放在锻模模膛内，在锻压力的作用下迫使坯料变形而获得锻件的一种塑性成形方法。坯料变形时，金属的流动受到模膛的限制和引导，从而获得与模膛形状一致的锻件。

1. 模锻的特点

(1)优点：由于有模膛引导金属的流动，锻件的形状可以比较复杂。锻件内部的金属纤维组织和锻造流线比较完整，从而提高了零件的机械性能和使用寿命。锻件表面光洁，尺寸精度高，节约材料和切削加工工时。生产率较高，易于实现机械化。

(2)缺点：模锻是整体成形，摩擦阻力大，故模锻所需设备吨位大，设备费用高。此外，锻模加工工艺复杂，制造周期长，费用高。因此，模锻适用于中小型锻件的成批生产或大批量生产。

2. 常用模锻方法

按使用设备不同，模锻可分为锤上模锻、胎模锻、曲柄压力机上模锻、摩擦压力机上模锻、平锻机上模锻等。

(1)锤上模锻：锤上模锻即在模锻锤上使用锻模制造锻件的方法，是我国目前应用最多的一种模锻方法。锤上模锻的设备是模锻锤。锤上模锻的模具是锻模。锻模结构如图 5-1 所示。

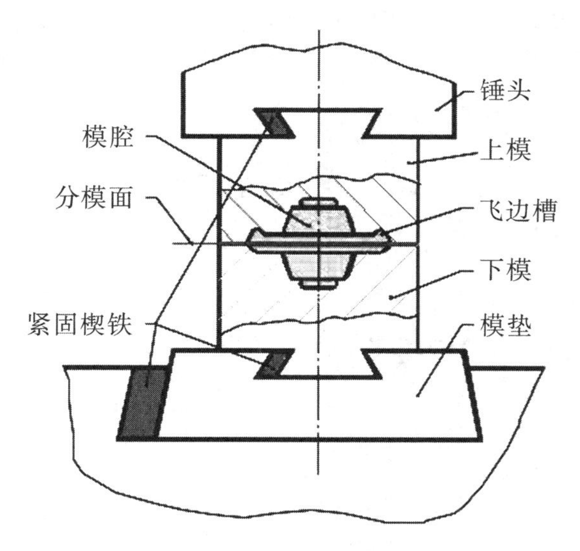

图 5-1　锻模结构示意图

(2)压力机上模锻：锤上模锻振动噪声大、劳动条件差，因此模锻锤在逐渐被压力机所代替。压力机上模锻主要有以下几种。

①摩擦压力机模锻：摩擦压力机是利用摩擦传动的，将飞轮旋转所积蓄的能量转化成金属的变形能进行锻造。

②曲柄压力机上模锻：曲柄压力机的吨位一般为 200～200kN，依靠飞轮的惯性带动曲轴旋转，从而带动活塞做上下运动来实现压力加工。

③平锻机模锻：平锻机具有两个滑块（主滑块和夹紧滑块），彼此是在同一水平面沿相互垂直方向作往复运动进行锻造。

(3)胎模锻：胎模锻是在自由锻设备上使用胎模（模具结构简单且不必固定在锻锤上）生产模锻件的一种锻造方法。

按照胎模结构形式，常用胎膜可分为以下几种：

①摔模：适用于锻造回转体轴类锻件。

②扣模：适用于生产非回转体的扣形件和制坯。

③套筒模：适用于生产回转体盘类锻件，如齿轮、法兰盘等。

④合模：适用于生产形状复杂的非回转体锻件，如连杆及叉类件。

如图 5-2 所示。

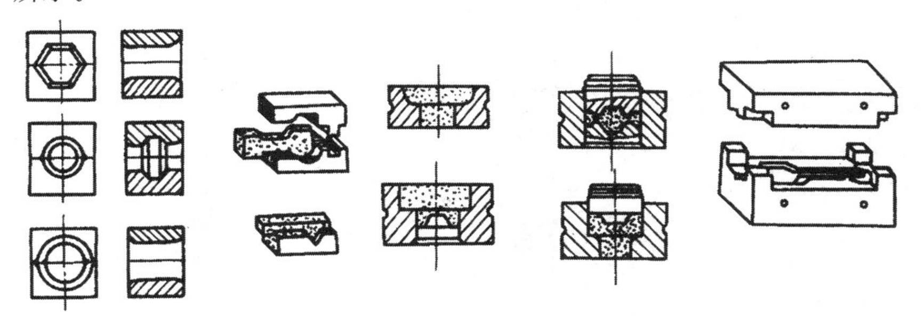

(a) 摔模　(b) 扣模　(c) 开式套筒模　(d) 闭式套筒模　(e) 合模

图 5-2　胎模锻结构示意图

(4)精密模锻:精密模锻是在热模锻曲柄压力机上,装置具有模腔形状复杂(接近于产品零件形状)、尺寸精度高的精密锻模,直接锻造出所要求的产品零件的塑性成形方法。

5.2 轧制工艺

轧制是指将金属坯料通过一对呈各种形状的旋转轧辊的间隙,压缩材料使截面积减小,而长度增加的压力加工方法。轧制是钢材最常用的生产方式,主要用来生产型材、板材、管材,根据金属状态可分为热轧和冷轧两种方法。

5.2.1 轧制原理和特点

1.轧制方式

轧制按轧制时的温度不同,分为冷轧和热轧。在金属再结晶温度以下进行轧制叫冷轧,在金属再结晶温度以上轧制叫热轧。

按轧件的运动,轧制方式可分为纵轧、横轧和斜轧。

2.轧制的特点

(1)优点:可破坏钢锭的铸造组织,细化晶粒并消除显微缺陷,使钢材组织密实,力学性能得到改善。铸锭的气泡、裂纹和疏松,也可在轧制的高温和压力作用下焊合。

(2)缺点。热轧后钢材内部的非金属夹杂物(主要是硫化物和氧化物,还有硅酸盐)被压成薄片,出现分层(夹层)现象。分层使钢材沿厚度方向受拉的性能大大恶化,并且有可能在焊缝收缩时出现层间撕裂。

3.轧制原理与种类

金属通过两个旋转方向相反的轧辊时,在轧辊压力作用下,使金属产生塑性变形。从而改变其断面的形状和尺寸。被轧制的金属称为轧件。如图 5-3 所示。

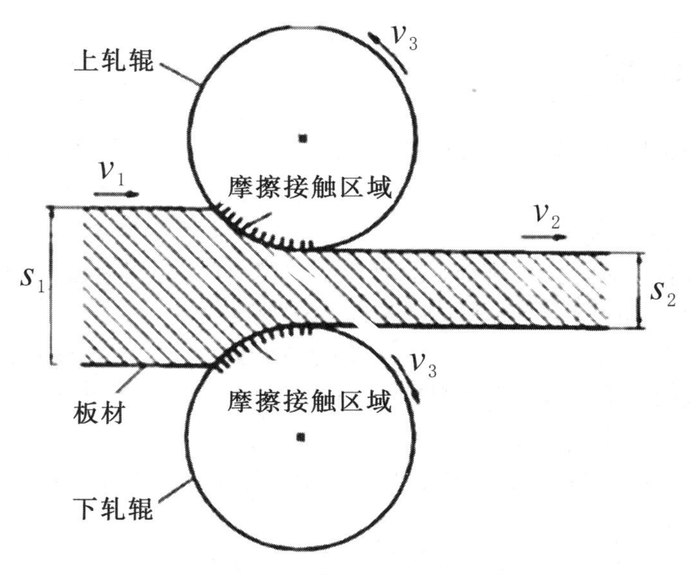

图 5-3　轧制工艺原理

V_1.V_2.材料的初始和最终速度　V_3.板材的外缘速度　S_1.金属板的起始厚度　S_2.金属板的轧制后的厚度

5.2.2　零件的轧制

轧制是制造机械零件毛坯高效而又经济的方法。在机器制造领域，广泛采用轧制的工艺方法生产近终形产品。

1. 特点

在轧机上加工零件，无需用压力机和锻锤对生产轴线对称零件的毛坯进行冲压和模锻，在一些情况下可大大降低甚至完全取消在旋转型机床上的低效加工，而且保证节约 20%～40%金属，可大大减少齿轮铣刀和螺纹铣刀的加工量以及有螺纹表面的零件加工量，可节约金属 15%～20%。

2. 轧制工艺

较常采用的辊轧工艺有纵轧、横轧及斜轧等。

(1)纵轧(辊锻)：坯料轴线(送给方向)与轧辊轴线垂直的轧制方法。特点是坯料通过装有圆弧形模块的一对相对旋转的轧辊，受压产生塑性变形。用于扁断面的长杆件，如扳手、涡轮机叶片、柴油机连杆等的制造。

(2)横轧：轧辊轴线与轧件轴线互相平行，且轧辊与轧件作相对转动的轧制方法，如齿轮的轧制，在对辗过程中，毛坯上一部分金属受轧辊齿顶挤压形成齿谷，相邻的部分被轧辊齿部“反挤”而上升，形成齿顶。特点是生产率高，易于自动化，材料利用率高，产品质量高。

(3)斜轧(螺旋斜轧)：如钢球的轧制、麻花钻头斜轧等。斜轧时，两个带有螺旋槽的轧辊相互倾斜配置，轧辊轴线与坯料轴线相交成一定角度，以相同方向旋转。坯料在轧辊的作用下绕自身轴线反向旋转，同时还作轴向向前运动，即螺旋运动。

5.2.3 板带的轧制

从炼钢厂出来的钢坯须在轧钢厂进行轧制后才能成为合格的钢材产品。

1. 热轧工艺

(1)概念:连铸坯首先是进入加热炉,然后经过初轧机反复轧制之后,进入精轧机。在热轧生产线上,轧坯加热变软,被辊道送入轧机,最后轧成用户要求的尺寸。

(2)工艺过程:轧钢是连续的不间断的作业,钢带在辊道上运行速度快,设备自动化程度高,效率也高。从平炉出来的钢锭也可以成为钢板,但首先要经过加热和初轧开坯才能送到热轧线上进行轧制。改用连铸坯的厚度一般为 150～250mm,先经过除磷到初轧,经辊道进入精轧轧机,精轧机由 7 架 4 辊式轧机组成,机前装有测速辊和飞剪,切除板面头部。精轧机的速度可以达到 23m/s。

(3)热轧成品。分为钢卷和锭式板两种,经过热轧后的钢轨厚度一般在几个毫米,如果用户要求钢板更薄的话,还要经过冷轧。

2. 冷轧工艺

(1)特点:与热轧相比,冷轧厂的加工线比较分散,冷轧产品主要有普通冷轧板、涂镀层板也就是镀锡板、镀锌板和彩涂板。

(2)工艺过程:经过热轧厂送来的钢卷,先要经过连续三次技术处理,用盐酸除去氧化膜,然后才能送到冷轧机组。在冷轧机上,开卷机将钢卷打开,然后将钢带引入五机架连轧机轧成薄带卷。从五机架上出来的还有不同规格的普通钢带卷,它是根据用户多种多样的要求来加工的。

5.3 挤压工艺

挤压是指用冲头或凸模对放置在凹模中的坯料加压,使之产生塑性流动,从而获得相应于模具的型孔或凹凸模形状的制件的一种压力加工方法。挤压主要用于金属的成形,也可用于塑料、橡胶、石墨。

5.3.1 挤压原理及分类

1. 挤压的原理

挤压工艺是对放在容器(挤压筒)内的金属锭坯从一端施加外力,强迫其从特定的模孔中流出,获得所需要的断面形状和尺寸的制品。如图 5-4 所示。

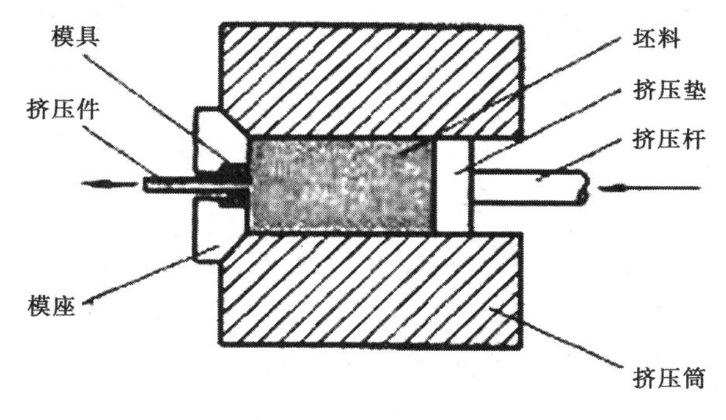

图 5-4　挤压原理示意图

2. 挤压的分类

(1)按坯料温度,挤压可分为热挤压、冷挤压和温挤压三种工艺方法。热挤压是指金属坯料处于再结晶温度(见塑性变形)以上时的挤压。冷挤压是指在常温下的挤压。温挤压是指高于常温但不超过再结晶温度下挤压。

(2)按坯料的塑性流动方向,挤压又可分为流动方向与加压方向相同的正挤压,流动方向与加压方向相反的反挤压,以及坯料向正、反两个方向流动的复合挤压。如图 5-5 所示。

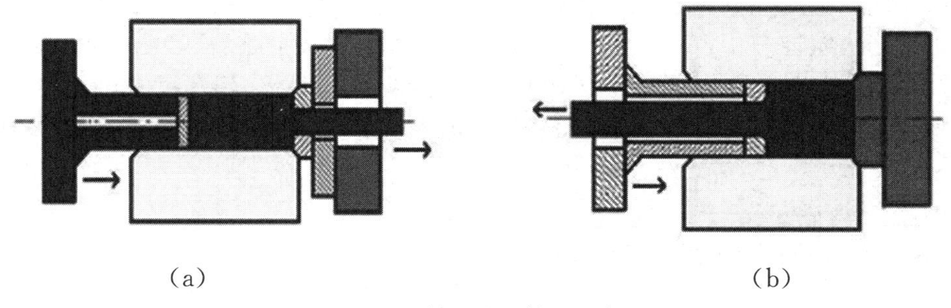

(a)　　　　(b)

图 5-5　正挤压和反挤压示意图

(a)正挤压,(b)反挤压

3.挤压加工的特点及适用范围

(1)优点:挤压具有最强烈的三向压应力状态,生产范围广,产品规格、品种多;挤压生产的灵活性大,适合小批量生产,产品尺寸精度高,表面质量好,易实现自动化生产。

(2)缺点:挤压的几何废料损失大,金属流动不均匀,挤压速度低,辅助时间长,工具损耗大,成本高。

(3)适用范围:挤压适用于品种规格多、批量小、具有复杂断面,超薄、超厚、超不对称的塑性变形加工制品。

5.3.2　挤压工艺

1.挤压力

挤压力是决定凹模强度和选择挤压机公称压力的主要因素。挤压力的大小与凸模的加压面积、坯料在挤压温度时的机械性能、变形程度、模具形状、润滑效果等因素有关。在冷挤压硬铝、铜等材料时，单位面积挤压力一般在 1 000N/cm^2 以下；冷挤压碳钢和合金钢时一般都在 1 000N/cm^2 以上，高的可达 2 500～3 000N/cm^2。

2. 挤压模具

因为单位面积挤压力很大，凹模大多采用 2～3 层预应力结构，以提高其强度和刚度。延长模具寿命是降低挤压加工成本的重要因素。模具可能由于凹模纵裂或成形型腔和型孔的磨损，使挤压件的尺寸和形状误差超过允许值。前者通过正确的设计和制造可以避免，后者靠正确选择模具材料及其热处理和表面处理工艺、正确决定挤压工艺和润滑等措施来加以减缓，以延长其使用寿命。

3. 挤压坯

冷挤压硬铝、铜和钢等时，为降低材料的硬度、变形抗力和提高塑性，需要先对坯料进行软化退火处理。热挤压则不需要经过退火处理。

4. 润滑和表面处理

为降低挤压力和模具的磨损率，并防止金属坯料与模具面的热胶合，挤压时必须有良好的润滑。为使润滑油脂在高压下不被挤出，必须对坯料表面进行减摩和润滑处理。最常用的方法是：先进行磷化，以形成粗糙多孔的磷酸盐表层，再以皂质材料（如硬脂酸锌、硬脂酸钠）涂覆表层并使其充满孔隙中。挤压时，磷化层不断地放出皂料而起有效的润滑作用。温挤压和热挤压因温度高，不适宜用磷化一皂化润滑，一般采用玻璃粉（高温时熔融；二硫化钼、石墨等配成的油剂）润滑。

5. 挤压变形程度

常以坯料变形前后的断面面积缩减率来表示。

（1）坯料在一次变形过程中不出现裂纹的极限变形程度称为允许变形程度。在冷态正挤压时，低碳钢的允许变形程度在 75%以上，而硬铝、紫铜、黄铜等则可达 90%以上，反挤压时均略低。

（2）在热态下，允许变形程度可大大提高，提高的幅度随温度的升高而增大。

（3）变形程度大，所需的挤压力也大，模具的磨损加快，且容易损坏，故一般不采用允许变形程度的极限值，如在冷挤碳钢时采用变形极限值的 60%作为一次变形的允许程度。

（4）假如从坯料到成品的总变形程度很大，则分为几个挤压道次逐步成形。冷挤压时，在各道次之间需要进行工序间的软化退火。热挤压和温挤压的允许变形程度较大，有利于降低挤压力和减少挤压道次。

参考文献

1. 彭大暑. 金属塑性加工原理. 中南大学出版社，2004
2. 王占学. 塑性加工金属学. 冶金工业出版社，2006
3. 谢建新，刘静安. 金属挤压理论与技术. 冶金工业出版社，2001
4. 王廷溥，齐克敏. 金属塑性加工学：轧制理论与工艺（第 2 版）. 冶金工业出版社，2001

思考题

1．锻造与铸造在工艺上有何相同与不同？

2．我们常见的“打铁”技术属于哪种塑性变形加工方法？

3．试分析铁路钢轨应该采用哪种工艺进行生产。

4．挤压的方法有几种？挤压产品有哪些？

第六章　金属加工新工艺

6.1　半固态铸造工艺

6.1.1　半固态铸造概念

1. 金属的成形工艺

如图 6-1 所示，金属常用的成形工艺有两种：一种是采用完全呈液态的金属成形，例如各种铸造技术；另一种是采用完全是固态的金属成形，例如锻造、挤压等。以前还没有哪一种成形工艺采用半固态金属，因为合金在通常的凝固过程中会形成树枝状组织，而当合金呈 20%的凝固状态时，这种组织即开始硬化。如果要使部分凝固的金属产生变形，就必然会产生断裂或形成偏析。但是，当剧烈搅拌正在凝固的金属或合金时，虽然在凝固过程中随着温度的下降合金中的固体组分不断增加，甚至增加到 40%～60%以至更高，这种合金仍然像糊状浆料一样具有很好的流动性，仍可以用压铸等铸造方法成形。合金在半凝固状态下表现的这种类似液体可以流动的、带有黏性的特性，称为流变性，它是半固态流变铸造的理论基础。

半固态铸造是半固态加工或半固态成形的核心，是指将既非全呈液态，又非全呈固态的固态-液态的金属混合浆料用铸造或其他加工方法成形的新方法。它是介于液态成形和固态成形之间的一种金属成形方法。现已发展了流变铸造和触变铸造两种方法。

自从 20 世纪 70 年代美国麻省理工学院的教授 M. C. Flemings 等开发出半固态金属成形技术以来，其优越性已经得到了广泛的认同。与传统的全液态铸造或全固态锻造相比，半固态成形工艺具有制品表面质量好、尺寸精度高、显微组织细小均匀、缺陷和偏析少、机械性能高、模具热负荷小、使用寿命长、生产率大大提高、易于自动控制等优点。近年来半固态成形技术已成为材料科学的研究热点之一。

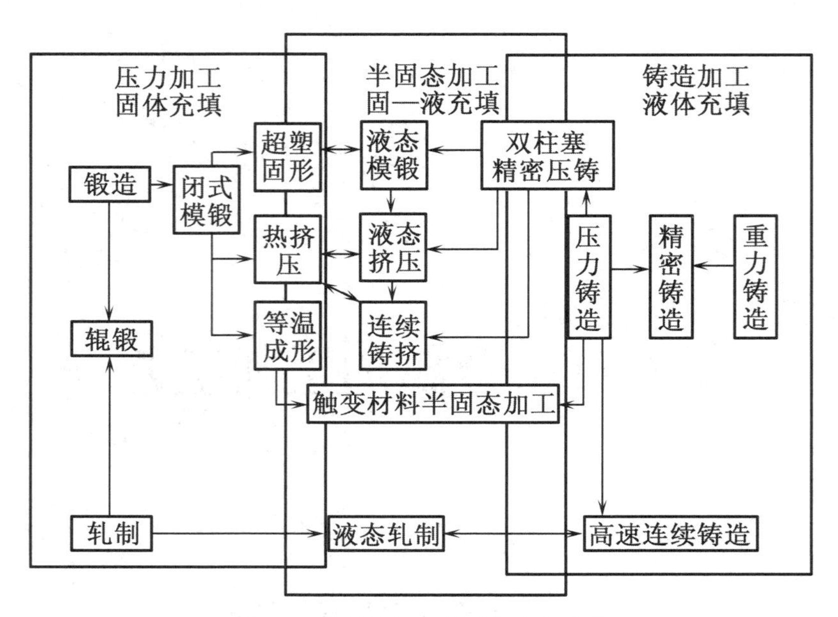

图 6-1　金属热加工成形方法分类图

2. 半固态铸造的原理和特点

(1)半固态铸造的原理

半固态铸造的工艺原理是将合金熔化后，待它冷却到液相线温度以下时，对合金进行搅拌。在搅拌力的作用下，合金中析出的树枝状晶被破坏，并在周围金属液的摩擦熔融作用下，晶粒和破碎的枝晶小块形成卵球状的颗粒，分布在整个液态金属中。这时合金即使固态组分达 40%～60%，仍然像糊状的悬浮液，具有一定的流动性。而在剪切力较小或为零时，它又具有固体性质，可以进行搬运储存。

利用这一原理，近年来开发了许多半固态合金的制备方法，如等温处理法、超声波处理法、SCR(shearing-cooling-rolling)法、粉末冶金法和控制浇注温度法等。

(2)半固态合金组织

半固态合金组织和普通铸造的组织差别较大，如图 6-2 所示。普通铸造所得的组织中枝晶呈发达的树枝状。但在搅拌时，温度扰动使枝晶熔断，颗粒间摩擦、破碎及粗化等使其初晶组织是呈球状、近球状或半树枝状的初次固体(尺寸为 100～200 μm)，均匀分布在金属液中。但在静止时，颗粒有聚集现象，内部形成了一定的结构，使合金液具有固体的特性。半固态组织的形态和大小与合金的温度、剪切速率和固相比例有关。随合金温度下降，初生枝晶间距和质点尺寸减小。剪切力越大，则质点形状越趋向于球形。质点尺寸随固相比例增大而增大。

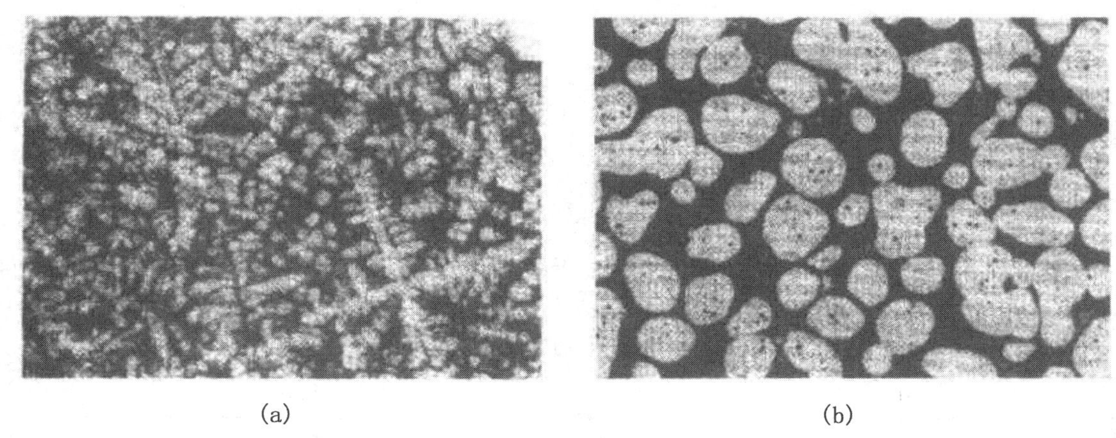
(a)　(b)

图 6-2　在相同冷却条件下 ZAl2 合金的普通铸造和半固态铸造显微组织×100
(a)普通铸造组织　(b)半固态铸造组织

3. 半固态合金的流变性能

流变学是研究物体流动和变形规律的一门边缘学科，由宾汉(Bingham E. C)等于 1919 年创立。材料成形过程中普遍存在流动和变形即流变学的问题。合金液在冷却过程中的凝固规律与其流变性有紧密的联系。

在通常条件下凝固的合金，在凝固初期(固相 15%～20%)，树枝晶体彼此分离悬浮在合金母液中。当温度继续下降时，树枝晶量增加，互相联结成网状组织，使合金液具有一定的固体特性而停止流动。在结晶温度范围内合金的变形具有弹性、黏弹性和塑性等特征。

半固态合金因其组织的特殊性，其流变性能另有特点。随着剪切速率的增加，半固态合金的黏度降低，即具有剪切稀释效应，比同样固含量的非半固态合金的屈服值低 2～3 个数量级，并具有触变性。所以，半固态合金是有触变性和一定屈服值的假塑性流体。

半固态合金受力时的变形性能也与固态合金有所不同。半固态合金的变形过程是一个从塑性变形到超塑性变形的过程，形变抗力小，比固态时要小约三个数量级，极限塑性好，充型性好，易进行成形操作。

4. 半固态铸造的特点

(1)应用范围广

适合于各种合金和复合材料。可采用铸造、挤压、锻造和焊接等多种成形工艺。

(2)铸件质量高，力学性能好，尺寸精度高

合金充填过程平稳、无涡流等，减小了铸件缺陷，组织细密均匀，进行热处理可使铸件质量和性能达到锻件水平。同时，合金收缩小，铸件尺寸精度高(CT7-CT4)、表面粗糙度小(Ra 为 6.3～1.6 μm)。

(3)减小了对成形装置的热冲击，节约能源

工艺操作温度及浇注温度比常规铸造低 100 ℃左右，因此减小了成形时合金对模具的热冲

击，延长了其寿命。比常规铸造工艺节能35%左右。

(4)便于实现自动化，提高了劳动生产率

工艺过程简单，适合专业化生产和微机应用，能实现自动化。凝固时间短，生产率高，劳动条件和环境好。

(5)生产成本低

能源消耗少，铸件形状更接近于产品的尺寸形状，原材料损耗少，机械加工费用低，设备使用周期长。

表6-1　半固态合金的特性、优点及其应用

特性	优点及其应用
热容量低于液相	高速进行零件成形，高速连铸，对铸型热蚀小，能耗低，可对黑色或其他高熔点合金成形
黏度高于液相，并且黏度可控制	充填平稳，减小氧化倾向，改善加工性能，减小气体的卷入，提高致密度，减小黏模倾向，可高速成形，降低表面粗糙度，可实现自动化，并开发其他新工艺
充填时已有固相存在	铸造收缩率低，缩孔少，补缩要求低，低偏析，细化晶粒
半固态合金变形应力小	可进行复杂件成形，进行高速成形，成形成本低，高速连续锻压成形
可与其他材料复合	制造复合材料
可进行固、液相分离	进行提纯

5. 半固态加工技术的应用及发展前景

尽管总体来说，半固态加工技术的工业应用仍处于初级阶段，但是它的应用前景却是十分乐观的，这一点已得到业内人士的普遍认可。半固态加工技术可用于汽车、摩托车、自行车、电子、电器、运动器材等零部件的近净形制造以及使其轻量化。此外，该项技术还被越来越多地用于航空、兵器、仪表等工业中主要构件的生产。

目前，世界各国都有许多大学和企业的研究机构在进行半固态加工技术的研究工作，并取得了一定的进展，积累了一些有益的经验，从而为该项技术的发展和应用奠定了基础。

半固态加工技术在合金制备领域中的应用起步较早，发展也较为成熟。半固态加工技术适用于具有较宽液固共存区的合金体系，如铝合金、镁合金、锌合金、铜合金等均可用该技术制备。其中，半固态加工技术用于制备铝合金最为成功，也最为广泛，包括Al-Cu合金、Al-Si合金、Al-Pb合金和Al-Ni合金等。

半固态加工技术在钢铁工业中也有着重要的意义。采用这种方法制造机械零件，可以大大改善产品质量、降低能量消耗、并延长铸型寿命。半固态加工技术在某些不锈钢、镍基合金以及低合金钢中的应用也已展开了一些研究工作。但是，这方面的应用仍限于实验室中，距工业应用还有一定距离。

目前，应用半固态加工技术制备金属基复合材料也是一个研究热点。半固态金属在液固两相区具有良好的黏性和流动性，比较容易加入非金属填料。而且，只要选择适当增加温度和搅拌时间,便可以提高非金属填料和半固态金属之间的界面强度。同时,非金属填料的加入有效地阻止了球形微粒的聚集,有利于后续的部分重熔和触变成形。半固态加工技术为复合材料的制备提供了一种崭新的、成本低廉的途径。

此外,半固态加工技术还可用于板带和线材的连铸连轧中,在连铸连轧中进行搅拌产生的效果不仅仅是使材料成分均匀,而且能提高产品的整体质量。

半固态加工技术的另一个应用领域是材料的提纯。在液固两相区,初生相微粒的成分与液相成分有较大的差别,只要采用某种方法将液相和固相分离开,就可以达到提纯材料的目的。

近几年来,半固态加工技术的工业应用已经取得很大进展。其中美国、英国、法国、意大利、日本等国家的应用水平处于全球领先地位。与这些国家相比,中国在这方面的研究和生产起步较晚,水平也相对较低。为了适应汽车、通讯、航空航天等行业的迅猛发展,提高我国汽车、电子仪器等产品在国际市场上的竞争力,应大力加强半固态加工技术的研究与应用工作,从而推进中国冶金工业领域整体水平的提高。

6.1.2　半固态合金浆料的制备

进行半固态铸造的关键是制备出合格的半固态金属浆料。常用的半固态合金浆料的制备方法有机械搅拌法、电磁搅拌法和应变激活工艺等。

半固态触变铸造的理论基础是半固态浆液的触变性(或搅溶性)。触变性是浆体悬浮液所具有的一种特性。所谓触变性,即是指在一定的时间范围内浆料的黏度随剪切率的增加而减小的特性。这种特性是由于在浆体悬浮液中形成前述组织而出现的。就个别固态金属而言,这种特殊组织的形成是初次固体质点的部分连接所造成的。对于固体组分占 50%的半固态浆料,当剪切率较低或等于零时,其黏度会大大提高,以至浆液像软固体一样,人工可以搬运。而随后再施加剪力,则又可使其黏度降低,重新获得流动性并很容易地铸造成形。通过如下的试验即可以说明这一特性。先制成两个 380 铝合金试棒,前者是砂型铸造的,后者是半固态流变铸造的。将二者都加热到约含 40%固态组分的温度,此时二者都能保持其原来形状,具有一定的固体刚度,都可以像软固体一样由人搬运。但将二者从 1.2 m 的高度抛下时,前者碰到地面像脆性固体一样碎裂,而后者却像液体一样飞溅。如果将二者送入绝热的活塞压射容器中,在预定的压力作用下,前者根本不能成形并出现大量的热裂纹和抗剪力;而后者在活塞冲击形成的剪力作用下产生流动,顺利地被压铸成形。

利用半固态金属的这一独特优点,先用连续制备器生产半固态浆液,然后将其全部凝成一定尺寸的锭料,再将锭料切割成所需尺寸、所需重量的小型锭料以供压铸使用。这些小型锭料在室温下可以长期储存,使用时再重新加热达到所要求的固体组分的软化度,然后即可钳送至压铸机的压射室中进行压铸。这一工艺即被称为半固态触变铸造或半固态锭料重温铸造,简称为触变铸造。由于这种方法更便于组织生产,因而成为世界各国开发应用的重点研究项目。

1. 机械搅拌法

在半固态浆液制备器中,一般均由采用感应加热的液态金属熔池和与其相连的坩埚混拌冷却室组成。该法基本分为两种类型,一种由两个同心的圆筒所组成,内筒保持静止,外筒旋转,使切分的树枝晶被破碎。另一种是在熔融的金属中插入一搅拌棒进行搅拌,其装置结构如图 6-3 所示。它具有两个垂直相连的同心圆柱形筒,上部是合金储存室,下部是合金混合搅拌冷却室,通过搅拌棒的升降,调节浆液中固液组成及流出速度。

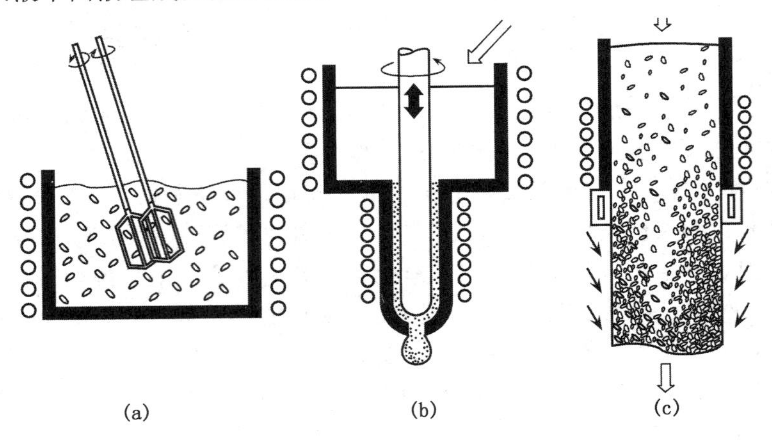

图 6-3 制备半固态浆料几种方法示意图

(a)熔池搅拌 (b)机械搅拌连续生产 (c)电磁搅拌连续生产

由直流电动机带动的搅棒是用富铝红柱石和石英制成的,也有用高纯度的三氧化二铝制成的,也可以直接用陶瓷热电偶保护管做搅棒,方形搅棒比圆形具有更好的搅拌效果。搅拌的速率为 100～1 000 r/min,多为 800～1 000 r/min。搅棒可以一直延伸到搅拌室的底部,并通过其升降来调节浆液的流出速度,这样也就控制了浆液的温度和固体组分。现在已用这种设备成功地生产了铝、铜、不锈钢和其他高温合金的半固态浆液。

机械搅拌法可以获得很高的剪切速率,冷却速度大,有益于形成细小、均匀的显微组织,搅拌在金属液面下进行,因而减少了空气的进入。但是,因为金属熔体与搅拌叶片直接接触,影响到搅拌器的寿命,同时金属浆料也易受到污染。由于在工业生产中难以解决这些问题,该方法在实验室的研究中应用较多。

2. 电磁搅拌法

电磁搅拌法是利用电磁感应产生的电磁力搅拌正在凝固中的金属,属于非接触式搅拌。该法是利用旋转电磁场使金属液产生扰动,达到搅拌金属液获得半固态合金浆料的目的。常用的两种方法中,一种是在感应线圈内通交变电流的方法,另一种是 1993 年发明的旋转永磁体法,后者产生的磁场强度高。通过改变永磁体的排列方式,可以使金属液产生二维流动。电磁搅拌法克服了机械搅拌法的缺陷,不会污染金属液,控制方便灵活,在工业上得到了较广泛的应用。但其设备投资大,成本高。

目前,工业上用电磁搅拌法可以生产出直径达 38～152 mm 的半固态铸棒。但是,交变电流的集肤效应使得电磁力从铸棒四周到中心逐渐减弱,所以电磁搅拌法不宜生产更大直径的铸棒,而且该种方法的电能消耗量大,搅拌效率有待于进一步提高。

3. 应变激活法

应用诱发应变激活技术首先要使合金原料获得足够的冷变形,而后加热到固液两相区,得到非常细小的、非枝晶的球状显微组织,形成半固态原料,然后加热到半固态状态保温,即可得到半固态合金浆料。应用该法获得的金属纯净,产量大,是目前工业生产中采用的主要技术之一。但是由于增加了预变形工序，使得生产成本提高。此外，与电磁搅拌法相比，它仅限于生产小型零件，作为电磁搅拌法的补充，应用于高熔点半固态合金。

4. 喷射沉积法

金属熔化成液态后，雾化为熔滴颗粒，在喷射气体的作用下被直接收集在基板上。当每个熔滴的冲击能够产生足够的剪切力打碎在熔滴内部形成的枝晶，凝固后成为颗粒状组织，经加热到局部熔化时，也可得到半固态金属浆料。与其他方法相比，该法成本较高，仅适合于制备大尺寸坯料。

5. 其他方法

除上述方法外，切变-冷却轧制法、紊流效应法、粉末冶金法、电磁脉冲放电法、化学晶粒细化法、形变热处理法等也被用于制备半固态金属原料。

6.1.3　半固态铸造方法

利用半固态合金的特殊组织和流变特性，依据材料和成形工艺不同，可将半固态铸造方法分为流变铸造、触变铸造、挤压铸造（铸锻成形）和复合铸造及射铸成形等。

1. 流变铸造

流变铸造是指利用半固态金属制备器批量制备或连续制备糊状的合金浆料，直接进行铸造（挤压、轧制、模锻等）的方法。其工艺过程如图 6-4 所示。这种工艺方法的基本设备有半固态浆料制备器和成形机。这种方法由于直接获得的半固态浆料不便于保存和输送，因而发展缓慢，成熟应用的技术有限。射铸成形是已应用于生产镁合金的一种成熟技术，其成形机中有一个特殊的螺旋推进系统，并配有半固态合金加热源。合金的普通铸锭从螺旋推进系统一端加入，一边被加热，一边螺旋搅拌推进，到达另一端的合金已是有流动性的半固态合金，随后被射入模型中成形。

流变成形比触变成形节省能源，流程短，设备简单，是未来重要的发展方向。

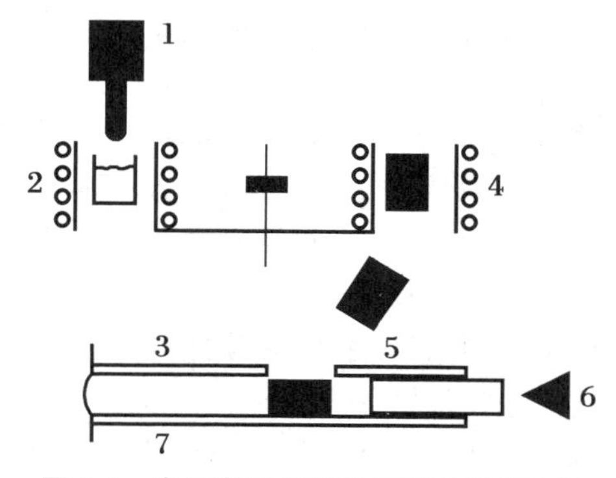

图 6-4　半固态流变铸造工艺过程示意图

1. 浆料制备器　2. 充型　3. 转送台　4. 运出　5. 运送台　6. 柱塞　7. 成形系统

2. 触变铸造

(1)技术原理

触变铸造是指将用浆料连续制备器生产的半固态浆料铸成一定形状的铸锭，重新加热到半固态温度范围后，将其装入成形机进行铸造成形（或挤压、轧制、模锻等）。其工艺过程如图 6-5 所示。由于半固态金属坯料加热输送方便，易于实现自动化，因而这种工艺在生产中得到广泛应用。

(2)工艺过程

为进行半固态触变铸造成形，首先要进行半固态合金坯料的部分重熔，重熔的程度依据合金的成分和成形工艺不同而有所不同。一种工艺是重熔到液相体积百分比占 35%～50%，形态类似“黄油”，另一种工艺是重熔到液相体积百分比占 50%～60%，形态类似“粥”。目前，前一种工艺应用较为广泛，因为此时的部分重熔坯料可以像固体一样被搬运，简化了送料系统。

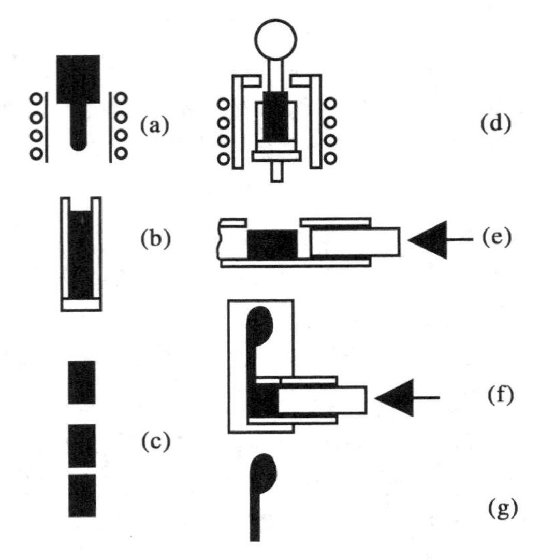

图 6-5　半固态触变铸造工艺过程示意图

(a)浆料制备器　(b)半固态锭料　(c)切割后的锭料　(d)重新加热锭料　(e)送入压室　(f)成形　(g)零件

为了得到合格的部分重熔坯料，部分重熔工艺必须满足熔化速度快、熔化程度均匀和固相百分数控制精确的要求。目前，在生产中多采用连续式电磁感应加热工艺。电磁感应加热的缺点是能耗大。为了解决这一问题，可以先将坯料送入传统加热炉中加热到一定温度，再将坯料移入感应加热器中进行最后加热。除电阻感应加热外，也可采用电阻炉或盐浴炉对半固态坯料进行重熔加热。这种方法的优点是加热温度控制精确，坯料不易坍塌；缺点是加热时间过长，易造成显微组织粗大，坯料表皮氧化加重。

半固态流变铸造和半固态触变铸造一般都采用压铸的方法铸造制品，这是半固态最常用的铸造工艺。压铸的设备包括一台半固态金属浆料连续制备器，一台将锭料迅速再加热到半固态程度的感应炉，一个用来测定再加热锭料软度的指示器和一台通用的冷室卧式压铸机。为适应半固态压铸的特点，需采用和通常液态压铸相等或略低的压力以及较低的内浇口流速，同时也要和普通压铸一样选择最佳工艺参数，以保证铸件的质量。

半固态触变铸造的温度参数见表 6-2。

表 6-2　半固态触变铸造的温度参数

材料	半固态铸造温度	全液态铸造温度
A380 铝合金	563～571℃	604℃
905 铜合金	910℃	1 040℃
304 不锈钢	1 420℃	1 490℃

(3)选择半固态铸造的压铸产品的原则

①铸件重量在 2～3 kg 左右。
②批量在 10 000 件以上。
③最薄截面尺寸 1.5 mm,厚度最好不超过 40 mm。
④无死孔或盲孔。
⑤原生产工艺需要大量机械加工且机械加工费用至少占总成本 50%以上。

3. 铸锻成形

铸锻成形是指将液态金属浇入金属模中,在高压下凝固并产生半固态塑性流动变形的成形方法,是金属凝固(铸造)和塑性加工成形两个过程的复合。它兼有铸造法的工艺简单和成本低的特点,又有塑性成形产品性能好、质量可靠等优点,在实际中应用广泛。其成形方法有液态模锻、液态挤压、液态轧制和连续铸挤等。

(1)液态模锻

又称挤压铸造,是介于压力铸造和模锻之间的一种工艺。其工艺过程如图 6-6 所示。挤压力一般选择为 40～100 MPa,加压速度为 0.1～0.4 m/s,根据合金材料、零件结构等实际条件确定,工艺较成熟,应用广泛。

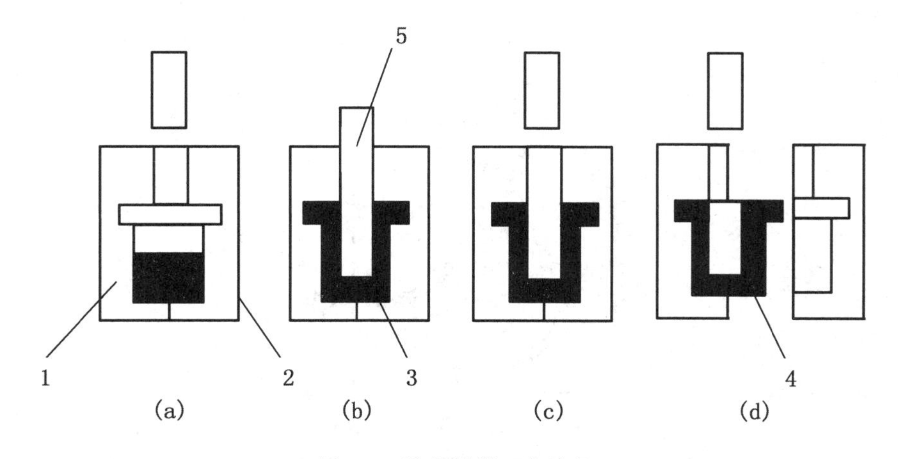

图 6-6　液态模锻工艺过程

(a)浇注　(b)压头加压、保压　(c)压头回程　(d)开型

1.左压型　2.右压型　3.金属液　4.产品　5.压头

(2)液态挤压

该法是在液态模锻的基础上结合热挤压变形特点而发展起来的,工艺过程如图 6-7 所示。挤压冲头对挤压筒内的液态金属施以高压,使其在压力下发生流动和结晶,凝固之后挤在成形模口处,将准固态金属经断面减缩产生大塑性变形,一次成形为型材类制品,如管材、棒材等。

(3)液态轧制

将液态金属直接注入两轧辊组成的辊缝之间,随轧辊旋转被带入变形区,实现半固态轧制。其工艺过程如图 6-8 所示。

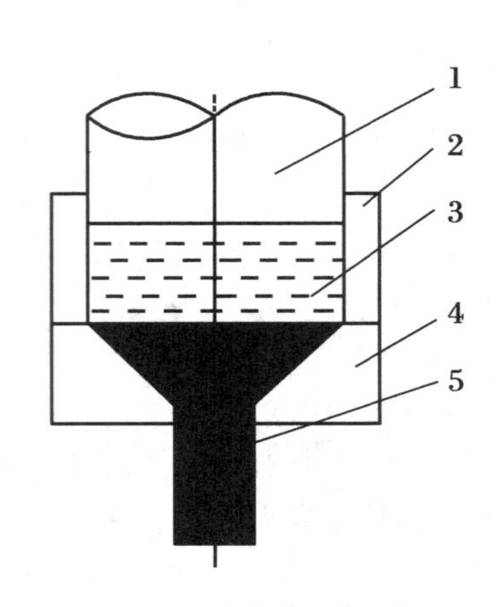

图 6-7　液态挤压工艺过程
1. 冲头　2. 挤压筒　3. 金属液　4. 成形模　5. 产品

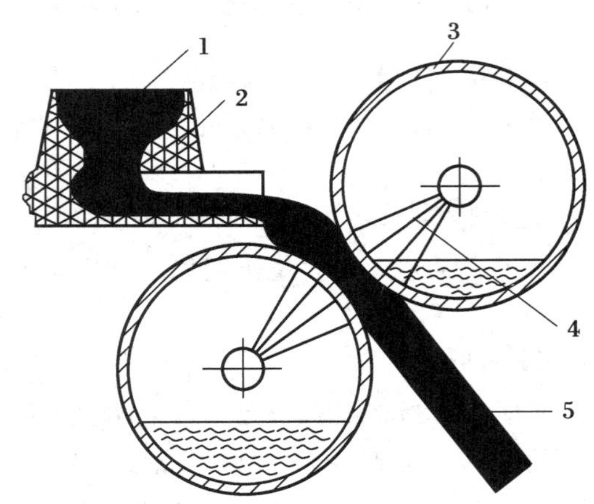

图 6-8　液态轧制工艺过程
1. 金属液　2. 浇道　3. 轧辊　4. 冷却水　5. 产品

(4)连续铸挤

将已凝固的和待凝固的金属一起由槽轮旋转带至挤压变形,实现半固态挤压成形。其工艺过程如图 6-9 所示。

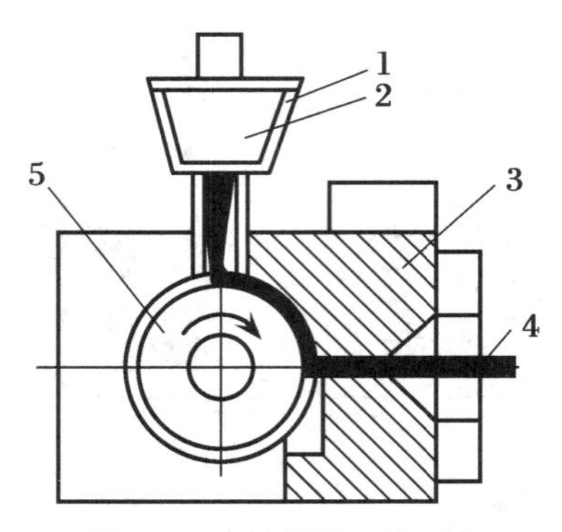

图 6-9　连续铸挤工艺过程
1. 保温储料箱　2. 金属液　3. 靴形座　4. 产品　5. 挤压槽轮

4. 复合铸造

复合铸造是陶瓷颗粒或短纤维增强金属基复合材料的成形工艺之一。这种成形技术是对处于液固两相区的金属进行强烈搅拌，同时加入陶瓷颗粒或短纤维等增强相，形成复合材料半固态浆料，半固态合金的触变性能使增强相分散存在，在随后将这种半固态复合材料进行成形。可以使用流变成形、触变成形和铸锻成形等各种半固态成形技术。

5. 射铸（压射）成形

射铸成形是1988年美国DOW Chemical Co发明的一种应用于生产镁合金的一种半固态金属成形法，是一种一步成形的半固态镁合金加工方法，并取得了专利。特点是将普通压铸与注塑成形这两种工艺结合在一起，取消了通常的熔化设备，其成形机中有一个特殊的螺旋推进系统，并配有半固态合金加热源。合金的普通铸锭从螺旋推进系统一端加入，一边被加热一边螺旋搅拌推进，到达另一端的合金已是有流动性的半固态合金，随后被射入模型中成形。

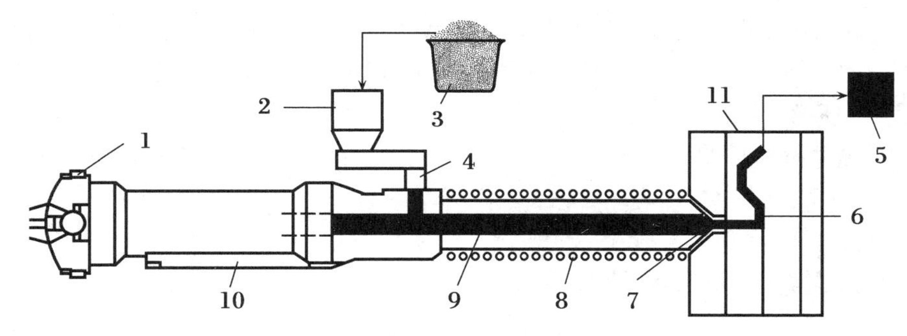

图6-10　射铸成形工艺图

1. 螺旋推进装置　2. 料斗　3. 镁粉　4. 供粉口　5. 制品　6. 入口　7. 喷口
8. 加热器　9. 剪切螺旋　10. 高速压模装置　11. 模具

参考文献

1. 周美玲，谢建新，朱宝泉. 材料工程基础. 北京工业大学出版社，2001
2. 陈嵩生. 半固态铸造. 国防工业出版社，1978

思考题

1. 什么是半固态铸造？半固态铸造有何特点和用途？
2. 制备半固态金属浆料有哪几种方法？
3. 触变铸造与流变铸造有何不同？

6.2 快速凝固工艺

铸造是冶金生产中一种十分重要的工艺手段,除了少数经粉末冶金等方法直接成形的产品外,几乎所有的金属制品和构件的生产都离不开铸造。它们有的是在冶炼后凝固成铸锭,再经各种热加工和冷加工而制成,有的是直接铸造而制成。因此铸造工艺和铸件的微观组织、结构和性能都会对后续加工工序的顺利进行和最终产品的质量产生重要的甚至是决定性的影响。

常规铸造合金会出现晶粒粗大、偏析严重、铸造性能不好等严重缺陷,它们不仅使现有牌号合金的性能和质量很难得到保证,还限制和束缚了新型合金材料的研制。造成这些缺陷的主要原因是由于它们凝固时的冷速较小,从而导致合金凝固时的过冷度和凝固速度都很小造成的。因此要消除铸造合金存在的这些缺陷,突破研制新型合金的障碍,就要提高熔体凝固时的冷却速度从而提高凝固速度,实现快速凝固。

由于快速凝固技术主要是通过提高凝固冷却速度的方法来提高凝固过冷度和凝固速度的,因此凝固冷速大小是这一技术的重要标志。但是对于如何从凝固冷速的大小来划分快速凝固与常规凝固的界线至今还没有统一的意见。一般我们把凝固冷速大于 $10^2 \sim 10^4$ K/s 确定为急冷凝固技术的冷速下限,在本章介绍的快速凝固技术中除了大过冷技术外都是属于这一冷速范围的急冷凝固技术。

6.2.1 快速凝固的发展及特性

1. 快速凝固技术的发展过程

快速凝固技术的研究始于 20 世纪 50 年代末 60 年代初,美国的杜卡兹(Duwez)首次报道了金属被快速冷却成玻璃态的奇迹,他利用特殊的急冷技术,使液态金属的冷速达到了 10^7K/s,合金的组织和性能出现了前所未有的变化。这为材料科学工作者展现了一个新的研究领域。自此以后,世界各国的研究者相继在许多合金中进行了快速凝固的研究试验,研制成功许多现在得到广泛应用的具有不同成分、结构和优异性能的新型合金材料,同时出现了许多新颖的快速凝固材料制备技术。

2. 快速凝固的特点

(1)快速凝固产品的结构特点

根据不同的凝固条件,快速凝固合金表现出如下的组织特征:

①凝固速度快,溶质产生非平衡分配,是无溶质分配的凝固,无偏析或少偏析,固液界面的稳定性增加,凝固形成了平面、无偏析的等轴晶,某些合金可获得完全均匀的组织。

②快速凝固能形成组织特殊的晶态合金,产生微晶及纳米晶,尺寸可小于 0.1 μm;显著地加大了溶质元素的固溶极限,保持高度过饱和固溶;平衡相的析出可能被抑制而析出非平衡相,包括新相和亚稳定相。

③非晶态组织的形成：当冷却速度极高(10^7 K/s 以上)时，结晶过程被完全抑制，而获得非晶态的固体，它是一种类似液态结构的金属材料。非晶态的金属玻璃是快速凝固技术最成功的应用实例，它不仅具有特殊力学性能，同时还具有特殊的物理性能，如超导特性、软磁特性及耐化学腐蚀等。

④准晶态组织的形成：它是介于晶态和非晶态之间的一种新组织，也具有优异的力学和物理性能。

(2)快速凝固产品的性能特点及产品特征

①快速凝固合金由于微观组织结构的明显细化和均匀化，具有很好的晶界强化与韧化、微畴强化与韧化等作用，而成分均匀、偏析减小不仅提高了合金元素的使用效率还避免了一些会降低合金性能的有害相的产生，消除了微裂纹萌生的隐患，因而改善了合金的强度、延性和韧性。

②固溶度的扩大，过饱和固溶体的形成不仅起到了很好的固溶强化作用，也为第二相析出、弥散强化提供了条件；位错、层错密度的提高还产生了位错强化的作用。此外，快速凝固过程中形成的一些亚稳相也能起到很好的强化与韧化作用。所以通常的铸造合金经过快速凝固后，硬度、强度、韧性、耐磨、耐腐蚀等室温力学性能和某些高温力学性能都有较大提高，而在常规铸造合金的基础上经过成分调整的和具有全新成分的快速凝固合金一般则具有更加优异的性能。

③由于受迅速传热的限制，快速凝固产品仅限于粉末、线材和薄带等二维以下的形态。对于大块产品(三维)，只有采用熔体过冷技术制备，如大块非晶等，目前正在研制开发之中。

表 6-3　自熔液凝固时的冷却速率范围及产品特征

冷却速率(K/s)	评价	产品特征	极限厚度(mm)	枝晶臂间距(μm)
$10^{-6}\sim10^{-3}$	较低	大型砂铸件和铸锭	$>6\times10^3$	$5\times10^3\sim500$
$10^{-3}\sim10^0$	低	标准铸件、锭、带材、线材	$6\sim0.2\times10^3$	500～50
$10^0\sim10^3$	中间	薄带、模铸件、普通雾化粉末	200～6	50～5
$10^3\sim10^5$	高	雾化细粉、熔液喷溅或提取产品	6～0.2	5～0.5
$10^5\sim10^9$	超高	雾化沉积、熔液自旋、 电子束或激光玻璃化产品	$0.2\sim<6\times10^{-3}$	0.5～<0.05

3. 快速凝固的工艺途径

在实际凝固过程中达到快速凝固的方法主要有两种，一种是“动力学”的方法，即设法提高熔体凝固时的传热速度从而提高凝固时的冷速，使熔体凝固时间极短，并只能在远离平衡熔点的较低温度凝固，因而具有很大的凝固过冷度和凝固速度。具体实现这一方法的技术称为急冷凝固技术。另一种方法是“热力学”的方法，即针对通常铸造合金都是在非均匀形核条件下凝固因而使合金凝固的过冷度很小的问题，设法提供近似均匀形核(自发形核)的条件。在这种条件下凝固时，尽管冷速不高但也同样可以达到很大的凝固过冷度从而提高凝固速度。具体实现这种方法的技术称为大过冷技术。所以快速凝固技术实际上包括急冷凝固技术和大过冷技术。除此之外，对类似于连续铸造和定向凝固条件下凝固的金属，提高已凝固金属的提拉速度也可能得到很大的凝固速度，但是由于在这些凝固条件下，已凝固金属提拉速度的提高比较困难，所以这一方法现在还不能实际应用。

(1)急冷凝固技术

急冷凝固技术的核心是要提高凝固过程中熔体的冷速。从热传导的基本原理可以知道,一个相对于环境放热的系统的冷速取决于该系统在单位时间内产生的热量和传出系统的热量。因此实现金属急冷凝固有两个基本条件:

第一,减少单位时间内金属凝固时产生的熔化潜热。这就要求金属熔液必须被分散成液流或液滴,而且至少在一个方向上的尺寸极小,以便散热。

第二,提高凝固过程中的传热速度。要求必须有足够的能迅速带走热量的冷却介质。

实现的途径各有3条:熔液可分散成细小液滴、接近圆形断面的细流或极薄的矩形断面液流;散热冷却介质可借助于气体、液体或固体表面。几乎所有实际的快速凝固工艺都遵循这些途径,以构成快速凝固生产工艺。其中7种组合是切实可行的工艺,其中只有薄带状液流与液体或气体冷却介质的组合没有成功,因为在快速流动的流体中要使液流保持矩形断面是极其困难的。

不同组合工艺的产品特征取决于凝固前液流的状况,例如,小液滴可凝固成单颗粉末或片,也可以彼此重叠凝固成大块形状制品。圆柱状液流可连续凝固成丝,也可断续凝固成纤维。

(2)大过冷凝固技术

与急冷凝固技术相比,大过冷凝固技术的原理比较简单,就是要在熔体中形成尽可能接近均匀形核的凝固条件,从而获得大的凝固过冷度。通常在熔体凝固过程中促进非均匀形核的形核物媒质主要来自熔体内部和容器(如坩埚、锭模等)壁,因此大过冷技术就是主要从这两个方面设法消除形核媒质。减少或消除熔体内部的形核媒质主要是通过把熔体弥散成熔滴的途径达到。在目前的技术条件下即使是很纯的熔体中也总不可避免地含有一定数量可以作为形核媒质的杂质粒子,但是当熔体体积很小、数量很多时就有可能使每个熔体中含有的形核媒质数非常少,从而产生接近均匀形核的条件。另一方面为了减少或消除由容器壁引入的形核媒质,则主要是设法把熔体与容器壁隔离开,甚至在熔化与凝固过程中不用容器。

目前大块非晶材料主要通过将金属液快速冷却来获得大尺寸的非晶材料,包括以下方法:水淬法、高压模铸法、区熔法、铜模铸造法、电弧熔炼法、吸铸法、挤压铸造法、落管法、磁悬浮熔炼以及静电悬浮熔炼等方法。这些方法都属于直接凝固法,其基本的原理是通过导热性较好的铜模具来将合金液的热量迅速转移,使合金在结晶发生之前就已经凝固到较低的温度,从而在一定程度上“冻结”液体结构,形成非晶。

6.2.2 急冷快速凝固

在急冷凝固技术中,根据熔体分离和冷却方式的不同可分为模冷技术、雾化技术和表面熔化与沉积技术这三种低维材料制备方法。

1.模冷技术

模冷技术是将熔体分离成连续或不连续的截面尺寸很小的熔体流,然后使熔体流与旋转或固定的、导热良好的冷模迅速接触而冷却凝固。利用模冷快速凝固法可以制备金属箔、带、丝和碎片等低维产品。

(1)“枪”法

这是杜韦兹创立快速凝固技术时首先采用的方法。石英管中经感应熔化的合金，在 2～3 MPa 高压气体(Ar_2 或 N_2)产生的冲击波作用下，被分离成细小的熔滴并被加速到每秒几百米，喷射到导热良好的铜模上，凝固成极薄的薄膜。该法只适用于实验室中。如图 6-11 所示。

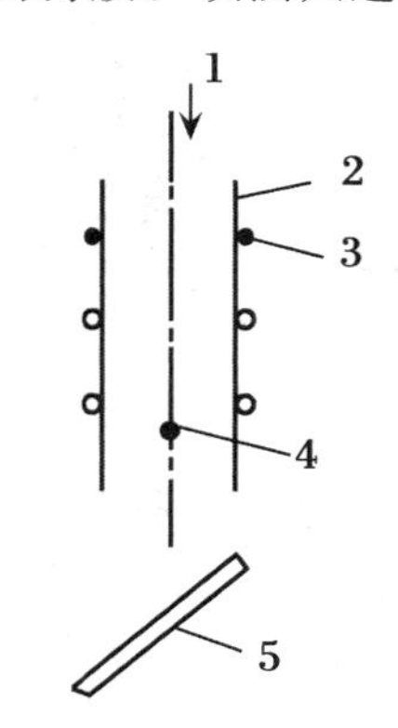

图 6-11　“枪”法示意图

1. 高压气体　2. 石英管　3. 感应线圈　4. 熔滴　5. 铜模

(2)双活塞法

感应熔化的熔滴正好落到由导热良好的铜材制造的活塞之间时，活塞迅速挤压熔滴使之冷凝成薄片，如图 6-12 所示。与之类似的还有活塞砧法和锤砧法。活塞砧法中一个活塞固定，一个活塞活动。在锤砧法中，水平放置在金属砧中心的合金，用电弧或电子束等加热后，其上方的金属锤迅速落下，将熔滴锤击使之冷凝成薄片，对于化学活性高的合金可在真空或保护气氛下悬浮熔化，然后冷凝。该法得到的是急冷合金碎片。

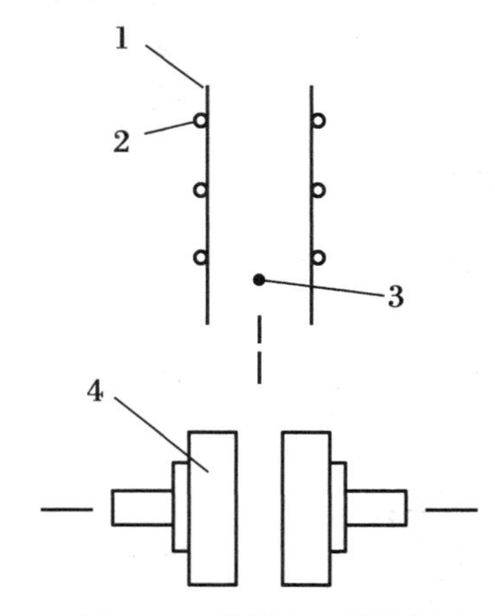

图 6-12　双活塞法示意图

1. 石英管　2. 感应线圈　3. 熔滴　4. 活塞

(3)熔体旋转法

又称为单辊熔体旋转法，如图 6-13 所示。广泛应用于生产非晶和微晶薄带。它是感应熔化的金属液，在气体压力作用下，通过特制形状的喷嘴口喷到高速旋转的辊轮表面凝固，并在辊轮转动的离心力作用下以薄带的形式向前抛出。喷嘴的尺寸形状、喷嘴距辊面的距离、辊面的线速度、辊轮的材质、熔体的温度等都影响薄带的质量。

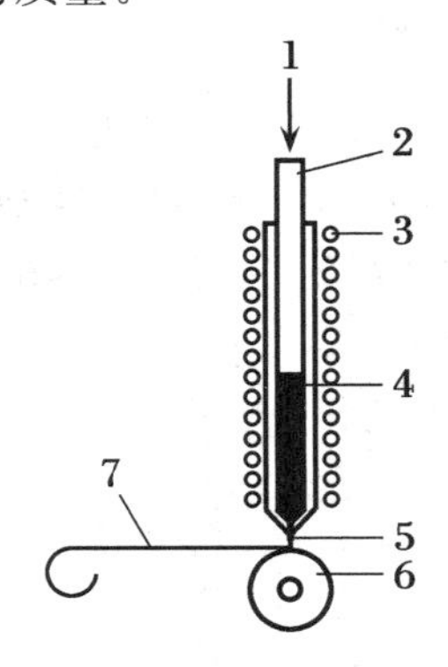

图 6-13　熔体旋转法示意图

1.气体　2.石英管　3.感应线圈　4.熔体　5.喷嘴　6.辊轮　7.薄带

(4)平面流铸造法

这种方法是在熔体旋转法基础上发展的，用于制取宽尺寸薄带，设备与单辊熔体旋转法基本相同，只是喷嘴加宽到与制成薄带的宽度相同，喷嘴离辊轮更近，生产的薄带尺寸稳定，形状规则。与平面流铸造法类似的方法有熔体拖拉法(如图 6-14)，但与平面流铸造法不同之处在于石英管在辊轮的侧面，近似与辊面相切，熔体在重力作用下流出并被紧靠喷嘴的旋转辊面向上拖带和迅速冷却凝固，从辊轮的另一侧落下。拖拉法比平面流铸造法的熔体拖拉速度慢、冷速小、制取的薄带厚。

(5)电子束急冷淬火法

在真空条件下用电子束聚焦后，加热垂直悬挂的母合金棒下端，被加热的部分熔化后，在重力作用下滴到沿母合金棒为轴心高速旋转的铜盘上冷凝成薄片，并在离心力作用下甩出。该法适用于化学活性高的合金如钛、锆等合金，也可用电弧、激光束等加热母合金棒。

(6)熔体提取法

包括坩埚熔体提取法和悬滴熔体提取法两种方法，如图 6-15 和图 6-16 所示。在坩埚熔体提取法中，旋转提取盘的边缘与感应炉中的熔体接触，在表面张力作用下熔体被圆盘边缘拖拉而冷凝成纤维或薄片。悬滴熔体提取法与电子束急冷淬火法相似，只是旋转提取盘的旋转轴与母合金棒垂直。

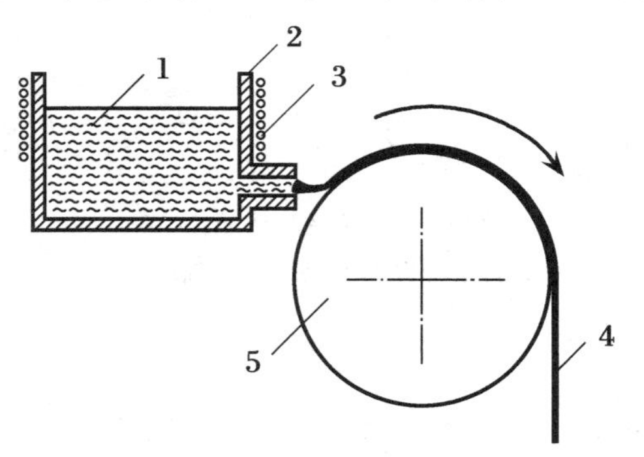

图 6-14　熔体拖拉法示意图

1.熔体　2.石英管　3.感应线圈　4.薄带　5.辊轮

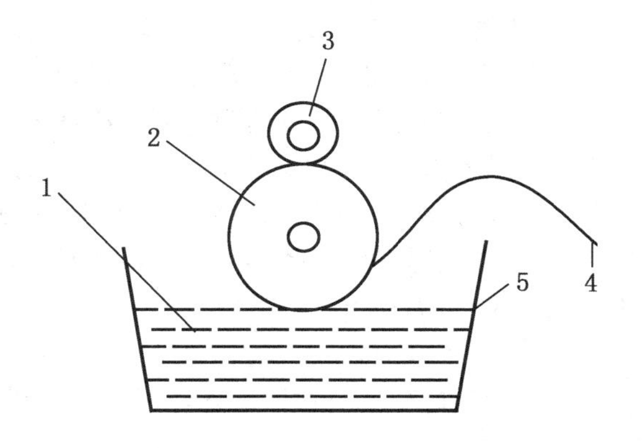

图 6-15　坩埚熔体提取法示意图
1. 熔体　2. 旋转提取盘　3. 弧刷　4. 纤维　5. 坩埚

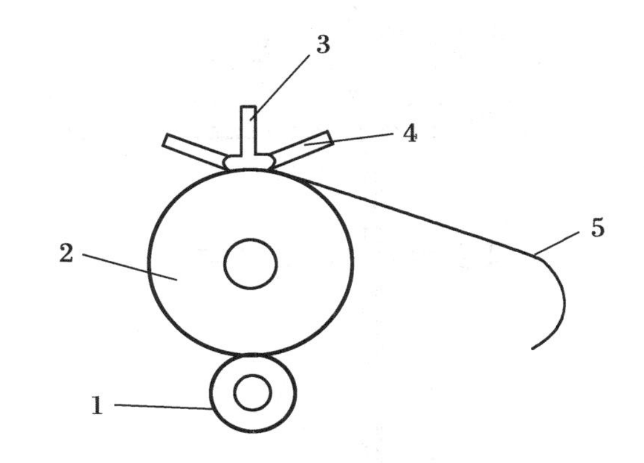

图 6-16　悬滴熔体提取法示意图
1. 弧刷　2. 旋转提取盘　3. 母合金棒　4. 热源　5. 纤维

模冷技术除上述之外还有许多。它的熔体冷却速度大，产品的微观组织和性能比较均匀，但其产品的使用必须在粉碎后才能加工成大块材料。其技术关键是选择冷模材料和控制熔体与冷模接触的时间。

2. 雾化技术

雾化技术是使熔体在离心力、机械力或高速流体的冲击力等外力作用下，分散成尺寸极小的雾状熔滴，并使其在与流体或冷却模接触后迅速冷却凝固。雾化技术主要包括双流雾化、离心雾化和机械雾化三类方法。制备的产品为合金粉末。

(1)双流雾化法

通过高速高压的工作介质流体对熔体流的冲击把熔体分离成很细的熔滴，并主要通过对流的方式散热而迅速冷凝。熔体凝固的冷速主要由工作介质的密度、熔体和工作介质的传热能力特别是熔滴的直径决定，而熔滴的直径又受熔体过热温度、熔体流直径、雾化压力和喷嘴设计等雾化参数控制。现在这类方法已广泛应用于各种合金粉末的生产。

①水雾化法与气体雾化法。利用水、空气或惰性气体作为冷却介质，如图 6-17 所示。水雾化法的水压为 8～20 MPa，生产的粉末直径为 75～200 μm。气体雾化法的气压为 2～8 MPa，生产的粉末直径为 50～100 μm，多为表面光滑的球形，而水雾化法制得的粉末形状不规则。但是水雾化法由于采用了密度较高的水做雾化工作介质，所以达到的凝固冷速要比一般气体雾化法高一个数量级。在此基础上发展了超声气体雾化法，即用速度高达 2.5 马赫的高速高频(80～100 kHz)脉冲气流代替了水流。采用超声气体雾化法可以制成平均直径为 8 μm 的锡合金粉末和平均直径 20 μm 的铝合金粉末，而且在这种铝合金粉末中直径小于 50 μm 的粉末占粉末总量的 95%。此外采用超声气体雾化法时粉末的收得率也高达 90%。超声气体雾化法已经成功地应用于高温合金和铝合金。

②高速旋转筒雾化法。经感应熔化的熔体被喷射到旋转筒内的冷却液中，被雾化分离成熔滴并冷凝成纤维或粉末，然后在离心力作用下飞出。冷却液可选用水、碳氢化合物等。筒转速达 8 000～16 000 r/min。采用这一方法现在每次还只能制得 0.5 kg 的粉末，粉末的形状不太规则，粒度分布范围也比较窄。经过改进后高速旋转筒法将有可能用于快速凝固合金的连续生产。

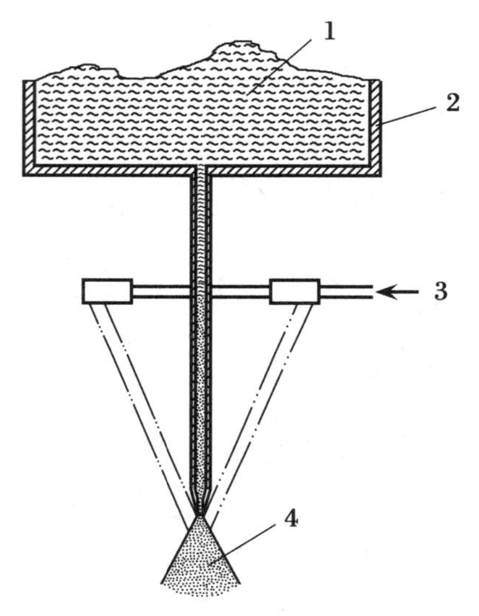

图 6-17　水雾化法示意图

1. 熔体　2. 石英管　3. 水流　4. 熔滴

③滚筒急冷雾化法。这种方法实际上是把双流雾化法和模冷法结合起来，即把经上述气体雾化法雾化后尚未凝固的熔滴再迅速喷到一个旋转滚筒的圆周面上，熔滴在与滚筒冲击的瞬间进一步冷却凝固成薄片并在离心力作用下飞出，所以这种方法比一般的双流雾化法冷速高并适于大批生产。现在已经成功地应用于生产快速凝固铝合金，也有可能应用于其他可以进行气体雾化的金属和合金。如图 6-18 所示。

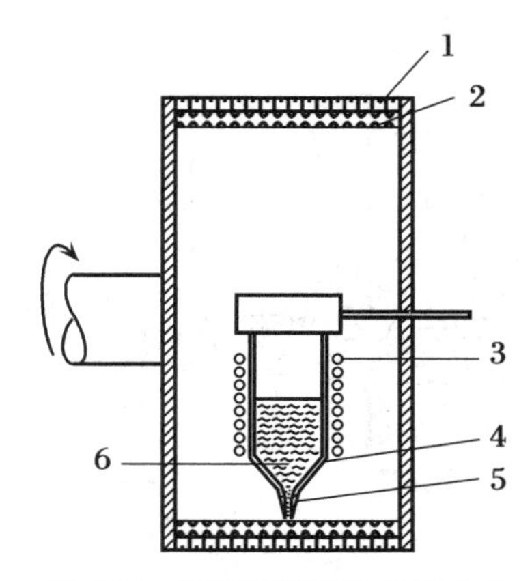

图 6-18　滚筒急冷雾化法示意图

1.旋转筒　2.液体介质　3.感应线圈　4.石英管　5.喷嘴　6.熔体

(2)离心雾化法

在这类方法中,熔体在旋转冷模的冲击和离心力作用下分离雾化,同时通过传导和对流的方式传热冷凝。离心雾化方法的生产效率高,可以连续运转,适于大批量生产。下面介绍的用于离心雾化的快速凝固雾化法和旋转电极雾化法都已应用于工业化生产,每年生产的快速凝固合金达几百吨。

①快速凝固雾化法。也称离心雾化法,如图 6-19 所示。熔体喷射到高速(速度达 3 500 r/min)旋转的盘形雾化器上,被雾化成细小的熔滴并在离心力作用下向外喷出,在高速惰性气流的冷却作用下迅速凝固成粉末,冷却速度达 10^5 K/s,粉末直径为 25～80 μm。离心雾化也可选用自耗电弧或电子束熔化技术。

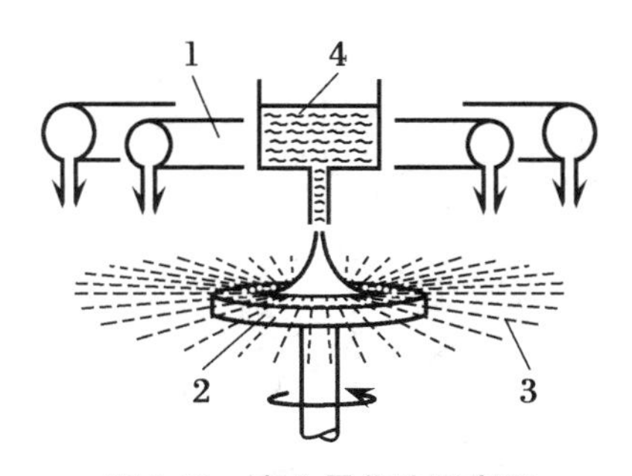

图 6-19　离心雾化法示意图

1.冷却气体　2.旋转雾化器　3.粉末　4.熔体

②旋转电极雾化法。以直径约 50 mm 的棒材作为自耗电极并且高速旋转,在其末端与固定钨电极间触发电弧,使自耗电极熔化,熔滴在离心力作用下沿径向甩出,在飞过气体流或真空的空间时凝固。其优点是熔滴不与任何容器接触,适用于活性合金,但冷速较低,为 10^3 K/s,为避免钨电极的污染,可用激光、电子束或离子弧等熔化技术代替触发电弧熔化母合金。如图 6-20 所示。

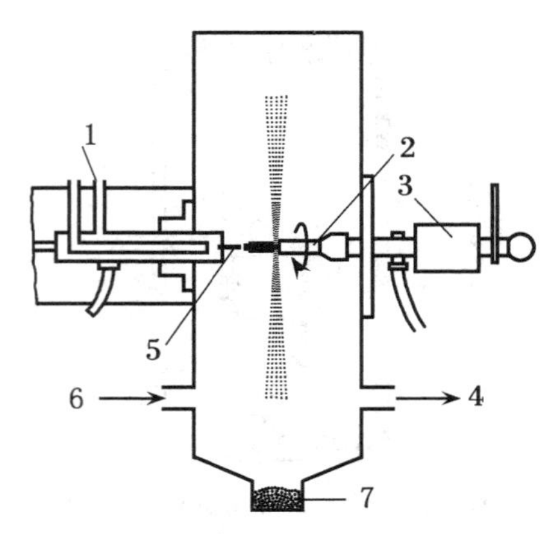

图 6-20　旋转电极雾化法示意图

1. 水冷系统　2. 旋转自耗电极　3. 轴心　4. 真空　5. 非旋转钨电极　6. 惰性气体　7. 收集器

(3)机械雾化和其他雾化法

这类方法是通过机械力或电场力等其他作用，分离和雾化熔体，然后冷凝成粉末。

①双辊雾化法(Twin Roll Atomization)。如图 6-21 所示，熔体流在喷入高速相对旋转的辊轮间隙时形成空穴并被分离成直径小至 30 μm 的熔滴，雾化的熔滴可经气流、水流或固定于两辊间隙下方的第三个辊轮冷却凝固成不规则的粉末或薄片。所用的设备与双辊熔体旋转法所用的设备十分相似，只是通过调节两辊轮之间的间隙(一般$<$0.5 mm)和转速(可以高达 1 000 r/min)来控制熔体流在辊隙中的传热速度，使熔体不会在辊隙内凝固，并且用这种方式控制雾化产品的尺寸与形状，适合批量生产。

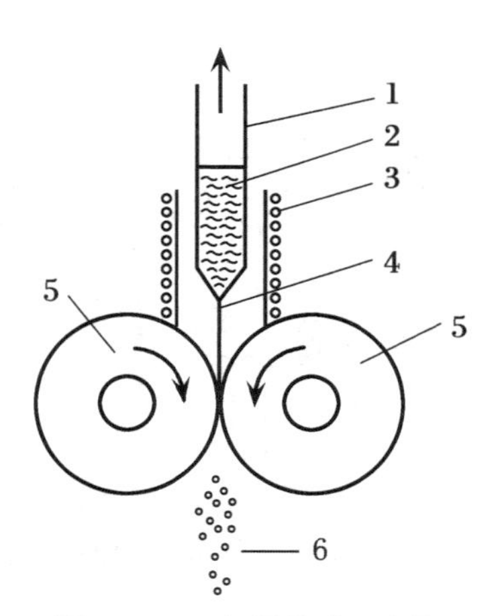

图 6-21　双辊雾化法示意图

1. 石英管　2. 熔体　3. 感应线圈　4. 熔体流　5. 辊轮　6. 雾化熔液

②电-流体力学雾化法。图 6-22 表示这种方法的原理。由于在流入圆锥形发射器的熔体表面加上了高达 10^4 V/m 的强电场，所以熔体流在这个电场作用下克服表面张力以熔滴的形式从发射器中喷出而雾化。通过调节电场强度、发射器形状和熔体温度可以控制熔滴的形状与尺寸。雾化后的熔滴可以在加速自由飞行的过程中冷凝成粉末，冲击到冷模上形成薄片或者沉积到工件表面。这种方法能够获得很高的凝固冷速。当粉末直径为 0.01μm 时，冷速高达 10^7 K/s。所以对

许多合金可以制得非晶态粉末。此外，采用这种方法可以对粉末或薄片的尺寸与分布进行比较精确的控制，已经应用于铁合金和铜、铝、铅等有色金属及其合金。这一方法的缺点是产品的收得率太低，工作一天制成的急冷产品只有几克，所以现在还只能用于实验研究。

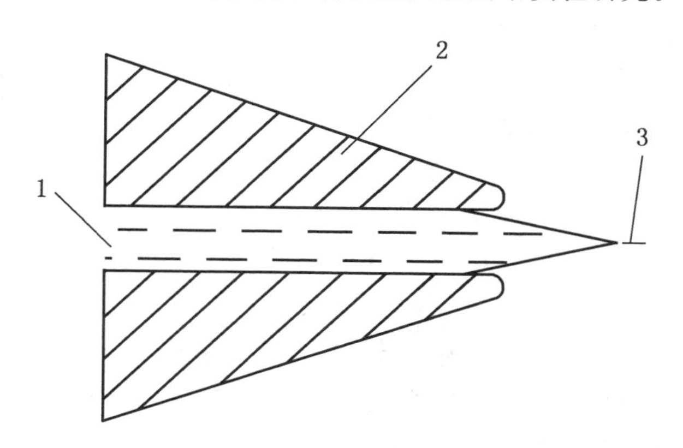

图 6-22　电-流体力学雾化法示意图

1. 熔体流　2. 发射器　3. 熔滴

③真空雾化法。真空雾化法也称为固溶气体雾化法。如图 6-23 所示，在压力作用下，坩埚中熔体内溶解了过饱和的氩气或氮气，把气体与真空室隔开的阀门突然打开使熔体暴露在真空中，熔体中溶解的气体在压力差作用下迅速逸出和膨胀，并带动熔体从喷嘴中高速喷出，把熔体分离、雾化成细小的熔滴，然后冷凝成粉末。采用这种方法制成的粉末不易氧化或受其他污染，形状也比较规则，此外，这种方法也能应用于大批量生产，大多数合金都可以采用这种方法制取快速凝固粉末。但是由于熔滴在真空中只能以辐射的方式冷却，所以这种方法达到的凝固冷速较低。

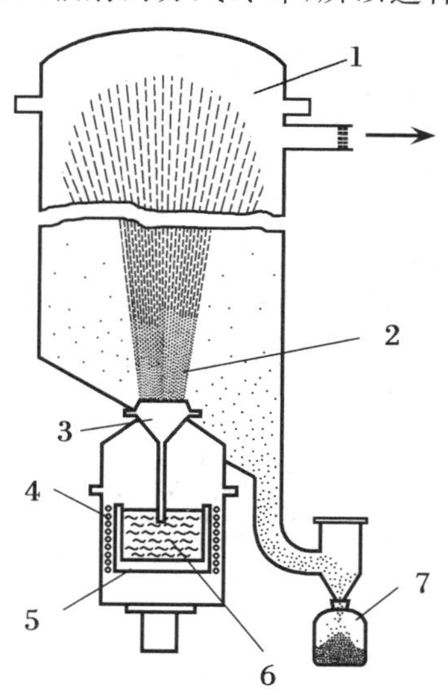

图 6-23　真空雾化法示意图

1. 真空室　2. 雾化熔滴　3. 喷嘴　4. 压力容器　5. 感应加热炉　6. 熔体　7. 粉末收集室

由于采用上述雾化技术制成的产品主要是粉末，可以不用粉碎而直接固结成形为大块材料或工件，因此生产成本较低，便于大批量生产，这是雾化技术的主要优点。也正因为如此，雾化技术已经在实际生产中得到了比较广泛的应用。

3. 表面熔化与沉积技术

表面熔化与沉积技术实质是表面快速凝固技术，即只将待加工的材料或半成形、已成形的工件表面处于快速凝固状态。因传热速度快，冷却速度比其他方法高。因此这一技术特别适用于要求表层具有比内部更高的硬度、耐磨性、耐蚀性等特性的工件。此外还可以用于修补表面已磨损的工件。表面熔化与沉积技术可以分成表面熔化和表面喷涂沉积两大类方法。

(1)表面熔化法

表面熔化法又称为表面直接能量加工法，即主要应用激光束、电子束或等离子束等作为高密度能束聚焦并迅速逐行扫描工件表面，如图 6-24 和图 6-25 所示，使工件表层熔化，熔化层深度一般为 10 μm～1 000 μm。从形式上看起来这种方法与焊接有些类似，所以也称为焊接方法。但是实际上在表面熔化方法中熔化表层的能束要比焊接时细得多，能束截面的直径小达微米数量级，而且能束照射到表面上任一点的时间很短，仅为 10^{-3}～10^{-8} s，所以任一时刻工件表面熔化的区域很小，传导到工件内部的热量也很少，因此熔化区域内外存在很大的温度梯度，一旦能束扫过以后此熔化区就会迅速把热量传到工件内部而冷凝。正是由于这些原因以及熔化区和未熔化的工件内部之间的界面热阻极小，所以表面熔化法一般可以获得很高的凝固冷速。

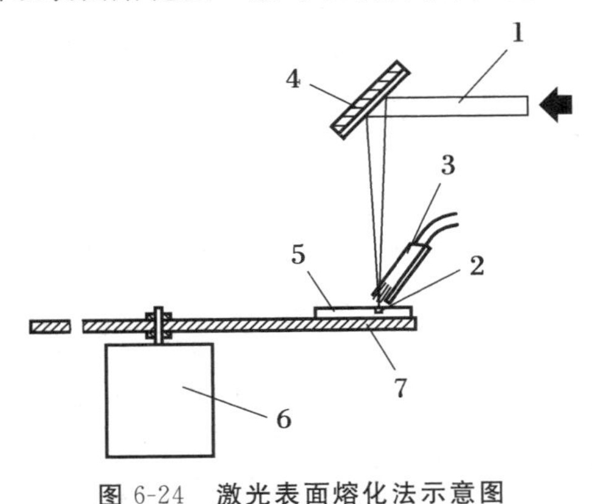

图 6-24　激光表面熔化法示意图

1. 激光束　2. 焦点　3. 惰性气体　4. 聚焦镜　5. 工件基体　6. 变速电机　7. 旋转圆盘

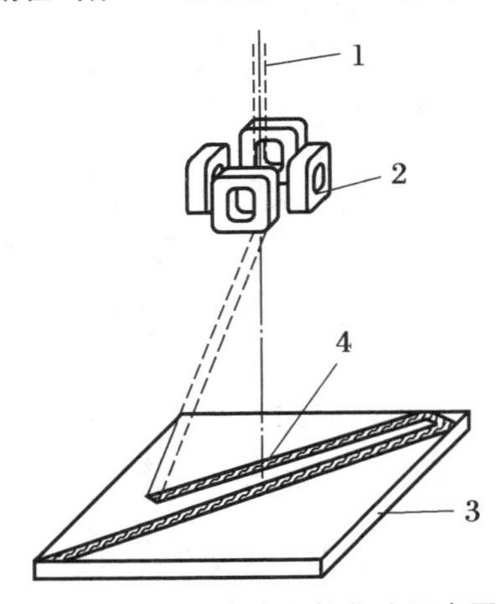

图 6-25　电子束表面熔化法示意图

1. 电子束　2. 偏转线圈　3. 工件　4. 熔化区

成功应用表面熔化方法的关键是一方面既要使能束扫描的局域表层完全熔化，另一方面又不能使该处的温度上升太高以至降低随后的凝固冷速甚至使合金表层汽化。因此，要通过调节能束强度和扫描速度控制工件单位面积表面上能束的传热速率，从而控制熔化区的凝固速度和冷速，通常用的能束功率密度为 $10^4 \sim 10^8$ W/cm^2。此外，扫描的方式也会影响熔化表层的传热和凝固速度。例如当能束以沿两个方向来回扫描的方式向前平移时，表层的凝固冷速要比能束只沿一个方向扫描的方式向前平移时的凝固冷速低。

在上述表面熔化法的基础上还进一步发展了快速凝固表面合金化技术。即在高能能束中喷入合金元素或其化合物的粉末，或者预先把这些粉末喷涂、喷镀、沉积在工件表面然后再进行表面熔化加工，这样当工件表层加热熔化时加入的合金元素粉末就能在熔化状态与工件表层的合金元素均匀化合而冷凝。采用这种技术可以使工件表层的微观组织结构和成分都产生有利的变化，因而能够更有效地改善和提高工件的表面性能。

由于设备和加工成本的原因，在表面熔化技术中应用较多的是激光束表面熔化方法和电子束表面熔化方法两种。电子束表面熔化法与激光表面熔化法相比，由于激光束波长比电子束波长大得多，入射工件表面时更容易被表面反射而造成能量损失。所以电子束表面熔化的效率要比激光束表面熔化的效率高 7～10 倍。例如对相同的 M2 工具钢，当熔化层深度相同时，电子束的入射功率需要 375 W，而激光束的入射功率却需要 3 kW。此外，尽管在激光束表面熔化时采用了惰性气体保护，但实际上这只能减小而不能完全消除熔化表层的氧化。而电子束表面熔化时工件表层受到的氧化要弱得多。虽然电子束表面熔化法具有很多优点，但是由于强度合适的电子束不容易产生，所以实际应用不如激光束表面熔化法那么广泛。在国内，近年来已有不少科研单位和大专院校对镍基高温合金、模具钢、轴承钢等材料应用激光束表面熔化快速凝固技术进行了实验研究，取得了不少成果。从发展趋势来看，激光束表面熔化是最有可能在我国的工业生产中得到广泛应用的快速凝固技术之一。

总之，表面熔化方法由于只加热熔化工件的表层，所以可以明显节约实现快速凝固所需的能源，与表面熔化法结合进行的表面合金化还可以节约许多昂贵的战略元素或金属原料。同时由于在应用这种方法时，熔体与未熔的内层之间化学成分完全相同或基本相同，热接触与传热效率都极高，因而与其他快速凝固方法相比一般可以获得更高的凝固冷速或凝固速度。因此，表面熔化法在它的适用范围内是一种十分经济有效的快速凝固方法。

(2)表面喷涂沉积法

表面喷涂沉积法中应用较多的是等离子体喷涂沉积法(PSD)，如图 6-26 所示。这一方法主要是用高温等离子体火焰熔化合金或陶瓷、非金属氧化物粉末成熔滴，然后再喷射到已加工成形或半成形的工件表面，迅速冷凝沉积成与基体结合牢固、致密的喷涂层。通常，等离子体是在等离子体喷枪内有加入氦气或氢气的离子化氩气或氮气形成的，它的温度可以高达 10^5℃，同时用氮气等惰性气体把预先配制好直径一般小于 5 μm 的合金或陶瓷粉末喷入等离子体中，这些粉末迅速熔化成熔滴，由于等离子体形成后温度极高，因而体积迅速膨胀，以高达三倍音速的速度带着熔滴从等离子体枪的喷嘴中喷向工件表面并迅速冷凝成薄层。当熔滴的沉积速率为 1.3 g/s 时，每次喷涂的涂层厚度＜150 μm，涂层密度可达理论密度的 97%。决定涂层质量的主要工艺参数有真空度、等离子体火焰长度和能量、粉末的质量和喷射条件以及工件表面的状态等。这些工艺参数的合理配合可以保证喷射到工件表面的粉末完全熔化并在喷射束的横截面上分布对称，从而获得高质量的喷涂层。由于熔滴的喷射速度高达 1 000 m/s 左右，熔滴与工件表面的热接触一般都比较好，传热速度很快，所以熔滴的凝固冷速也可高达 10^7 K/s，凝固速度大于 1 cm/s。同时等离子喷涂法的生产效率也很高，一般每分钟可产生几克的快速凝固涂层。由于涂层的厚度一般为 100 μm 左右，为了得到更厚的涂层可以在冷凝后的涂层上再次喷涂，但是这样做会使前一次喷涂的涂层退火。此外，由于等离子体火焰温度极高，所以难熔金属和合金均可以用这种方法喷涂到工件表面。

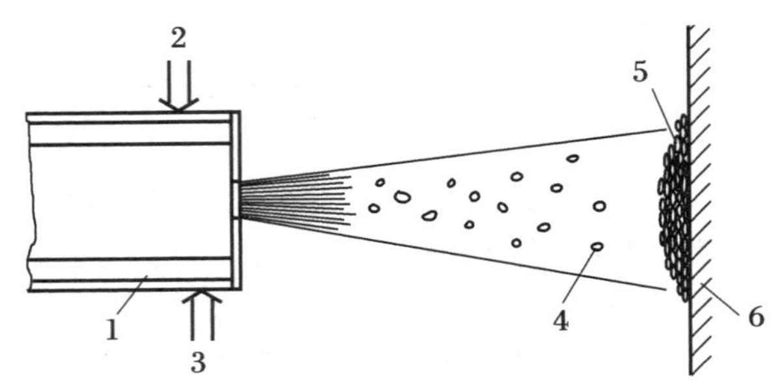

图 6-26 等离子体喷涂沉积法示意图

1. 等离子体喷枪 2. 粉末 3. 惰性气体 4. 熔滴 5. 喷涂沉积层 6. 工件基体

此外，奥斯普雷工艺是将雾化的熔滴多次喷射到只有一定形状的基底表面以制成各种形状的预制坯，如圆盘、块坯、环形坯或管状坯，然后进行锻造、轧制或挤压等热加工的方法，见图 6-27。这种方法如将颗粒材料喷射到基体上可制成复合材料，也可连续生产复合型材料。其特殊之处即是它能制成接近最终形状的快速凝固产品。

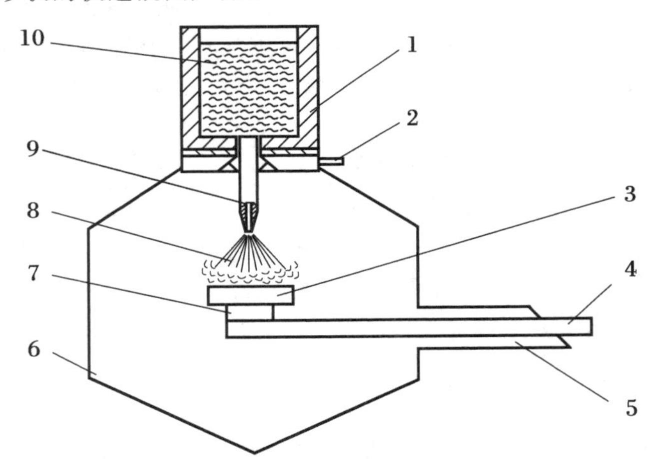

图 6-27 奥斯普雷工艺示意图

1. 坩埚 2. 雾化气体 3. 喷涂沉积层 4. 传输机构 5. 卸料室 6. 雾化室 7. 收集器 8. 雾化液滴 9. 气体喷嘴 10. 熔体

与模冷技术和雾化技术相比，表面熔化与沉积技术具有凝固冷速高、工艺流程短、生产速度高、应用比较方便等特点，但是这种方法的一个主要限制是大多只能应用于工件的表面。

6.2.3 大过冷凝固技术

大过冷凝固技术的核心，是在熔体中设法消除可以作为非均匀形核媒质的杂质或容器壁的影响，形成尽可能接近均匀形核的凝固条件，从而在形核前获得很大的凝固过冷度，如图 6-28 所示。

大过冷凝固技术的具体方法有两类，即小体积大过冷凝固法和较大体积大过冷凝固法。

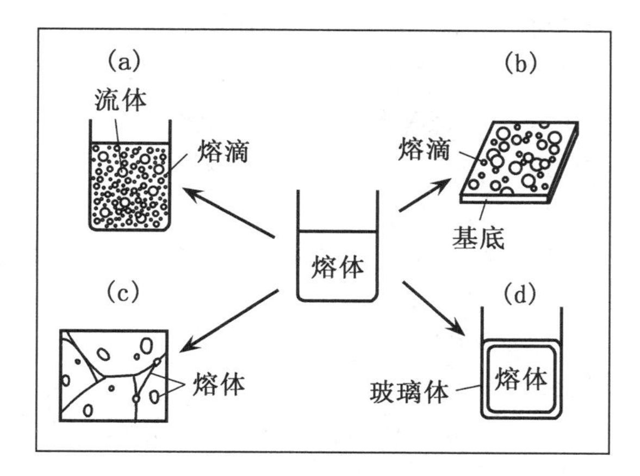

图 6-28　大过冷凝固技术示意图

(a)熔滴乳化法　(b)熔滴-基底法　(c)嵌入熔体法　(d)玻璃体包裹法

1. 小体积大过冷凝固法

又称为熔滴弥散法，即在细小熔滴中达到大凝固过冷度的方法，包括乳化法、熔滴-基底法和落管法等。

(1)乳化法

将熔融的金属弥散在某种不与之互溶的载流体中，通过高速机械搅拌，使其破碎成小乳滴(直径为 1～10 μm)，随后凝固成粉末。载流体常用有机油或熔盐，如图 6-29(a)所示。乳化法一般能得到 0.3～0.4 T_m 的大过冷度，T_m 是合金熔体的熔点(K)。

(2)熔滴-基底法

与乳化法类似，但弥散的熔滴是在冷模上凝固的，因此其过冷度更大，如图 6-29(b)所示。

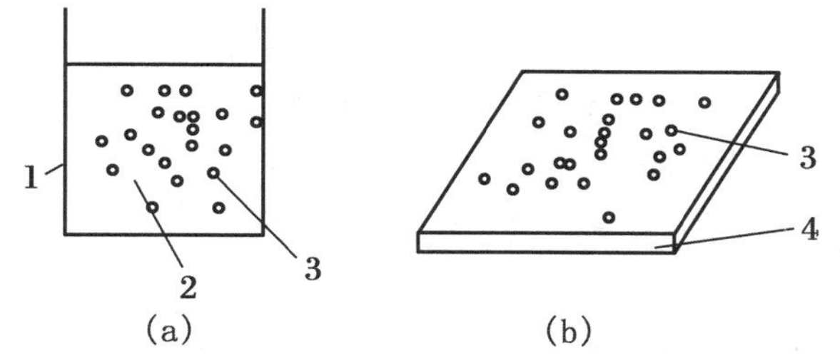

图 6-29　小体积大过冷凝固法示意图

(a)乳化法　(b)熔滴-基底法

1. 容器　2. 载流体　3. 熔滴　4. 基底

(3)落管法

合金熔滴熔化后，从长达 100 cm 左右、真空度为 10^{-3} Pa、竖放的真空管上端自由下落而凝固，熔体在凝固过程中可不与任何介质或容器壁接触而达到较大的过冷度。

例如 Co-34.2%Sn 合金，采用高纯 Co(99.999%)和 Sn(99.999%)配制而成，样品约为 0.5 g，放入底部开有直径为 0.3 mm 小孔的直径 16 mm、长 150 mm 的石英试管中，再将试管置入落管顶部,抽真空至 2.0×10^{-4} Pa 后反充高纯 He(99.995%)和 Ar(99.999%)的混合气体至 1.013×10^{5} Pa。用高频感应熔炼装置加热样品至熔点以上 200 K 并保温 5~10 min,然后向石英管中通入高压氩气,使液态合金分散成许多微小液滴下落。在自由下落过程中,液滴尺寸越小,含有异质晶核的概率就越小,因而获得的过冷度也越大。

2. 大体积大过冷凝固法

是在较大体积熔体中获得大的凝固过冷度的方法,包括玻璃体包裹法、两相区法和电磁悬浮熔化法等。

(1)玻璃体包裹法

是用以流体形式存在的无机玻璃体把大块熔体与容器壁分隔开来,使其凝固时不受容器壁的影响,用其可制取几百克重的快速凝固合金。

(2)两相区法

又称为嵌入熔体法,是把合金加热到固、液两相区,控制温度使熔体体积占 20%,停止加热使两相彼此温度达到平衡,然后将样件淬火凝固。此时熔体不与空气和容器接触。其热量通过固相传出,可得到较大过冷度。但是在玻璃体包裹法中,合金熔化时仍要与容器接触,而二相区法熔体也与先凝固的固相接触,可能形成非均匀核心,因此它们获得过冷度较乳化法小,如图 6-30 所示。

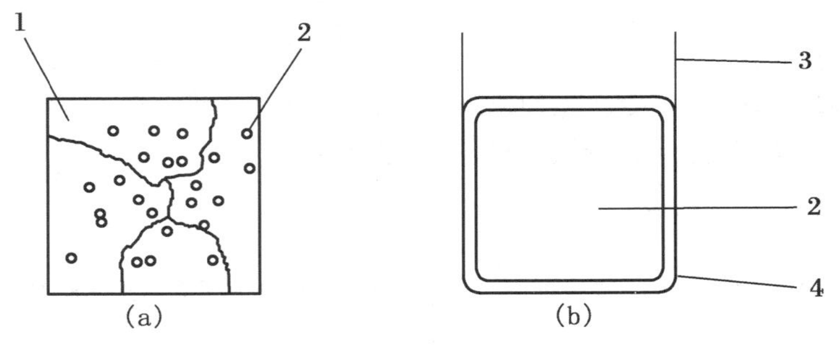

图 6-30 大体积大过冷凝固法示意图

(a)两相区法 (b)玻璃体包裹法

1. 固相 2. 熔体 3. 容器 4. 玻璃体

(3)电磁悬浮熔化法

该法是将直径为几毫米的块状合金放入电磁线圈中,依靠电磁场的悬浮力,使样品始终处于悬浮态,并在惰性气氛中感应熔化和断电后凝固。熔体在凝固过程中不与任何介质或容器壁接触。

6.3　泡沫金属制备工艺

6.3.1　泡沫金属概念

1. 泡沫金属及特点

泡沫金属又称为金属多孔材料，实际上是由金属与气体组成的一种复合材料。正是由于这种特殊结构，使之既有金属的特性又有气泡特性。泡沫金属材料具备了多方面的特殊性能，既可作为许多场合的功能材料，也可作为某些场合的结构材料。而一般情况下它兼有功能和结构双重作用，是一种性能优异的多用途工程材料。

作为结构材料，泡沫金属具有轻质、高比强度的特点。作为功能材料，具有多孔、减振、阻尼、吸音、隔音、散热、吸收冲击能、电磁屏蔽等多种物理性能，因此泡沫金属在国内外一般工业领域及高科技领域都得到了越来越广泛的应用，并呈现出广阔的应用前景。

典型的泡沫金属材料如图 6-31 所示。

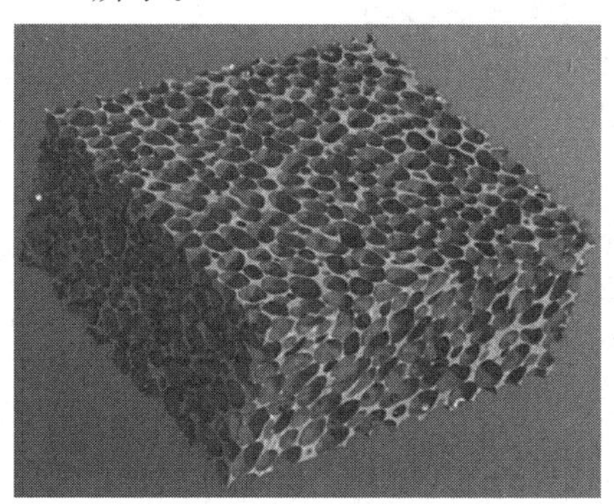

图 6-31　泡沫金属材料

2. 孔隙度

孔隙度是指多孔体中所有孔隙的体积与多孔体总体积之比。多孔金属孔隙度高，孔隙度可达 90％以上，孔隙直径可达至毫米级，并具有一定强度和刚度。即金属内部弥散分布着大量的有方向性的或随机的孔洞，这些孔洞的直径约 2～3mm 之间。由于对孔洞的设计要求不同，孔洞可以是泡沫型、藕状型、蜂窝型等。

3. 组织和分类

(1)组织。现行的泡沫材料可分为二类。一类是用铝箔制成蜂窝结构式的板块，中间为蜂窝结构，上下面胶粘铝板，通常这类材料价格很高；第二类是真正的泡沫材料，按其制造工艺的不同又可分为“开口式的即连通式的”与“闭口式的即非连通式的”，前者是用发泡法、导气法(向铝熔体通入空气)与渗流法制造的，泡孔与外界相通，流体可从中通过；后者是由一个个孤立的封闭的金属泡组成，其力学性能比前者高得多。

(2)分类。泡沫金属是由基体金属和体积占70%以上的气孔组成的非均匀材料,根据其孔洞的形态可以分为独立孔洞型和连续孔洞型两大类。或按孔结构特点分为具有通孔结构的多孔泡沫金属和具有闭孔结构的胞状泡沫金属,如图6-32所示。

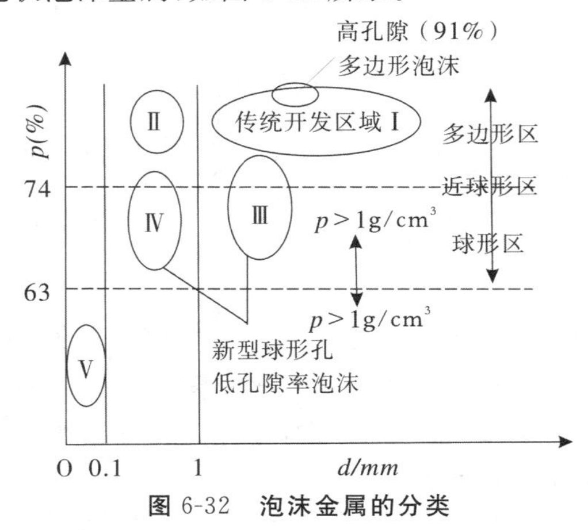

图6-32 泡沫金属的分类

4.特点

独立孔洞型的多孔金属材料具有比重小,刚性、比强度好,吸振、吸音性能好等特点;连续孔洞型的材料除了具有上述特点之外,还具有浸透性、通气性好等特点。多孔金属材料兼具结构材料和功能材料的特点,在航空航天、交通运输、建筑工程、机械工程、电化学工程、环境保护工程等领域有广泛的应用潜力。

6.3.2 泡沫金属的制造工艺

泡沫金属的制造工艺可分为铸造法、发泡法、烧结法和沉积法等。

1.铸造法

(1)工艺原理:先在铸模内填充粒子,再采用加压铸造法把熔融金属或合金压入粒子间隙中,冷却凝固后即形成多孔泡沫金属。铸造法又可细分为渗流铸造法和熔模铸造法两种。随不同的铸造方式可以覆盖很宽的孔隙率范围和具备各种形状的孔隙。

(2)工艺过程:

①渗流铸造法:将金属液渗入装有耐高温且可去除颗粒的铸模中,然后去除颗粒产生三维网络互相连通的多孔金属。由于大多数金属的表面张力较大,在重力作用下很难完全填充颗粒间隙,出现了压力渗流法、真空渗流法及将造孔剂抽真空然后加压渗流等新工艺。

②熔模铸造法:熔模铸造法是将高熔点液态材料充入海绵状泡沫塑料孔隙中固化,整体加热使塑料组分蒸发,得到海绵孔隙模型,然后再将液态金属浇入铸型中冷却和凝固,去除高熔点材料,最终得到海绵状多孔金属。高熔点材料一般为莫来石、酚醛树脂、碳酸钙或石膏的混合物。

(3)特点与应用:与其他各种工艺方法相比,铸造法具有生产工艺简单、成本较低和孔结构均匀等优点,便于工业推广应用。铸造法适用低熔点合金,典型代表是泡沫铝,其中产品大多为闭孔隙和半通孔的多孔材料,但也可铸成三维连通孔隙的高孔率产品。

2. 熔体发泡法

(1)原理：发泡法的原理是通过向液态金属基体材料中加入发泡剂，加热使发泡剂分解产生气体，气体膨胀使基体材料发泡，冷却后即得到泡沫金属。

(2)工艺：根据所使用的基体材料的不同，可分粉体发泡法、熔融金属发泡法、浆料发泡法和气体发泡法。如图 6-33 所示。

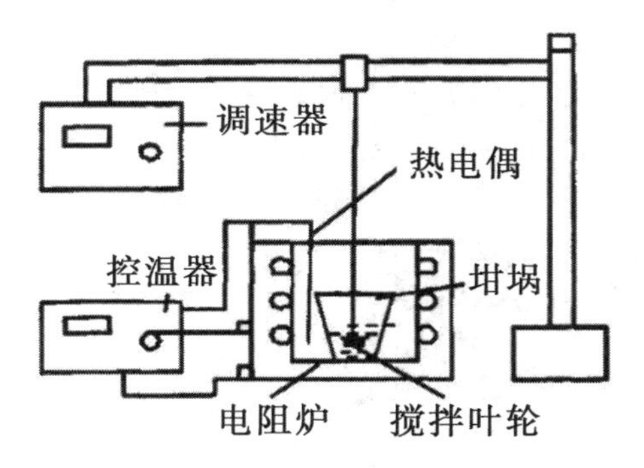

图 6-33　熔体发泡法示意图

①粉体发泡法是将金属粉末和发泡剂粉末混匀，加热到金属熔点以上使之发泡，既适用于铝和镁等低熔点金属，又适用于较高熔点的金属。

②熔融金属发泡法是将发泡剂直接加到金属熔液中使之发泡。

这两种方法是制造泡沫金属的最基本方法。发泡法的工艺原理比较简单，但发泡过程难以控制，孔的结构不均匀。

(3)发泡剂：熔体发泡法要求发泡剂与熔液混合均匀前应尽可能少分解，在停止混合至开始凝固前的一定时间间隔内要充分分解并有足够的发气量。目前，国内外一般采用金属氢化物 TiH_2 或 ZrH_2 作为发泡剂。也有采用石灰石及火山灰作发泡剂，以降低成本。

(4)制备工艺：包括熔体增黏处理、泡沫化、均匀化和凝固等工艺过程。后三个过程同时进行，受许多工艺因素的影响，在实际操作中很难控制。其发展的方向是引入计算机模拟技术，用以处理实物研究中难以解决的问题。

(5)应用：发泡法主要用来制取泡沫铅，泡沫铅在铅一酸电池中能够代替传统的铅材料作为活性物质的载体，可制作非常轻的电极。由熔体发泡法制备的颗粒增强多孔泡沫铝可用于阻火器，阻止可燃气体燃烧时火焰的蔓延。泡沫铝芯钢板可用作汽车、卡车、火车及其他车辆的吸能材料。

3. 烧结法

烧结法又称粉末法，就是以金属粒子或金属纤维做原料，在较高温度时物料产生初始液相，在表面张力和毛细管的作用下，物料颗粒相互接触，相互作用，冷却后物料发生固结而成为泡沫金属。为了使物料易于成型，可采用黏结剂，但黏结剂必须在烧结时除去。为了提高泡沫金属的孔隙率，可采用填充剂，填充剂同样也需要在烧结时发生升华、溶解或分解。氯化铵和甲基纤维素均可作为填充剂。根据原料的不同，可分为金属粉末烧结法和纤维烧结法。

粉末法是将金属粉末与添加剂均匀混合压制成预制体，再加热或烧结预制体得到泡沫金属。预制块的制备方法主要有冷压法、热压法、挤压法、热轧法等，为了提高预制块的塑性，热压前进行烧结。添加发泡剂，使预制块受热膨胀得到闭孔泡沫材料属于粉末冶金法，发泡阶段处于液态；添加造孔剂,除去预制块中造孔剂,烧结得到开孔泡沫材料属于粉末造孔剂法,整个过程处于固态。

烧结法主要用来制取不锈钢、镍及镍基合金泡沫金属。应用纤维烧结法制备的多孔金属的渗透性比粉末法制取的高几十倍，可用于许多过滤环境苛刻的行业，被称为“第二代多孔金属过滤材料”。高孔隙率的粉末冶金多孔材料由于其大的比表面积，已在燃料电池中获得了应用。

参考文献

1. 赵祖德,罗守靖.轻合金半固态成形技术.化学工业出版社,2007
2. 管仁国,马伟民.金属半固态成形理论与技术.冶金工业出版社,2005
3. 张济山,熊柏青,崔华.喷射成形快速凝固技术,科学出版社,2008
4. 王自东.非平衡凝固理论与技术.机械工业出版社,2011
5. 刘培生,陈祥.泡沫金属.中南大学出版社,2012

思考题

1.半固态铸造的原理和工艺特点是什么?
2. 触变铸造与流变铸造有何不同?
3. 急冷快速凝固有哪些方法,其产品特征是什么?
4. 什么叫大过冷凝固技术,如何才能实现?
5. 泡沫金属的概念是什么? 其种类有哪些?
6. 你认为适合工业化生产的泡沫铝工艺是什么?

第七章　粉末冶金工艺

7.1　粉末冶金概述

粉末冶金是一门研究制造各种金属粉末和以粉末为原料通过压制成形、烧结和必要的后续处理制备材料和制品的科学技术。用这种技术制造的材料和制品，或者具有优异的组织和性能，或者表现出显著的技术经济效益。

7.1.1　粉末冶金技术的发展

粉末冶金技术起源于远古，一些国家的考古学资料表明，早在纪元前，人们在原始的炉子里用碳还原铁矿，得到海绵铁块，再行锤打，制成各种器件。以后，随着冶金炉技术的发展，19 世纪中叶出现了熔炼法制造各种金属材料。由于熔炼法能大批量生产钢铁和有色金属，加上机械加工工业的不断发展，经典的粉末冶金工艺逐渐被熔铸法取代。于是，在相当长一段时间内，这种传统工艺被人们淡忘而变得陌生起来。到了 20 世纪初，粉末冶金工艺又重新受到重视，并得到了十分迅速的发展。如果从 1909 年到 1910 年用粉末冶金工艺制造电灯钨丝的成功算起，迄今已有近百年的历史，在这期间有 3 个重要阶段，标志着现代粉末冶金技术不断地向更高水平、更广阔的领域开拓，而成为当今工农业生产和科学技术发展所不可缺少的一个领域。

7.1.2　粉末冶金技术的特点

1. 独特性

粉末冶金工艺能够生产许多用其他制备方法所不能生产的材料和制品。如许多难熔材料至今还只能用粉末冶金方法来生产。还有一些特殊性能的材料，如由互不溶解的金属或金属与非金属组成的假合金（铜-钨、银-钨、铜-石墨），这种假合金具有高的导电性和高的抗电蚀稳定性，是制造电器触头制品不可缺少的材料。再如，粉末冶金多孔材料，能够通过控制其孔隙度、孔径大小获得优良的使用特性等。

2. 经济性

粉末冶金还是一门制造各种机械零件的重要而又经济的成形技术。由于粉末冶金工艺具有获得最终尺寸和形状的零件，不需要或很少需要机械加工这一特性，可以大量节省金属原材料、节省工时、节约能源等，因而具有突出的经济效益。

综上所述，粉末冶金既是制备具有特殊性能材料的技术，又是一种能降低成本、大批量制造机械零件的无切削、少切削的加工工艺。

7.1.3 粉末冶金技术的适用范围

目前采用粉末冶金工艺可以制造板、带、棒、管、丝等各种型材，以及齿轮、棘轮、轴套类等各种零件，可以制造重量仅百分之几克的小制品，也可以用热等静压法制造近两吨载重的大型坯料。粉末冶金工艺已成为当今世界各工业发达国家十分重视的课题。

7.1.4 粉末冶金的工艺过程

1. 原料粉末的制备

通过物理化学法或机械法制备出粒度和形状均满足要求的金属粉末。

2. 制备压坯

粉末物料在专用压模中加压成形得到一定形状和尺寸的压坯。

3. 烧结

压坯在低于基体金属熔点的温度下加热，使制品获得最终的物理机械性能。

现代粉末冶金工艺的发展已经远远超过此范畴而日趋多样化，如烧结的热压及热等静压，粉末锻造，多孔烧结，制品的浸渗处理、切削加工处理、热处理等，还可同时实现粉末压制和熔渗处理。

7.2 粉末制备技术

制取金属粉末是粉末冶金的第一步。目前在粉末冶金材料和制品的生产中不仅使用金属粉末，也使用合金粉末。不同的材料和制品对粉末的性能要求是不一样的。为了满足粉末冶金材料对粉末性能的各种要求，研究出了各种制粉方法。

粉末的制造方法通常分为两大类，即物理化学法和机械粉碎法(见表 7-1)，工业上应用最广的是还原法、雾化法和电解法。铁粉的制造方法见表 7-2。其中还原法制造的铁粉价格低廉，用途广泛，其性能可满足一般粉末冶金零件生产的要求。因此，当前工业用铁粉的大部分仍是用还原法生产。

表 7-1　金属粉末制备方法

生产方法			原材料	粉末产品举例		
				金属粉末	合金粉末	金属化合物粉末
物理化学法	还原	碳还原	金属氧化物	Fe,W		
		气体还原	金属氧化物及盐类	W, Mo, Fe, Ni, Co,Cu	Fe-Mo,W-Re	
		金属热还原	金属氧化物	Ta, Nb, Ti, Zr, Th,U	Cr-N	
	还原化合	碳化或碳与金属氧化物作用	金属粉末或金属氧化物	—	—	碳化物
		硼化或碳化硼法	金属粉末或金属氧化物			硼化物
		硅化或硅与金属氧化物作用	金属粉末或金属氧化物			硅化物
		氮化或氮与金属氧化物作用	金属粉末或金属氧化物			氮化物
	气相还原	气相氢还原	气态金属卤化物	W,Mo	Co-W, W-Mo 或 Co-W 涂层石墨	
		气相金属还原	气态金属卤化物	Ta,Nb,Ti,Zr		
	气相冷凝或离解	金属蒸气冷凝	气态金属	Zn,Cd		
		基物热离解	气态金属基物	Fe,Ni,Co	Fe-Ni	
	液相沉淀	置换	金属盐溶液	Cu,Sn,Ag		
		溶液氢还原	金属盐溶液	Cu,Ni,Co	Ni-Co	
		从溶盐中沉淀	金属溶盐	Zr,Be		
	电解	水溶液电解	金属盐溶液	Fe,Cu,Ni,Ag	Fe-Ni	碳化物
		熔盐电解	金属熔盐	Ta, Nb, Ti, Zr, Th,Be	Ta-Nb	硼化物 硅化物
机械法	电化腐蚀	晶间腐蚀	不锈钢		不锈钢	
		电腐蚀	任何金属和合金	任何金属	任何金属	
	机械粉碎	机械研磨	脆性金属和合金	Sb,Cr,Mn,高碳铁	Fe-Al,Fe-Si Fe-Cr 等铁合金	
			人工增加脆性的金属和合金	Sn,Pb,Ti		
		涡流研磨	金属和合金	Fe,Al	Fe-Ni,钢	
		冷气流粉碎	金属和合金	Fe	不锈钢,超合金	
	雾化	气体雾化	液态金属和合金	Sn,Pb,Al,Cu,Fe	黄铜,青铜,合金钢,不锈钢	
		水雾化	液态金属和合金	Cu,Fe	黄铜,青铜,合金钢	

表 7-2　铁粉的制备方法和一般特征

制备方法	铁粉的一般特征	主要用途	价格
铁鳞还原法	粉末颗粒为不规则状,中等松装密度,纯度高,压缩性好,压坯强度高,烧结性好	结构零件 焊条 金属切割	便宜
铁矿还原法	粉末颗粒为不规则状,松装密度较低,杂质含量高,压缩性稍差	结构零件 焊条 金属切割	便宜
雾化法	粉末颗粒接近球形,松装密度高,流动性好,压坯强度较高	高密度结构零件 粉末锻造零件,过滤器,焊条	比还原铁粉贵15%左右
电解法	粉末颗粒为树枝状或片状,松装密度高,纯度好,压制性好	高密度结构零件	比雾化法铁粉贵
羰基法	粉末颗粒呈球形,非常细,纯度很高	电子材料	比电解法铁粉贵

7.2.1　机械法

机械法制造金属粉末是用机械将金属或合金原料粉碎成粉末,粉碎过程中,其化学成分基本上没有变化。雾化法也属于机械粉碎法,只不过被粉碎的不是固体而是熔融液体。

机械粉碎法是一种独立的制粉方法,也可作为某些制粉方法的补充工序。例如,用于粉碎由还原法制得的海绵铁块等。

机械粉碎是靠压碎、击碎和磨削等作用,将块状金属或合金粉碎成粉末。根据物料的最终粒度,把粉碎过程分为粗碎和细碎。粗碎所用的设备有碾碎机、双辊滚碎机、颚式破碎机、锤式破碎机、切削破碎机等。细碎所用的设备有锤磨机、旋磨机、球磨机等。

所有金属和合金虽然都可进行机械粉碎,但实践证明,机械研磨较适用于脆性材料。塑性金属和合金可用涡流研磨和冷气流粉碎等方法进行粉碎。

1. 球磨法

机械粉碎法中使用最多的是球磨法,球磨法又分为滚动球磨、振动球磨及波动球磨。其中滚动球磨机是最基本的。因此,研究滚动球磨的规律对了解球磨机的粉碎原理和正确地使用球磨机是十分必要的。

(1)球磨机内磨球的运动状态及对物料的粉碎效果

球磨机粉碎物料的作用主要取决于球和物料的运动状态,球和物料的运动又取决于球磨筒体的转速。球和物料的运动有三种基本情况,如图 7-1 所示。

①球磨机转速很慢时，球和物料沿筒体上升至一定坡度角后会落下来，称为滑落。这种情况下，物料的粉碎主要靠球的摩擦作用，如图 7-1(a)所示。

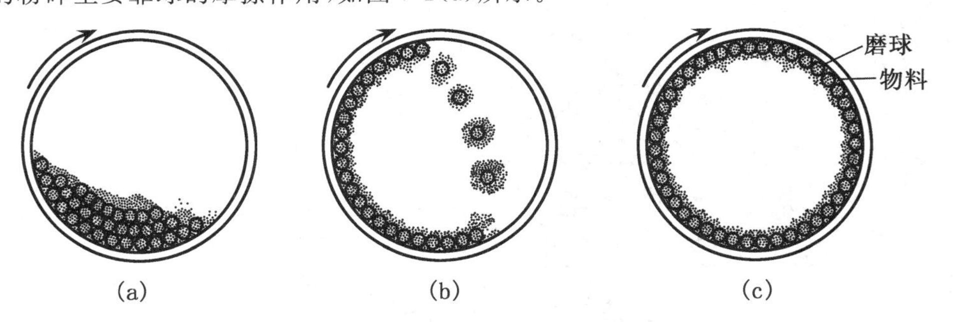

图 7-1　球磨筒内球和物料随转速不同的三种状态

(a)低转速　(b)适宜转速　(c)临界转速

②球磨机的转速较高时，球在离心力的作用下，随筒体上升至比第一种情况更高的高度后在重力的作用下掉落下来，称之为抛落。这时物料的粉碎除了靠球与球之间的摩擦作用外，还靠球落下的冲击作用，其效果最好，如图 7-1(b)所示。

③继续增加球磨机转速，至离心力超过球的重力时，球将紧贴筒体衬板壁，并和筒体一起回转。在这种情况下，物料的粉碎作用就停止了。这种转速称为临界转速，如图 7-1(c)所示。

(2)球磨筒的转速

前已指出，球的运动状态是随筒体的转速而变化的。实践证明，当球磨机的工作转速 $n=0.70\sim0.75$ Nq 时，球体发生抛落；当 $n<0.60$ Nq 时，球体以滑动为主。磨球处在不同运动状态时物料的粉碎作用是不同的。生产实践中采用适当的转速使钢球产生运动以粉碎较细的物料。

球磨法常用的振动球磨机如图 7-2 所示。

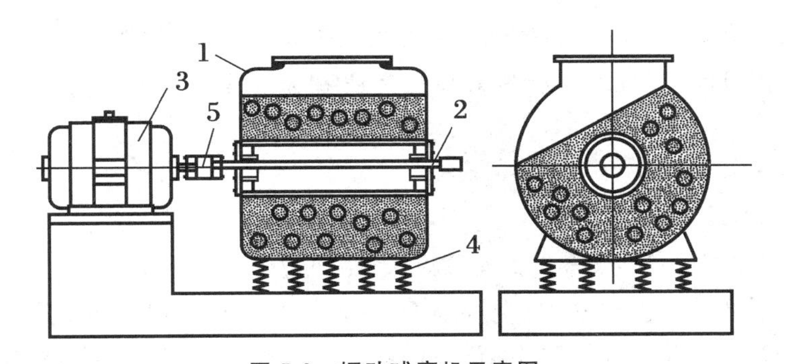

图 7-2　振动球磨机示意图

1. 筒体　2. 偏心轴　3. 马达　4. 弹簧　5. 弹性联轴节

2. 涡流粉碎法

一般机械粉碎只适用于粉碎脆性金属和合金，而涡流粉碎法可用于粉碎较软的塑性金属如纯铁粉。涡流粉碎机也称汉米塔克研磨机，其结构如图 7-3 所示。

涡流法粉碎的原理是：在机壳内装有两只旋转方向相反的螺旋桨，它们各以 3 000 r/min 的高速旋转，形成两股相对的气流，气流带动物料颗粒互相撞击，同时物料与机壳和螺旋桨之间也有撞击，从而达到粉碎的目的。涡流法粉碎的金属粉末较细，为防止粉末氧化，一般需向粉碎室通入惰性气体或还原性气体。

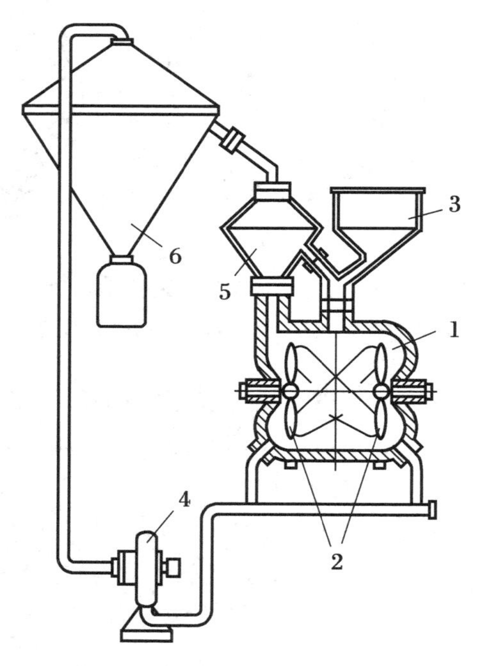

图 7-3 涡流粉碎机结构示意图

1. 研磨室 2. 涡旋桨 3. 料斗 4. 泵 5. 集分箱 6. 空气分离器

7.2.2 物理化学法制备金属粉末

制备金属粉末的物理化学法是通过化学或物理的作用，改变原料的化学成分或聚集状态而获得粉末的工艺过程。目前应用最广、产量最高的是还原法。常见的还有电解法、羟基法、沉淀法、冷凝法、置换法等。

1. 还原法

金属氧化物还原法是生产金属粉末的常用方法，例如大量工业铁粉都是以冶金工业废料为原料进行生产的，这是一种十分经济的方法。用固体碳还原，不仅可以制取铁粉如图 7-4 所示，而且可以制取钨粉；用氢或分解氨还原，可以制取钨、铜、铁、钢、钴、镍等粉末。用转化天然气作还原剂，可制取铁粉等；用钠、钙、镁等金属作还原剂，可制取铝、铌、钛、锆、钍、铀等稀有金属粉末。

还原反应可以用一般的化学式表示出：

$$MeO + X \longrightarrow Me + XO$$

只有当金属氧化物的离解压大于还原剂氧化物的离解压时，还原剂才能从金属氧化物中还原出金属来。也就是说，还原剂与氧生成的氧化物应该比被还原的金属氧化物稳定。

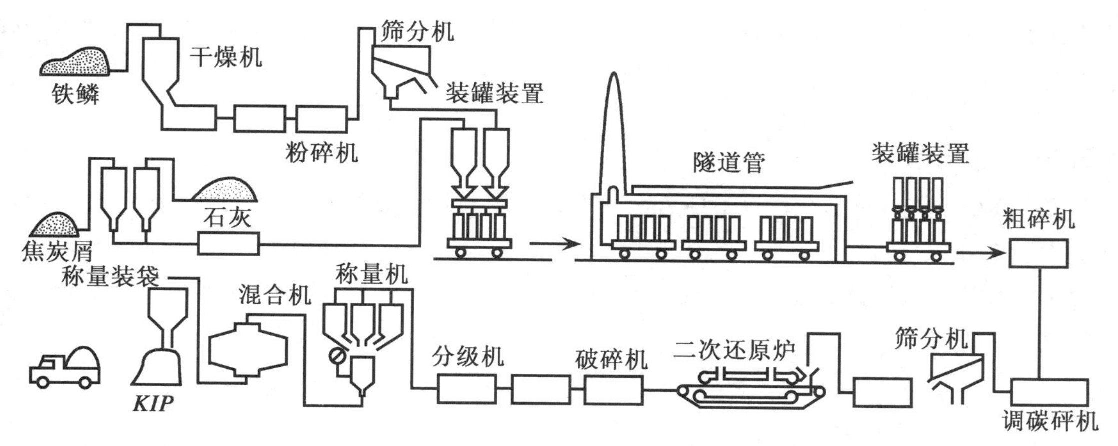

图 7-4　用焦炭屑还原铁鳞生产铁粉的工艺流程(日本川崎)

2. 电解法

电解法在粉末生产中有一定的地位，其生产规模在物理化学法制备金属粉末中仅次于还原法。

工业生产中多采用电解熔盐水溶液来制取硬脆的氢饱和的致密沉积物。电解制粉一般是用硫酸盐槽或氯化物槽来生产的。

(1)用硫酸盐槽电解生产铁粉

电解质的成分为：硫酸铁 110～140 K/L，氯化钠 40～50 K/L，游离硫酸 0.20～0.23 K/L。电流密度 400～500 A/m，槽电压 1.5～1.7 V。电解质温度为 55～65 ℃。为了制取具有分层结构、容易粉碎的沉积物，电解时必须周期地(每隔 15～20 min)断电一次。电解所得的沉积物经粉碎和退火处理后，铁粉的含铁量为 98.5%～99%。每吨铁粉的耗电为 3 500～3 800 kW·h。

(2)用氯化物槽电解制取铁粉

与硫酸盐槽相比，由氯化物槽电解制取铁粉时，电解质的导电性较好，没有阳极钝化现象，形成氢氧化物的可能性小。由氯化物电解质带入铁粉中的杂质易除去，并且铁粉不含硫。

3. 羟基法

羟基法属于热分解法。羟基法已在工业上得到应用。这种方法是将 Fe 或 Ni 与 CO 反应制成液态的羟基铁[$Fe(CO)_5$]或羟基镍[$Ni(CO)_4$]，将这些液体在 250 ℃或 180 ℃左右的温度下，在热解塔中热离解而制成纯铁粉或纯镍粉。

4. 金属置换法

置换法适用于大量生产经济而优质的锡、铜、银粉。根据电位序，往金属水溶液中加入更高电位序的金属时，即从水溶液中置换沉淀较低电位的金属的粉末。例如将金属锌加入氯化亚锡($SnCl_2$)的水溶液中，可沉淀出锡粉。同样，将铜或铁加入硝酸银水溶液中即可置换得到银粉。

这种方法是以一种金属为核心，包覆另一种金属外壳形成的所谓复合粉末。如制造碳轴承所使用的包铜铅粉，即将细铅粉末加入到具有一定温度并被搅拌着的硫酸铜水溶液中，铅粒与硫酸铜之间进行反应，结果铅粒子表面部分溶解，而铜则沉积在铅粒子表面，当铅粉的全部表面都被铜所包覆时，反应即停止。

5. 气体雾化法

如图 7-5 所示为气体雾化法制取铜合金粉的设备示意图。该法可以制取高质量的合金粉末，但是效率较低，成本高。

粉末的颗粒结构示意图如图 7-6 所示，粉末的颗粒形状示意图如图 7-7 所示。铁粉颗粒大小的分级见表 7-3。

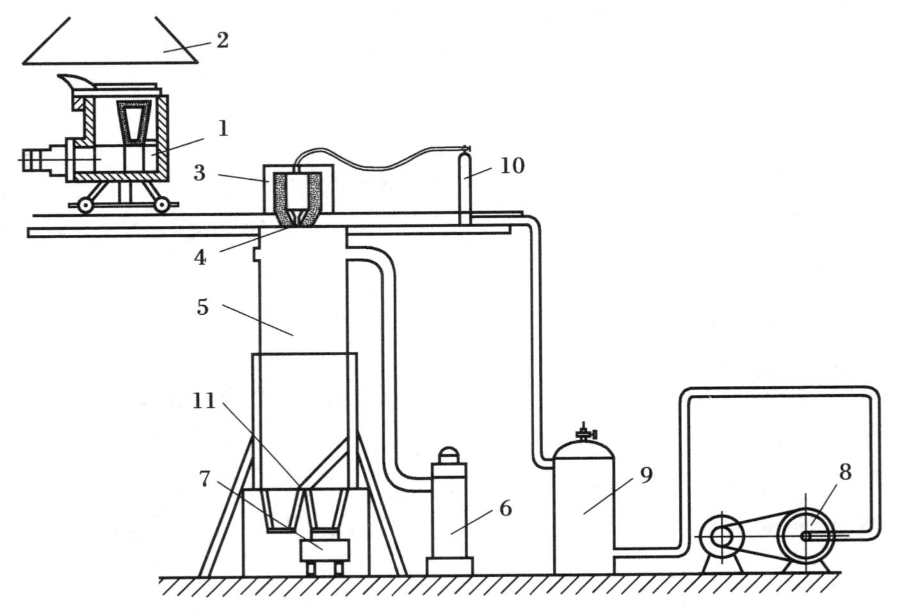

图 7-5 气体雾化法制取铜合金粉的设备示意图

1. 移动式可倾燃油坩埚熔化炉 2. 排气罩 3. 保温漏包 4. 喷嘴 5. 集粉器 6. 集细粉器 7. 取粉车 8. 空气压缩机 9. 压缩空气容器 10. 氮气瓶 11. 分配阀

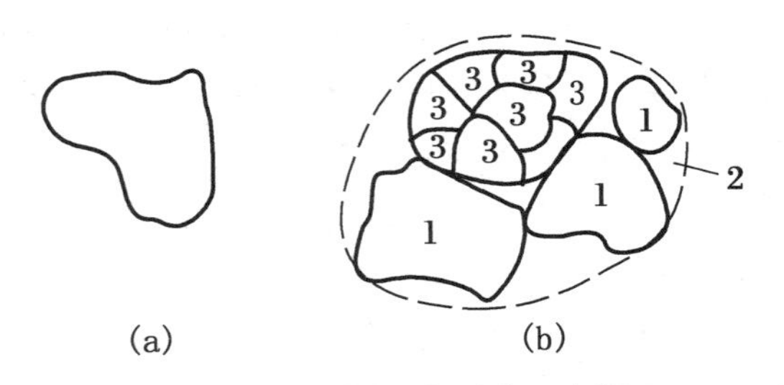

图 7-6 粉末的颗粒结构示意图

(a)团粒中的单颗粒 (b)孔隙

1. 单颗粒 2. 团粒 3. 晶粒

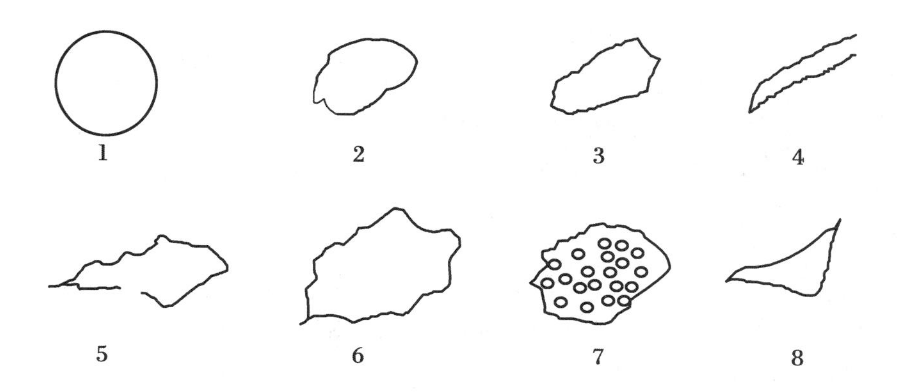

图 7-7　粉末的颗粒形状示意图

1. 球形　2. 近球形　3. 多角形　4. 片状　5. 树枝状　6. 不规则状　7. 多孔海绵状　8. 碟状

表 7-3　铁粉颗粒大小分级

级别	颗粒大小(μm)
粗粉	150～500
中等粉	40～150
细粉	10～40
极细粉	0.5～10
超细粉	<0.5

7.3　配制与压制成形工艺

粉末冶金成形前,要对各种粉末进行预处理及配制。

而成形是将粉末密实成具有一定形状、厚度和强度的压坯,是粉末冶金生产的主要工序之一。可分为钢压模成形和特殊成形两大类。

7.3.1　粉末的配制

粉末冶金成形前,要对粉末进行预处理及配制。粉末的预处理包括退火、筛分和制粒等。

1. 退火

粉末的预先退火可使残留氧化物进一步还原、降低碳和其他杂质的含量,提高粉末的纯度,消除粉末的加工硬化等。用还原法、机械研磨法、电解法、雾化法以及羰基离解法所制得的粉末都要经退火处理。此外,为防止某些超细金属粉末的自燃,需要将其表面钝化,也要作退火处理。经过退火后的粉末,压制性得到改善,压坯的弹性后效相应减小。

2. 筛分

把颗粒大小不匀的原始粉末进行分级，使粉末能够按照粒度分成大小范围更窄的若干等级。通常用标准筛网制成的筛子或振动筛来进行粉末的筛分。

3. 制粒

将小颗粒的粉末制成大颗粒或团粒的工序，常用来改善粉末的流动性。在硬质合金生产中，为了便于自动成形，使粉末能顺利充填模腔就必须先进行制粒。能承担制粒任务的设备有滚筒制粒机、圆盘制粒机和振动筛等。

4. 混合

将两种或两种以上不同成分的粉末均匀混合的过程。有时需将成分相同而粒度不同的粉末进行混合，称为合批。混合质量不仅影响成形过程和压坯质量，而且会严重影响烧结过程的进行和最终制品的质量。

(1)机械法

常用的混料机有球磨机、V型混合器、锥形混合器、酒桶式混合器、螺旋混合器等。机械法混料又可分为干混和湿混。铁基等制品生产中广泛采用干混，制备硬质合金混合料则经常使用湿混。湿混时常用的液体介质为酒精、汽油、丙酮等。

为了保证湿混过程能顺利进行，对湿混介质的要求是：不与物料发生化学反应，沸点低易挥发，无毒性，来源广泛，成本低等。湿混介质的加入量必须适当，否则不利于研磨和高效率的混合。

(2)化学法

将金属或化合物粉末与添加金属的盐溶液均匀混合，或者是各组元全部以某种盐的溶液形式混合，然后来制取如钨－铜－镍高密度合金、铁－镍磁性材料、银－钨触头合金等混合物原料。

粉末混合料中常常要添加一些能改善成形过程的物质如润滑剂或成形剂，或者添加在烧结过程中能造成一定孔隙的造孔剂。这类物质在烧结时可挥发干净，例如可选用石蜡、合成橡胶、樟脑、塑料以及硬脂酸或硬脂酸盐等物质来做添加剂。此外，生产粉末冶金过滤材料时，在提高制品强度的同时，为了保证制品有连通的孔隙，可加入充填剂。能起充填作用的物质有碳酸钠等，它们既可以防止形成闭孔隙，还会加剧扩散过程，从而提高制品的强度。充填剂常常以盐的水溶液方式加入。

7.3.2 钢压模成形

钢压模成形在粉末冶金工业生产中具有极重要的地位。这种成形方法是将金属粉末或混合料装入钢制压模内，在模冲压力的作用下对粉末体加压，然后卸压，再将压坯从阴模中脱出。在此过程中发生粉末颗粒与颗粒之间以及粉末颗粒与模壁之间的摩擦、压力的传递以及压坯密度和强度的变化等一系列复杂现象。因此，掌握粉末体在压制过程中的变化规律是保证产品质量的重要条件。

在压制过程中粉末的运动和变化情况，可用模型图较形象地表示出来，如图7-8所示，这与塑性金属粉末压制的实际情况比较符合。

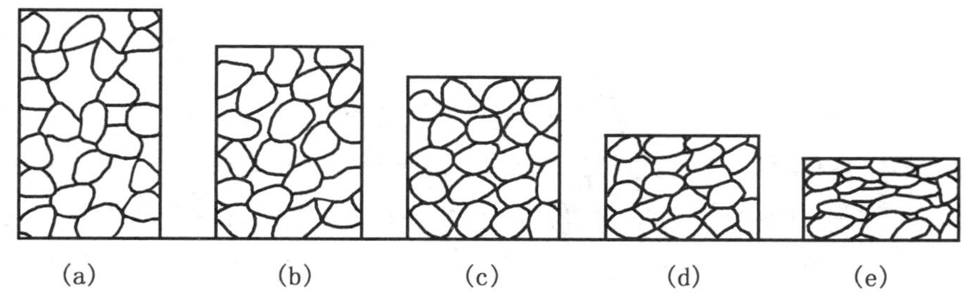

图 7-8　压制过程中粉末的运动示意图
(a)松装粉末　(b)拱桥破坏颗粒位移　(c)、(d)变形　(e)压制后

在压制过程中，粉末颗粒发生位移和变形，使压坯的密度和强度增加。粉末颗粒的位移的形式见图 7-9。

此外，在压制过程中，粉末颗粒还发生弹性变形(外力去除后粉末颗粒的形状可以恢复)、塑性变形(压制压力超过粉末材料的弹性极限，粉末颗粒的变形不能恢复)以及脆性断裂，从而促使压坯的密度和强度增大。

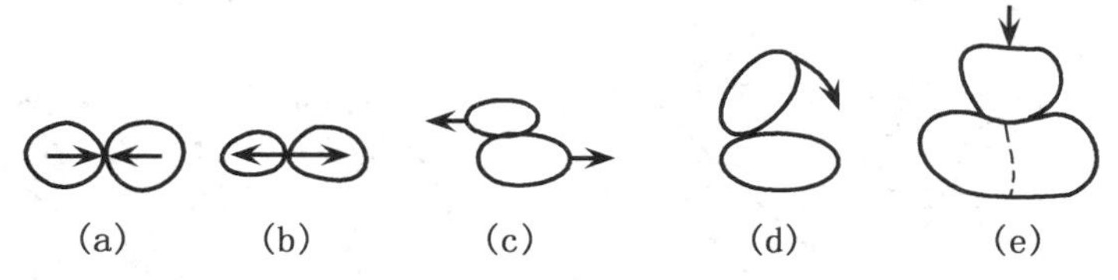

图 7-9　粉末颗粒位移的几种形式
(a)粉末颗粒的接近　(b)粉末颗粒的分离　(c)粉末颗粒的滑动　(d)粉末颗粒的转动　(e)粉末颗粒因粉碎而产生的移动

一般压制方式有 5 种，即单向压制、双向压制、浮动压制、强动压制和错位双向摩擦压制。这几种方式是设计模具和压机的基础。合理选择压制方式对提高压坯质量和生产效率有重要意义，国外一般用前 4 种方式。结合我国生产情况，下面介绍 4 种压制方法。

1. 单向压制

单向压制时，阴模和下模冲不动，由上模冲单向加压，如图 7-10 所示，在这种情况下，因摩擦力的作用使制品上下两端密度不均匀。即压坯直径越大或高度越小，压坯的密度差越小。所以要求单向压制的压坯，棒状的 $H/D \leqslant 1$，套类的 $H/\delta \leqslant 3$。(H——压坯高度，D——压坯直径，δ——套的壁厚)

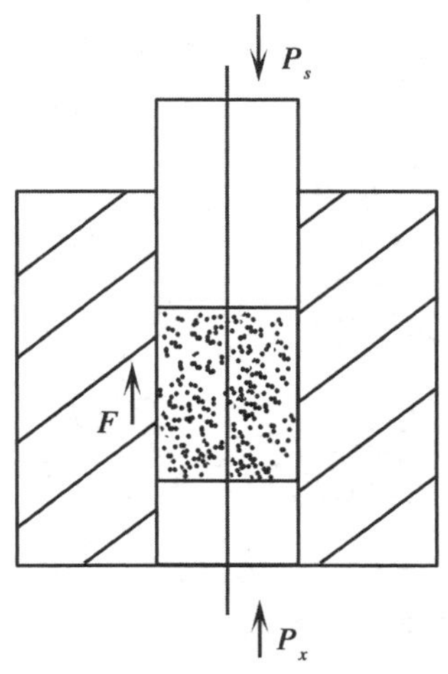

图 7-10　单向压制示意图

2. 双向压制

双向压制时，阴模固定不动，上下模冲以大小相等、方向相反的压力，同时加压，如图 7-11 所示。这种压坯中间密度低，两端密度高而且相等，正如两个条件相同的单向压坯，从尾部连接起来一样。所以，双向压制的压坯允许高度比单向压坯高一倍，适于压制较长的制品。双向压制的阴模不动，结构简单，刚性好。但双向压制的缺点是，上下模冲用相同的压力，和浮动压制相比，压机下部的压力过大；和单向压制相比，生产效率低。

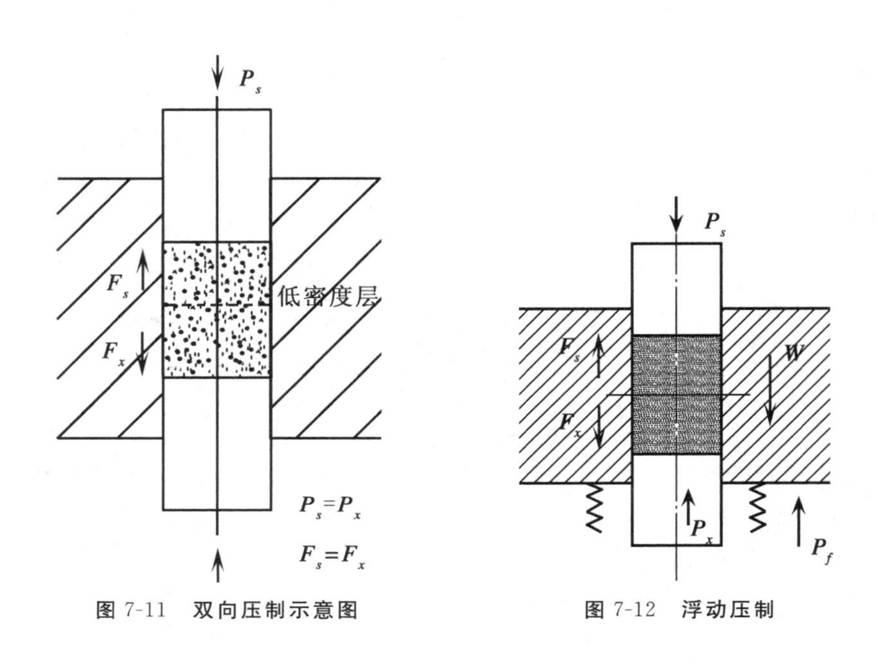

图 7-11 双向压制示意图　　图 7-12 浮动压制

3. 浮动压制

如图 7-12 所示，下模冲固定不动，阴模用弹簧、气缸、油缸等支撑，受力后可以浮动。当上模冲加压时，由于侧压力而使粉末与阴模壁之间产生摩擦力 F_s。此时，F_s 阻止粉末向下移动，与上模冲压力 P_s 方向相反。当 F_s 大于浮动压力 P_f 时，弹簧压缩，阴模与下模冲产生相对运动，等于下冲头反向压制。此时，上模冲与阴模没有相对运动。

浮动压制是国内外最常用的一种形式，其优点是：(1)压坯密度分布和双向压制一样；(2)压机下部有较小的浮动压力和脱模压力即可；(3)装料方便。

4. 强动压制

浮动压制是靠摩擦力和浮动力之差得到反向力压制的。因为有些粉末摩擦力小，无法进行浮动压制，所以使阴模对下模冲强制移动一段距离，相当于阴模向下浮动的距离。这种压制方式叫作强动压制。因为是把阴模向下拉，所以又叫强制拉下。其压制的效果和双向压制相同，如图 7-13 所示。

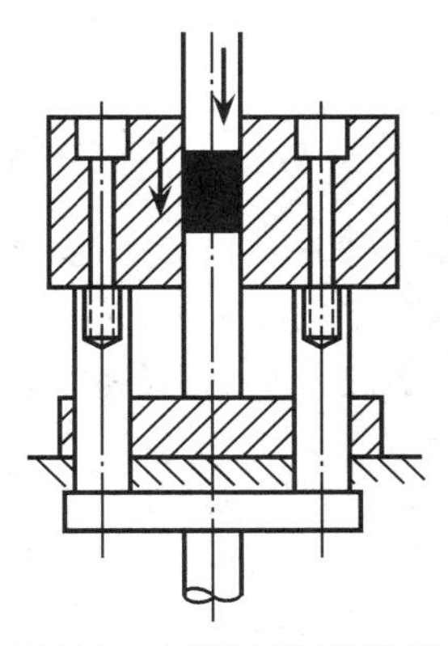

图 7-13　强动压制示意图

7.3.3　等静压制

等静压制是将粉末装于有弹性的橡皮或塑料套中，用高压液体进行均匀压制的一种方法，如图 7-14 所示。压制时液体压力从零逐渐增大到要求值。

等静压制可成形较长的压坯，其长度取决于工作室的高度。理论上工作室的高度是不受限制的。等静压制不存在粉末颗粒对模壁的摩擦，所以，压坯内任一部位的密度完全相同。

若橡皮套中粉末装得均匀，即松装密度一致，则等静压制时，粉末的收缩在各个方向将是一样的。因此，压坯的形状与橡皮套相似。等静压制与钢压模成形相比，当相对密度一样时，所需压力较低。

等静压制采用水、油、甘油作为介质，其压力通常为 1 000～2 000 大气压或更高。可制造重达 300 kg 的制品。压坯的形状有圆柱形、球形、棒形和管形等。等静压制还可制造多层复合压坯，即将粉末材料压制于致密金属零件之上，如在钢管内表面上，压制一层铜粉末，用此法也可制造涡轮叶片压坯。

等静压法的优点是：压线密度分布均匀，设备简单，用较低的压制压力可获得较高密度的制品，不需使用昂贵的钢型。其缺点是：压坯尺寸精度较低，一般需要后续机械加工。

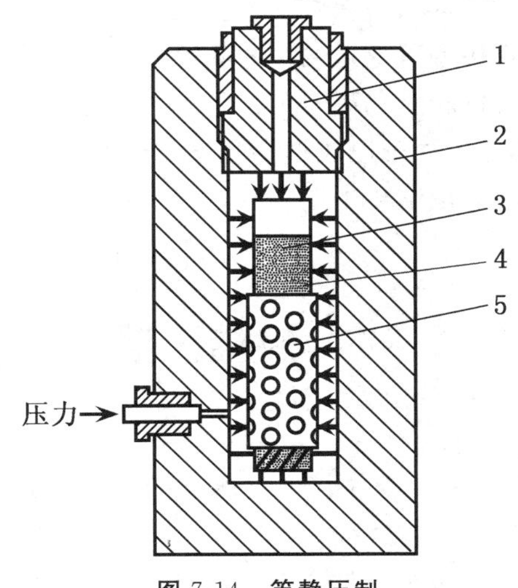

图 7-14　等静压制

1. 压力塞　2. 钢容器　3. 粉末　4. 橡皮套　5. 多孔支撑套

7.3.4 软模成形

软模成形不是以液体作介质，而是把弹性体（橡胶、塑料等）既作为模腔又作为传递压力的介质，如图 7-15 所示。把弹性模放在普通钢压模内，在压机上加压成形。它也是一种等静压制，可以制成球体、圆锥体等难于用钢模压制成形的压坯，而且密度较高。

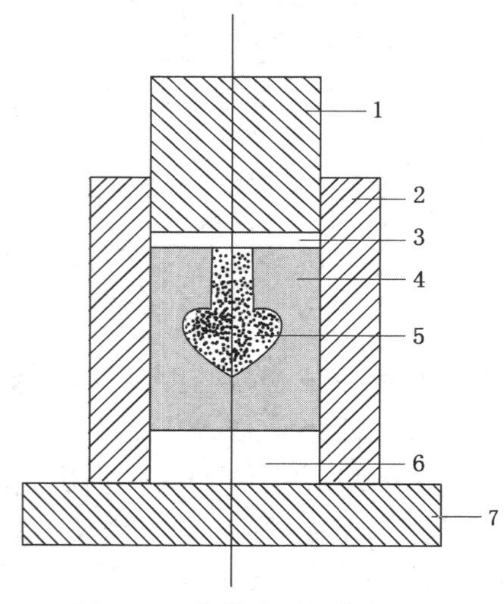

图 7-15 软模成形示意图

1. 钢模冲头 2. 钢压模 3. 垫片 4. 弹性软模 5. 粉末料 6. 下垫片 7. 钢模垫

7.3.5 热等静压

它的工艺流程是首先生产预成形坯，把预成形坯放入低碳钢壳体内作介质，在高温下进行等静压制。

近年来，该法广泛地用于制造粉末高速钢、粉末高温合金，其优点是：

(1)可在较低的温度下进行致密化，晶粒细、偏析小。

(2)对于所有粉末，都能得到接近理论值的均一密度。

(3)即使是粗大的球形粉末，也能达到高密度。

(4)可制造金属陶瓷以及其他各种难以成形和烧结的产品。

除上述成形方法外，还有热压、烧结粉末压制、楔形压制等方法。

7.4 烧结工艺

所谓烧结，就是将粉末料坯在低于其主要成分熔点的温度下进行加热，从而提高抗压强度和各种物理机械性能的一种粉末冶金工艺过程。

烧结是粉末冶金生产过程中最基本的工序之一，对产品最终的性能起着决定性的作用。一般来说，烧结废品是无法挽救的。但在烧结以前的工序中，由于粉末化学成分、粒度组成的波动以及压制压力和压坯尺寸变化所带来的某些缺陷，却可以在一定范围内，通过调整烧结工艺（如改变烧结温度、保温时间及加热冷却速度等）加以弥补。因此，在生产实践中，烧结工序对产品质量有着十分重要的影响。

7.4.1　烧结的分类

烧结的分类方法很多。为了反映烧结的主要过程和机构的特点，通常按烧结过程有无明显的液相出现和烧结系统的组成进行分类。凡整个烧结过程都是在固态中进行的，称为固相烧结。当压坯中有两种以上成分并在烧结中有某种成分熔化时，则称之为液相烧结。

按照成分可分为单元系烧结和多元系烧结。单元系烧结指压坯中只有一种成分，多元系烧结指压坯中含有两种以上成分。单元系烧结多是固相烧结，如纯铁制品及钨、铜等的烧结。多元系烧结有固相烧结和液相烧结，固相烧结如铁-石墨、铜-石墨等，液相烧结如铁-铜及钨钴类硬质合金等。

7.4.2　压坯烧结中的变化及其本质

粉末压坯的烧结过程是十分复杂的，如图 7-16 所示。在生产中可以看到当铁-石墨粉末压坯由炉门推入经过高温烧结后，再从出料口取出，原来乌黑色的粉末压坯已经变成了具有银灰色金属光泽并且很坚固的烧结件。这种烧结件在烧结过程中发生了一系列的物理、化学和组织结构的变化，达到了要求的性能。

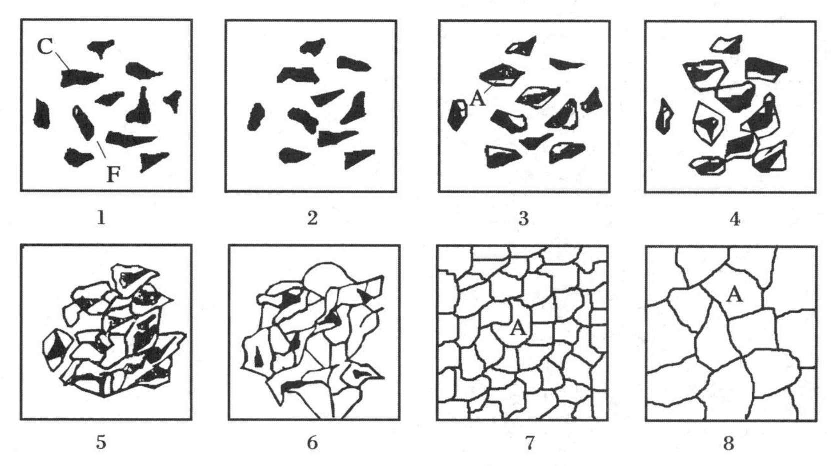

图 7-16　铁-石墨粉末压坯烧结时奥氏体形成示意图

A. 奥氏体　F. 铁素体　C. 石墨

7.4.3　烧结过程

烧结的基本工艺过程是将压坯装舟或放置在传送带上，送入连续式烧结电炉中，随着烧舟或传送带向前移动，粉末压坯经过预热，在一定的烧结温度下保温，然后冷却便得到烧结制品。

烧结工艺是根据烧结材料的化学成分及其性能要求确定的。烧结工艺制定得合理与否以及执行情况如何，与烧结件的组织结构和制品的最终性能直接相关。因此，必须重视烧结工艺的制定和执行。

烧结工艺参数包括：烧结温度、保持时间、加热及冷却速度、烧结气氛等。铁基制品的一般烧结工艺规范如图 7-17 所示。

在烧结工艺中，温度是具有决定性作用的因素。烧结温度主要根据制品的化学成分来确定。对于混合粉压坯，烧结温度要低于其主要成分的熔点，通常可按下式近似确定：

$$T_{烧}=(0.7\sim0.8)T_{熔}$$

式中，$T_{烧}$——制品的烧结温度 K，$T_{熔}$——制品主要成分的熔点 K。

铁基制品的烧结温度为 1 050～1 200 ℃。不同铁基制品的烧结温度一般如表 7-4 所示。

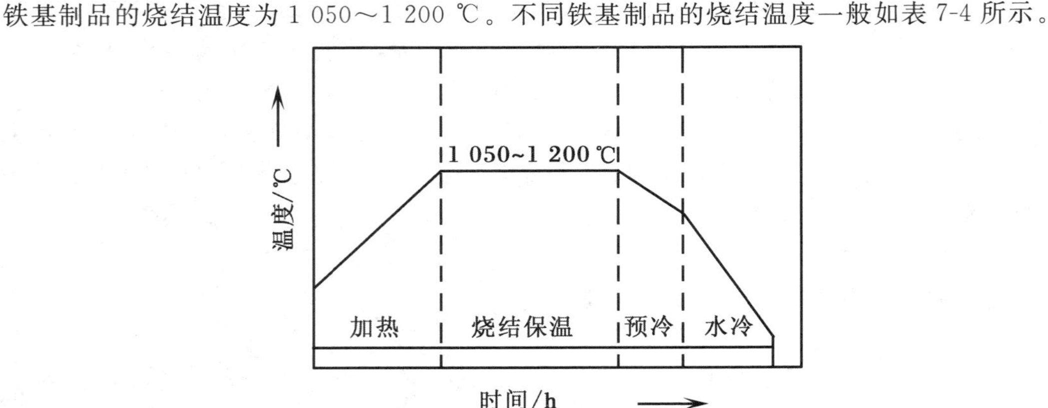

图 7-17　铁基制品的一般烧结规范

表 7-4　铁基制品烧结温度范围

序号	烧结温度(±10 ℃)	适用制品范围举例
1	1 050 ℃	高碳(石墨 2.5%以上)、低密度(<6.0g/cm³)或薄壁件(壁厚<1.5 mm)、带边衬套
2	1 080 ℃	含油轴承，气门导管，石墨添加量 1.5%～2.5%的减摩零件
3	1 120 ℃	铁基结构零件(Fe-C、Fe-Cu-C)，石墨添加量<1%，一次烧结工艺
4	>1 150 ℃	中等强度结构零件(石墨添加量<1%，添加适量合金元素)，或复压复烧工艺中的高温烧结

在烧结工艺中，通常说的保温时间，是指压坯通过高温带的时间。烧结时的保温时间与烧结温度有一定关系，烧结温度高，保温时间短，反之亦然。

保温时间的确定，除烧结温度外，还要根据制品成分、单重、几何尺寸、壁厚、密度以及装舟方法(是否加填料)及装舟量而定。铁基制品的保温时间一般在 1.5～3 h。

保温时间的长短也会影响制品的性能。保温时间不足时，一方面铁粉颗粒之间的结合状态不佳，另一方面碳和其他合金元素的均匀化受到影响。特别是装舟量较大时，保温时间不足可能导致烧结中心和外围的制品的组织结构产生差异。保温时间过长，不仅影响生产效率，增加能源消耗，还会导致制品的晶粒长大或脱碳，使制品的性能下降。

在一定的烧结温度下，烧结时间越长，烧结件性能愈好。但时间的影响远不如温度那么显著，仅在烧结保温的初期，压坯的密度随时间变化较快，后来逐渐趋向平缓。高温烧结时，压坯密度在很短时间内增高较多，随后变得平缓，几乎不再收缩。烧结温度较低时，烧结件的密度提高较慢，收缩大大减缓，因此需要采用较长的保温时间。

在确定烧结温度和烧结时间时，为了提高生产效率，应尽量缩短烧结时间。

烧结气氛也是烧结制品时必不可少的条件之一，对烧结制品的组织和性能均有很大影响。烧结铁基制品时，一般希望不发生氧化、脱碳、渗碳等反应，并能使铁粉颗粒表面的氧化物得到还原，因此烧结气氛应具有还原性。还原性气氛主要有：氢、分解氨、发生炉煤气和碳氢化合物转化气体。其中烧结气氛实例如表 7-5 所示，放热型以及吸热型烧结气氛的制备流程分别如图 7-18，图 7-19 所示。烧结气氛的选择还应考虑到经济性。上述诸气体中，以发生炉煤气和转化气最便宜，分解氨、氢比它们要贵。

表 7-5　粉末冶金用烧结气氛实例

气氛类型	应用比例(%)	烧结材料
吸热型气体	70	烧结碳钢
分解氨气体	20	不锈钢，碳钢，铜基材料
放热型气体	5	铜基材料，铁基材料
H_2，N_2，真空	5	铝基材料及其他

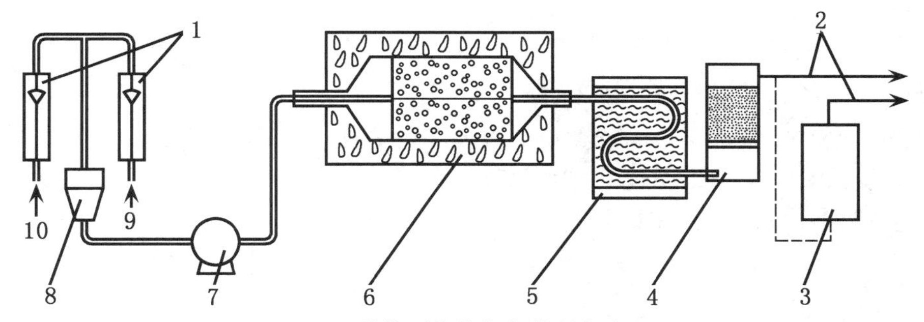

图 7-18　放热型烧结气氛的制备流程

1. 流量计　2. 放热型气氛　3. 吸附器　4. 气水分离器　5. 冷凝器　6. 燃烧室　7. 鼓风机　8. 比例混合器　9. 空气　10. 原料气

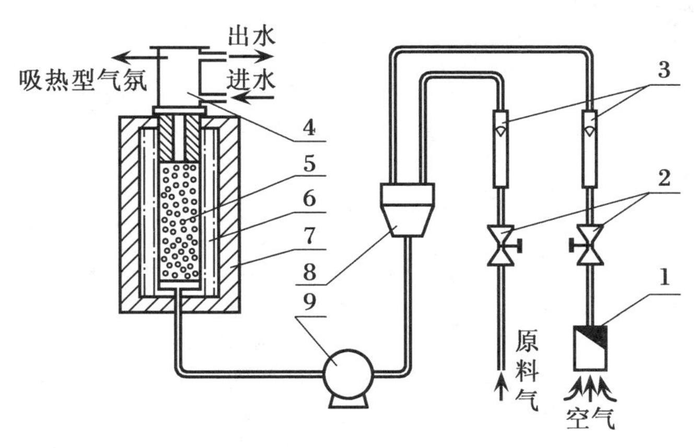

图 7-19　吸热型烧结气氛的制备流程

1. 空气过滤器　2. 针阀　3. 流量计　4. 冷却器　5. 催化剂　6. 反应罐　7. 发生炉　8. 比例混合器　9. 罗茨鼓风机

烧结金属材料的硬度与普通铸锻材料一样可用布氏、洛氏或维氏等压痕硬度来表示。

一般烧结金属材料都含有孔隙，微观组织往往不均匀。特别是烧结材料的孔隙数量、形状、大小和分布状态，对硬度都有影响。

烧结后的粉末冶金制品，在模具中再压一次，以获得需要的尺寸公差和提高表面光洁度的工艺叫精整；以获得特定的表面形状和适当改善密度的工艺叫精压；主要为提高制品密度，以提高强度的工艺叫复压。复压后如需要再烧结一次，则称为复压复烧工艺。

粉末冶金制品在烧结中由于产生收缩、胀大和变形而达不到尺寸公差的要求，或者表面光洁度不高，不能作为最后产品直接投入使用。采用精整工艺，就是为了提高制品的尺寸精度，使得大部分烧结变形得以校正，并改善制品表面光洁度。精整是使制品表面层产生稍许的塑性变形(伴随有弹性变形)来实现的。精整余量依烧结制品的材料和尺寸而异。一般外径的精整余量为0.03～0.10 mm，内孔的余量为0.01～0.05 mm，长度方向为0.05～1.00 mm。不太大的倒角、沟槽、标记等问题亦能采用精整方法解决。

精整所需要的压力较小，一般为成形压力的1/3～1/2。精整的设备可采用成形压机、改进型压机或专门设计的精整压机。精整模的尺寸精度和光洁度要求高，当制造的零件批量不大时，亦可用新的成形模作精整模用，待磨损至一定程度后，可做成形用。

本章参考文献

1. 刘传习，周作平，解子章，陈希圣. 粉末冶金工艺学. 科学普及出版社，1987

2. 徐洲，姚寿山. 材料加工原理. 科学出版社，2003

3. 汤酞则. 材料成形工艺基础. 中南大学出版社，2003

思考题

1. 什么是粉末冶金？粉末冶金有何特点和用途？

2. 怎样制备金属粉末？指出工业上最常用的制粉方法。

3. 钢模单向压制的方法和特点是什么？

4. 简述烧结温度的确定方法。

第八章　金属基复合材料的制备工艺

8.1　概述

8.1.1　复合材料的发展和意义

金属基复合材料是一门相对较新的材料科学，涉及材料表面、界面、相变、凝固、塑性形变、断裂力学等问题。金属基复合材料的发展与现代科学技术和高技术产业的发展密切相关，特别是航天、航空、电子、汽车以及先进武器系统的迅速发展对材料提出了日益增高的性能要求，除了要求材料具有一些特殊的性能外，还要具有优良的综合性能。这些都有力地促进了先进复合材料的迅速发展。如航天技术和先进武器系统的迅速发展，对轻质高强结构材料的需求十分强烈。由于航天装置越来越大，结构材料的结构效率变得更为重要。宇航构件的结构强度、刚度随构件线性尺寸的平方增加，而构件的重量随线性尺寸的立方增加。为了保持构件的强度和刚度就必须采用高比强度、高比刚度和轻质高性能结构材料。

单一的金属、陶瓷、高分子等工程材料均难以满足这些迅速增长的性能要求。为了克服单一材料性能上的局限性，充分发挥各种材料特性，弥补其不足，人们已越来越多地根据零件、构件的功能要求和工况条件，设计和选择两种或两种以上化学、物理性能不同的材料按一定的方式、比例、分布结合成复合材料，充分发挥各组成材料的优良特性，弥补其短处，使复合材料具有单一材料所无法达到的特殊和综合性能（如图 8-1），以满足各种特殊和综合性能的需要，也可以更经济地使用材料。如用高强度、高模量的硼纤维、碳（石墨）纤维增强铝基、镁基复合材料，既保持了铝、镁合金的轻质、导热、导电性，又充分发挥了增强纤维的高强度、高模量，可获得高比强度、高比模量、导热、导电、热膨胀系数小的金属基复合材料，在航天飞机和人造卫星构件的应用上取得了巨大成功。B/Al 复合材料管材用于航天飞机主仓框架，节省重量 44％。轻质铝基复合材料用于人造卫星抛物面天线骨架，使天线效率提高 539％。航空、航天、先进武器系统等军事技术的发展对早期金属基复合材料的研究发展起了大的推动作用。电子、汽车等民用工业的迅速发展又为金属基复合材料的应用提供了广阔的应用前景，金属基复合材料还会得到更大规模的生产和应用。

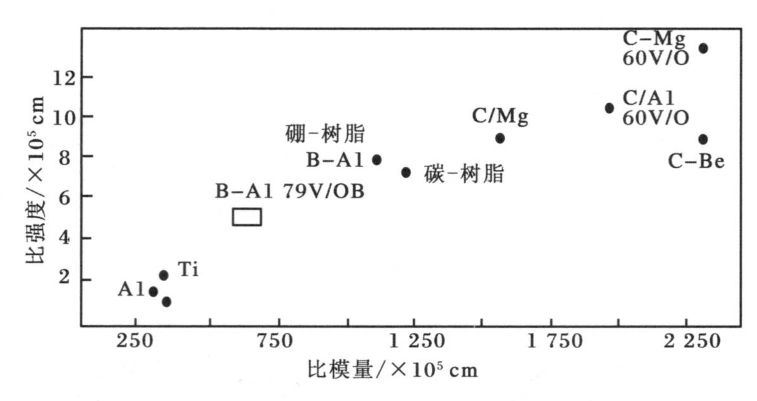

图 8-1　材料的比强度和比弹性模量的比较

8.1.2　金属基复合材料的定义和分类

1. 复合材料的定义

复合材料是人们运用先进的材料制备技术将不同性质的材料组分优化组合而成的新材料。一般定义的复合材料需满足以下条件：

(1)复合材料必须是人造的，是人们根据需要设计制造的材料。

(2)复合材料必须由两种或两种以上化学、物理性质不同的材料组分，以所设计的形式、比例、分布组合而成，各组分之间有明显的界面存在。

(3)复合材料保持各组分材料性能的优点，并增加单一组成材料所不能达到的综合性能。

2. 金属基复合材料的分类

金属基复合材料是以金属及合金为基体的复合材料。有添加增强纤维、晶须、颗粒等增强的金属基复合材料；有金属基体中反应产生增强复合材料层板金属基复合材料等品种。这些金属基复合材料既保持了金属本身的特性，又具有复合材料的综合特性。通过不同基体和增强物的优化组合，可获得各种高性能的复合材料，具有各种特殊性能和优异的综合性能。不同类型的复合材料其性能特点有很大差别，下面介绍按增强物分类的各种类型复合材料的特点。

(1)连续纤维增强金属基复合材料

利用高强度、高模量、低密度的碳(石墨)纤维、硼纤维、碳化硅纤维、氧化铝纤维、金属合金丝等增强金属基体，通过基体、纤维类型、纤维排布方向、含量、方式等的优化设计组合，可获得各种高性能复合材料。在纤维增强金属基复合材料中纤维具有很高的强度、模量，是复合材料的主要承载体，增强基体金属的效果明显。基体金属主要起固定纤维、传递载荷、部分承载的作用。连续纤维增强金属因纤维排布有方向性，其性能有明显的各向异性，可通过不同方向上纤维的排布来控制复合材料构件的性能。在沿纤维轴向上具有高强度、高模量等性能，而横向性能较差，在设计使用时应充分考虑。连续纤维增强金属基复合材料要考虑纤维的排布、含量及均匀分布等，制造过程难度大、制造成本高。

(2)非连续增强金属基复合材料

由短纤维、晶须、颗粒为增强物与金属或合金基体组成的复合材料。增强物在基体中随机分布，其性能是各向同性的。非连续增强物的加入，明显提高了金属的耐磨、耐热性，提高了高温力学性能、弹性模量，降低了热膨胀系数等。非连续增强金属基复合材料最大的特点是可以用常规的粉末冶金、液态金属搅拌、液态金属挤压铸造、真空压力浸渍等方法制备并可用铸造、挤压、锻造、轧制、旋压等加工方法进行加工成形。制造方法简便，制造成本低，适合于大批量生产，在汽车、电子、航空、仪表等工业中有广阔的应用前景。

(3)层板复合材料

将两种或两种以上优化设计和选择的层板相互完全黏结在一起组成层板复合材料。它具有单一板材所难以达到的综合性能，如抗腐蚀、耐磨、抗冲击、高导热、导电性、高阻尼等性能特点。层板复合材料可由金属与金属板、金属与非金属板组合而成，品种繁多，可满足各种应用的需求。其中金属层板复合材料、金属-聚合物层板复合材料发展迅速，已有批量生产，逐渐发展成一类工程材料，在汽车、船舶、化工、仪表等工业中有广泛应用。

(4)自生增强金属基复合材料

在金属基体内通过反应、定向凝固等途径生长出颗粒、晶须、纤维状增强物组成自生金属基复合材料。

8.2　金属基复合材料的制备技术

金属基复合材料制造方法及工艺是影响金属基复合材料迅速发展和广泛应用的关键问题。金属基复合材料的性能、应用、成本等在很大程度上取决于金属基复合材料的制造工艺和方法。

8.2.1　金属基复合材料制备技术的选择

1.选用的原则

虽然现有金属冶金工业中采用的粉末冶金、铸造、挤压、轧制等常规方法也被利用制造金属基复合材料，但金属基复合材料的制造方法有其特殊的要求，在选用制造方法时需认真考虑。其主要要求为：

(1)制造过程中要使增强物按设计要求在金属基体中均匀分布。如连续纤维的分布及方向，一定的体积分数等，颗粒、晶须、短纤维等均匀分布于基体中。

(2)制造过程不造成增强物和金属基体原有性能的下降，特别是避免高性能连续纤维的损伤，使增强物和金属的优良性能得以叠加和互补。

(3)制造过程中应避免各种不利的反应发生，如基体金属的氧化、基体金属与增强物之间的界面反应等。要求通过合理选择工艺参数获得合适的界面结构和性能，使增强物的性能和增强效果得以充分发挥，以及金属基复合材料组织性能的稳定。

(4)制造方法应适合于批量生产，尽可能直接制成接近最终形状尺寸的金属基复合材料的零件。

研究发展有效的金属基复合材料制造方法一直是金属基复合材料研究中最重要的问题之一。不同类型的金属基复合材料其制造方法上有很大差别，需考虑金属基体和增强物类型、物理特性、化学特性、化学相容性等。连续纤维增强金属基复合材料的制造难度最大，将纤维以一定的含量、排列方向，分布在金属基体中，需要采用一些特殊的方法。如固态扩散黏结、液态金属浸渗等。而制造颗粒、晶须增强金属基复合材料相对容易一些，可选用现有常规冶金方法，如粉末冶金、挤压、铸造等方法来制备，适合于批量生产。

2. 金属基复合材料制造的难点及解决的途径

金属基复合材料的制造比树脂基复合材料要复杂和困难得多，这与金属的固有物理、化学特性相关。基体金属一般均具有较高的熔化温度，在室温时呈致密的固体。要把大量尺寸细小的纤维晶须、颗粒等增强物按一定比例的含量、分布、排列方向与金属基体复合在一起，难度很大。增强物与金属基体复合在一起的必要条件是金属必须具有足够的流动性、成形性，使金属能浸渗和充填到增强物之间，与增强物复合在一起。基体金属与增强物要有良好的浸润性，否则难以复合在一起。因此金属基复合材料的制备必须在高温下（熔点以上温度或接近熔点温度）进行。只有在高温下，金属才具备足够的流动性，也有利于复合。但金属的化学活性也随温度升高而增加，将产生一些不利的化学反应，使制造过程难度加大。

(1)制备金属基复合材料的主要困难

①金属基复合材料在高温制造时将发生严重的界面反应、氧化反应等有害的化学反应。严格控制界面反应是制备高性能金属基复合材料的关键。

金属基复合材料所选用的主要金属基体为铝、镁、钴、铜、镍基合金、金属间化合物等金属材料，均具有较高的熔化温度，在高温下化学性质活泼，易与增强物发生界面反应。如铝基复合材料，铝的熔点为 660 ℃，在 600 ℃以上高温条件下铝与碳纤维、硼纤维、碳化硅等增强物均有不同程度的界面反应，对界面结构和性能有重大影响。

碳（石墨）与铝基体在 450 ℃以上即开始发生界面反应，温度越高，界面反应越激烈，生成 Al405 化合物。严重的界面反应会造成纤维的损伤，如图 8-2 所示，产生界面脆性或造成过强的界面结合。这些都将严重影响金属基复合材料的性能。因为在连续纤维增强金属基复合材料中，界面的结构和性能决定了高性能连续纤维的性能和增强作用能否充分发挥。碳（石墨）、硼、碳化硅等连续纤维其强度在 2 000 MPa 以上，模量在 250 GPa 以上，远高于金属基体的强度和模量，在复合材料中起着主要承载作用。严格控制界面反应，获得合适的界面结构和性能是确保高性能的关键。

(a)

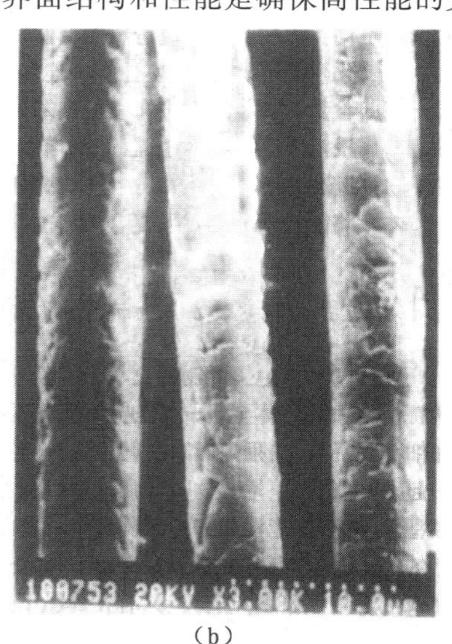

(b)

图 8-2　碳（石墨）纤维与铝基体严重反应后纤维损伤情况

(a)原始纤维的形貌　(b)损伤后的纤维形貌

②金属基体与增强物之间浸润性差，甚至不浸润。这是制备金属基复合材料的另一难点。当金属熔体与增强物之间有良好的浸润性(接触角小于90°)时金属熔体才能自发地渗入增强物的间隙中，基体金属与增强物之间才能实现良好的结合。但对于多数金属基复合材料体系，如碳(石墨)-铝、碳(石墨)-镁、碳化硅-铝、氧化铝-镁等复合材料的基体金属与增强物之间浸润性很差，而增强纤维很细，特别是碳(石墨)纤维、氧化铝、碳化硅纤维呈束纤维使用。一束纤维由数百根，甚至成千上万根单纤维组成。金属需渗入到纤维之间，一般为几微米的间隙中去，因浸润性差是难以实现的。对于颗粒增强金属基复合材料，如浸润性差，颗粒就不可能均匀地进入和分散在金属熔体中，因此采用液态金属复合法制备复合材料时，必须解决相互之间的浸润问题。在工艺上也可采用固态粉末冶金、扩散黏结等方法。但应用面较窄，只适用于少数品种的金属基复合材料。

金属与增强物之间的浸润性与液态金属的表面张力有关，二者之间的接触角表示液态金属与增强物之间的浸润性。图8-3表示两种不同的浸润情况。接触角小于90°表示液态金属与增强物固体有良好的浸润性(或称润湿性)。

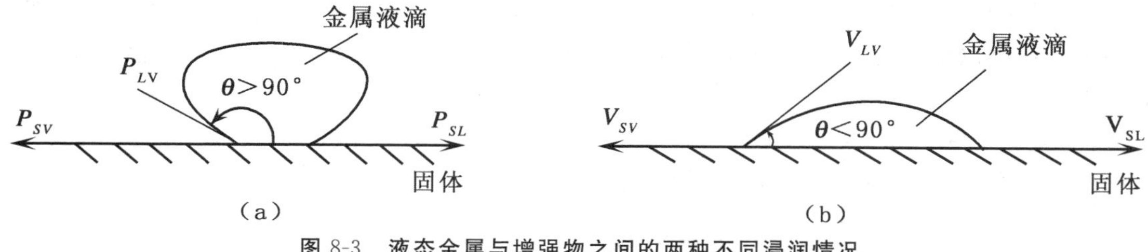

图8-3　液态金属与增强物之间的两种不同浸润情况

(a)浸润差　(b)浸润好

可见，降低固体增强物与液态金属的界面张力和提高固体增强物的表面张力均有助于改善浸润性，有利于金属基体与增强物之间的良好结合。

提高金属液体的温度能改善浸润性，但是提高温度会导致严重的界面反应，因此需要采取其他有效改善浸润性的措施。

③将增强物按设计要求的含量、分布、方向均匀地分布在金属基体中是制造金属基复合材料的另一难点。

(2)解决途径

为了制备出高性能的金属基复合材料，必须针对不同的复合材料体系探索有效的技术措施解决以上的难点，克服上述难点的主要途径是：

①增强物的表面处理。为了有效地防止界面反应和获得合适的界面结构、性能，以及改善基体金属与增强物之间的润湿性，在增强物的表面涂覆上一层涂层是一种有效的途径。通过大量的研究工作已发展了一些行之有效的表面涂层方法。表面涂层的主要作用是：

a.有效地防止基体金属与增强物之间的界面反应、相互扩散、溶解等，避免损伤增强物和生成有害的反应物。

b.有效地改善基体金属与增强物之间的浸润性。

c.优化界面结构和性能，形成能充分发挥增强物和基体特性的金属基复合材料。

增强物表面涂层处理的方法很多，有化学气相沉积、物理气相沉积、溶胶、凝胶、电镀、化学镀等方式。涂层材料的选择和设计对连续纤维增强金属基复合材料尤为重要，涂层的组成和结构决定了界面的特性。对于不同的金属基复合材料体系选用不同的纤维表面处理方法和涂层材料。

②加入合适的合金元素,优化基体合金成分。在多数制备金属基复合材料过程中金属基体处于液体金属状态,容易加入各种合金元素。在金属熔体中加入合适的合金元素可以有效地改善金属熔体与增强物之间的浸润性和有效地防止界面反应,是一条经济、有效、方便的途径。

基体中的合金元素不仅影响基体本身的组织和性能,还直接影响复合材料的界面结构及状态。选择合适的合金元素的原则是:保持原有强度和韧性的同时,能改善金属液体与固体增强物(纤维、颗粒等等)的润湿性,能够抑制和阻止严重的界面反应发生,能优化界面结构和性能。

复合材料的组织性能和界面结构有十分重要的影响,特别是对连续纤维增强金属基复合材料有决定性的影响。优化制造方法及工艺参数也是一条解决浸润和防止严重界面反应发生的有效途径。

在金属基复合材料制备工艺过程中,制备温度及在高温下保持的时间是最关键的工艺参数。只有将金属与增强物加热到较高的温度,金属才能进入增强物的间隙中,温度高有利于浸渗,但温度越高,界面反应越严重。高温下保持时间越长,界面反应也越严重。因此制备温度的选择是优化工艺参数中最重要的参数。在确保金属基体与增强物良好复合的前提下,制备温度应尽可能低,复合过程的时间应尽可能短。对液态金属浸渍法、搅拌法等制备方法,温度的选择尤为重要。

为了解决难以浸润的困难,一般采用加压浸渗法,在外加压力的作用下使液态金属渗入增强物间隙中。

8.2.2 金属基复合材料制备工艺分类

金属基复合材料品种繁多,多数制造过程是将制备与成形过程结合在一起,同时完成复合与成形。由于基体金属的熔点及物理和化学性质的不同,以及增强相的形状、物性等有差别,所以应选择不同的制造方法。现有的制造方法有很多,如粉末冶金法、热压法、热等静压法、挤压铸造法、喷射沉积法、液态金属浸渍法、液体金属搅拌法、反应自生成法等。常分为固态法、液态法和反应自生成法三大类。

1. 固态法

将金属粉末或金属箔与增强物(纤维、晶须、颗粒等)按设计要求以一定的含量、分布、方向混合排布在一起,再经加热、加压,将金属基体与增强物复合黏结在一起形成复合材料。整个工艺过程处于较低的温度,金属基体与增强物均处于固体状态。金属与增强物之间的界面反应不严重。粉末冶金法、热压法、热等静压法、轧制法、拉拔法等均属于固态复合成形方法。

2. 液态金属法

金属基体处于熔融状态下与固体增强物复合在一起的方法。金属在熔融态流动性好,在一定的外界条件下容易进入增强物间隙中。为了克服金属基体与增强物浸润性差,可采用加压浸渗。金属液在超过某一临界压力时,金属液能渗入微小的间隙,形成复合材料。也有通过纤维、颗粒表面涂层处理使金属液与增强物能自发浸润,如制备碳/铝复合材料时用的涂层法。液态法制造金属基复合材料时,制备温度高,易发生严重界面反应,有效控制界面反应,是液态法的关键。液态法可用来直接制造复合材料零件,也可用来制造复合板、复合带、锭坯等作为二次加工成零件的原料。挤压铸造法、真空吸铸、液态金属浸渍法、真空压力浸渍法、搅拌复合法等均属于液态法。

3. 自生成法及其他制备法

在基体金属内部通过加入反应元素，或通入反应气体在液态金属内部反应，产生微小的固态增强相，一般是金属间化合物 TiC、TiB_2、Al_2O_3 等微粒起增强作用。通过控制工艺参数获得所需的增强物含量和分布。反应自生成法制备的复合材料中的增强物不是外加的而是在高温下金属基体中不同元素反应生成的化合物，与合金有良好的相容性。

其他方法还有复合镀法，将增强物（主要是细颗粒）悬浮于镀液内，通过电镀或化学镀将金属与颗粒同时沉积在基板或零件表面形成复合材料层。也可用等离子热喷镀法将金属与增强物同时喷镀在底板上形成复合材料。复合镀法一般用来在零件表面形成一层复合涂层，起提高耐磨性、耐热性等作用。

金属基复合材料的主要制造方法和适用的范围简要地归纳于表 8-1 中。

表 8-1　金属基复合材料主要制造方法及适用范围

类别	制造方法	适用金属基复合材料体系		典型的复合材料及产品
		增强物	金属基体	
固态法	粉末冶金法	SiC_p，Al_2O_3，SiC_w，B_4C_{pw} 等颗粒、晶须及短纤维	Al，Cu，Ti 等金属	SiC_p/Al，SiC_w/Al，Al_2O_3/Al，TiB_2/Ti 等金属基复合材料零件板、锭坯等
固态法	热压固结法	B，SiC，C(Gr)，W 等连续或短纤维	Al，Ti，Cu，耐热合金	B/Al，SiC/Al，SiC/Ti，C/Al，C/Mg 等零件、板、管等
固态法	热等静压法	B，SiC，W 等连续纤维及颗粒，晶须	Al，Ti 超合金	B/Al，SiC/Ti 管
固态法	挤压、拉拔、轧制法	C(Gr)，Al_2O_3 等纤维，SiC_p，Al_2O_{3p}	Al	C/Al，Al_2O_3/Al 棒、管
液态法	挤压铸造法	各种类型增强物，纤维、晶须、短纤维，C，Al_2O_3，SiC_p，SiO_2	Al，Zn，Mg，Cu	SiC_p/Al，SiC_w/Al，C/Al，C/Mg，Al_2O_3/Al，Al_2O_3，SiO_2/Al 等零件、板、锭、坯
液态法	真空压力浸渍法	各种纤维、晶须、颗粒增强物，C(Gr)纤维 Al_2O_3，SiC_p，SiC_w，B_4C_p	Al，Mg，Cu，Ni 基合金等	
液态法	搅拌法	颗粒、短纤维，Al_2O_{3p}，SiC_p，B_4C_p	Al，Mg，Zn	铸件、锭坯
液态法	共喷沉积法	SiC_p，Al_2O_3，B_4C_p，TiC 等颗粒	Al，Ni，Fe 等金属	SiC_p/Al，Al_2O_3/Al 等板坯、管坯、锭坯
液态法	真空铸造法	C，Al_2O_3 连续纤维	Mg，Al	零件
液态法	反应自生成法		Al，Ti	铸件
液态法	电镀 化学镀法	SiC_p，B_4C_p，Al_2O_3 颗粒，C 纤维	Ni，Cu 等	表面复合层
液态法	热喷镀法	颗粒增强物，SiC_p，TiC	Ni，Fe	管棒等

8.2.3 粉末冶金法

粉末冶金法是一种成熟的工艺方法，用于制造各种尺寸精密的粉末冶金零件。这种方法适合于批量生产，直接做出尺寸、形状准确的零件，减少了后续加工，工艺灵活性大。用这种方法可以直接制造出金属基复合材料零件。这种方法主要用于制造颗粒、晶须增强金属基复合材料，其工艺过程如图 8-4 所示。

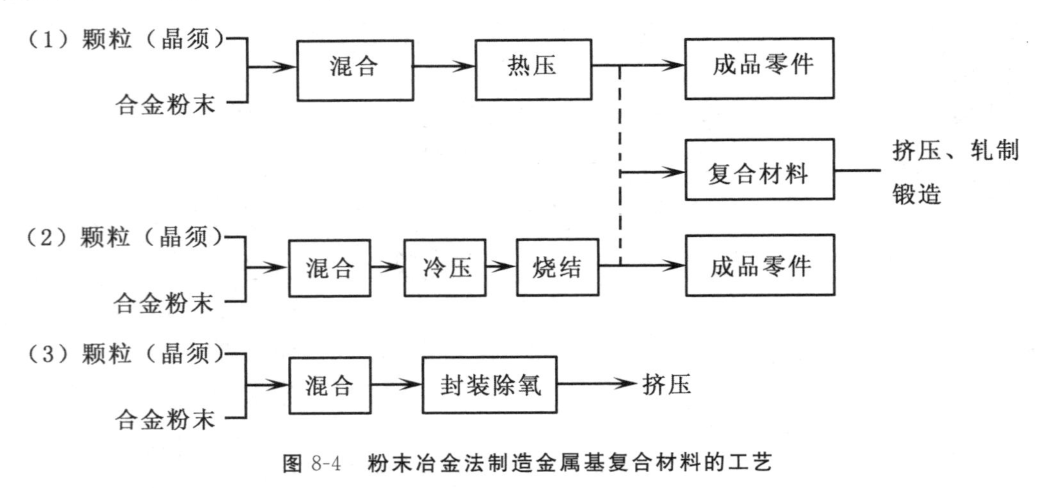

图 8-4 粉末冶金法制造金属基复合材料的工艺

在粉末冶金法中合金粉末与增强物(颗粒或晶须)可以按所需要的任何比例混合，增强物的含量不受工艺方法的限制，所选用的颗粒大小也可以在较大范围内选择，可选用 3 μm 以下，也可以选择 10 μm，甚至更大一些的颗粒。

美国 DWA 公司首先用粉末冶金法制造出不同铝合金和不同颗粒(晶须)含量的铝基复合材料，并制成各种零件、管材、型材和板材，具有很高的比强度、比模量和耐磨性，用于汽车、飞机、航天器等零件。

粉末冶金法也可用于制造钛基、金属间化合物基复合材料。用 TiC 粒增强 T_i6Al4V 合金，是将 TiC 颗粒与钛合金粉混合均匀，经冷热等静压制成 TiC/T_i6Al4V 复合材料，含 10%TiC 颗粒，其 650℃高温弹性模量提高了 15%，使用温度可提高 100℃。

粉末冶金法既可制造复合材料零件，也可制造复合材料坯料，供进一步挤压、轧制、锻造用。合金粉末和增强物(颗粒或晶须)混合均匀是整个工艺的关键，必须采用有效的方法。

这种工艺过程的成本比铸造法制造颗粒增强金属基复合材料要高，但零件批量大时成本可相对降低。

8.2.4 液态法

液态法是制备金属基复合材料的主要方法(如图 8-5 所示)，有真空压力浸渍、共喷沉积、挤压铸造、真空吸铸、搅拌铸造等方法。由于这类方法的共同特点是金属处于熔融状态，流动性好，金属容易填到增强物的周围，增强物也容易分散到液态金属中，还可采用传统的冶金工艺，实现批量性生产，因此发展迅速，也比较成熟。对于不同类型的金属基复合材料可选用多种方法来制造。

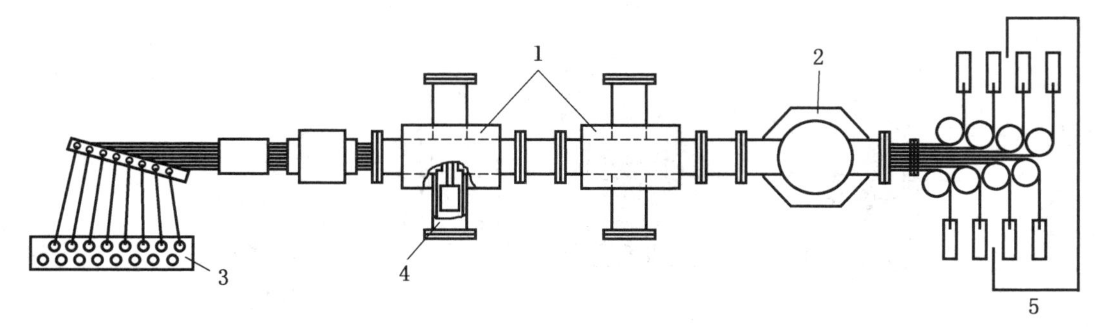

图 8-5　液态法金属浸渍法装置图

1. CVD 炉　2. 熔化炉　3. 放丝筒　4. 除胶炉　5. 收丝筒

1. 真空压力浸渍法

真空压力浸渍法是采用高压惰性气体，将液体金属压入由增强物制成的预制件，制备出金属基复合材料零件的一种有效方法。真空压力浸渍法最能良好控制熔体温度、预制件温度、压力等工艺参数。主要有三种形式：底部压入法、顶部注入法和顶部压入法。典型的底部压入法真空压力浸渍炉结构如图 8-6 所示。浸渍炉是由耐高压的壳体、熔化金属的加热炉体、预制件预热炉体、坩埚升降装置、真空系统、温控系统和气体加压系统所组成。金属熔化过程可抽真空或充保护性气体，防止金属氧化和增强物损伤。

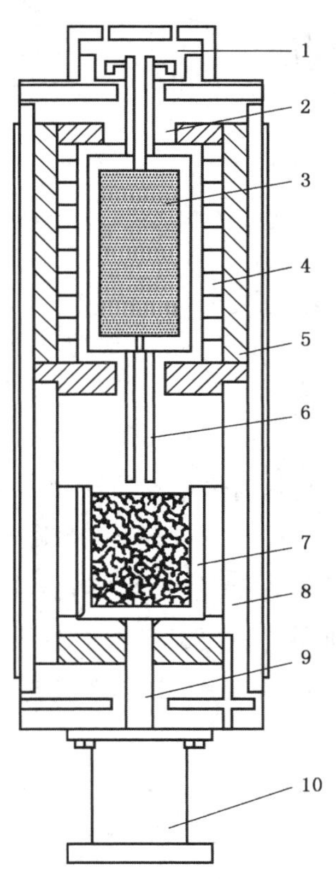

图 8-6　真空压力浸渍炉结构示意图

1. 上真空腔　2. 上炉腔　3. 预制件　4. 上炉腔发热体　5. 水冷炉套

6. 下炉腔升液管　7. 坩埚　8. 下炉腔发热体　9. 顶杆　10. 气缸

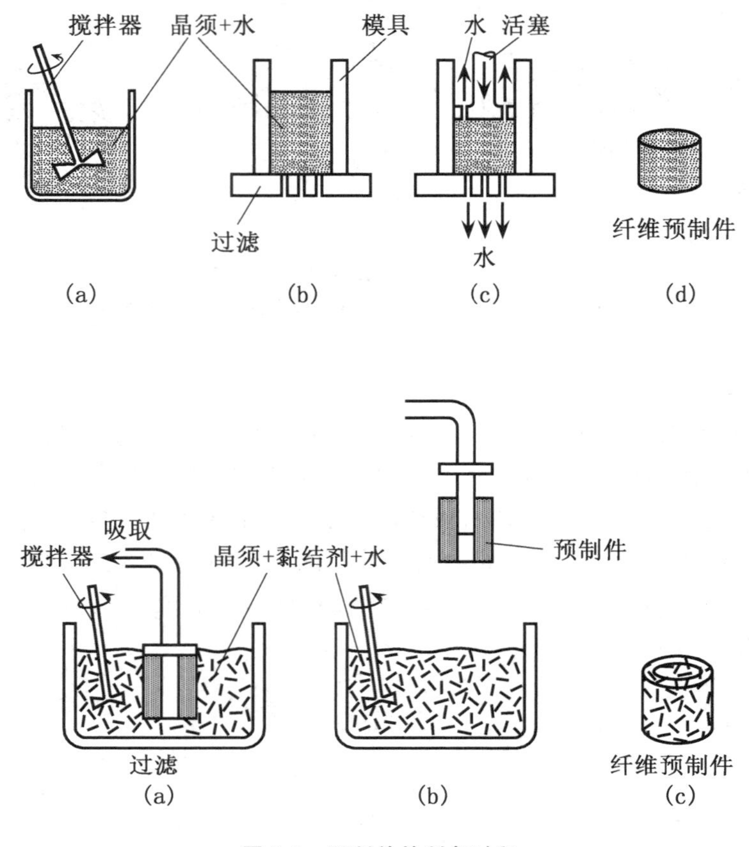

图 8-7 预制件的制备过程

真空压力浸渍法制备金属基复合材料的工艺过程如图 8-8 所示。首先将增强物制成预制件(如图 8-7 所示),放入模具,将基体金属装入坩埚。装有预制件的模具和装有基体金属的坩埚装入浸渍炉内,紧固和密封炉体,通过真空系统将预制件模具和炉腔抽成真空,当炉腔内达到预定真空后开始通电加热预制件和基体金属。控制加热过程使预制件和基体金属分别达到预定温度,保温一定时间,使模具升液管插入液体金属。由于模具内继续保持真空,当炉内通入惰性气体后,金属液体即迅速吸入模腔内。当压力不断升高,液态金属在高压下压渗入预制件中和填充增强物之间的间隙,完成浸渍,形成复合材料。加压过程要避免模具变形和破坏。当液态金属充分浸渍预制件,在压力下凝固,使复合材料组织致密,无缩孔、疏松等铸造缺陷。待凝固后,即可从模具中取出金属基复合材料零件或坯料。

真空压力浸渍法制备金属基复合材料工艺过程中,预制件的制备和工艺参数的控制是制备高性能复合材料的关键。金属基复合材料中纤维、颗粒等增强物的含量(体积分数)、分布、排列方向是由预制件决定的。预制件需有一定的抗压缩变形能力,防止在液态金属浸渍时预制件中的增强物发生位移,形成增强物密集区和富金属基体区。

真空压力浸渍工艺过程中,主要的工艺参数包括:预制件预热温度和金属熔体温度。

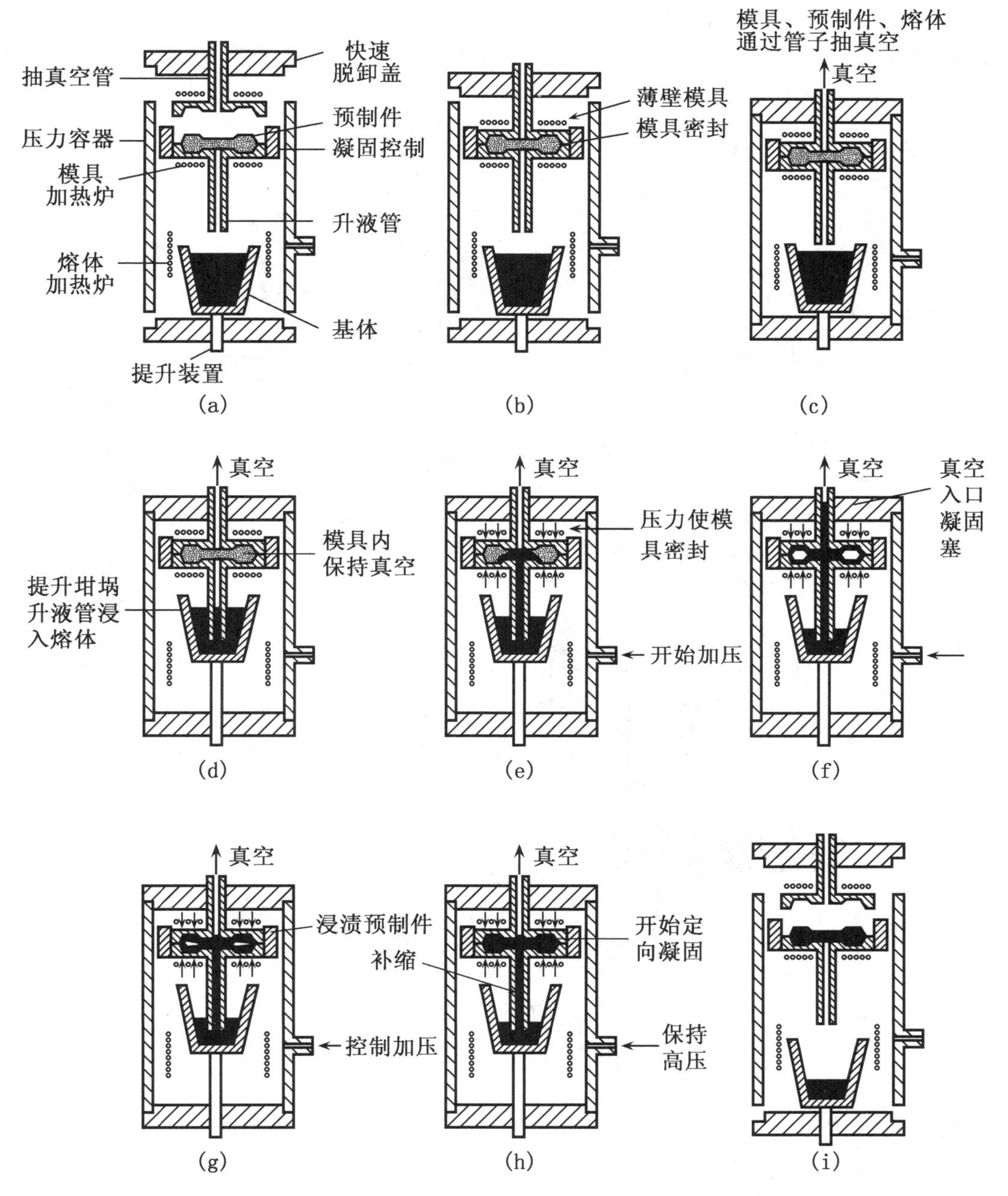

图 8-8　真空压力浸渍法制备金属基复合材料的工艺过程

(a)装入预制件　(b)装炉　(c)抽真空与熔化　(d)提升坩埚
(e)通入高压气体　(f)进入模具　(g)浸渍　(h)凝固　(i)开炉

2. 共喷沉积法

共喷沉积法是制造各种颗粒增强金属基复合材料的有效方法,可以用来制造铝、铜、镍及金属间化合物基复合材料,并可直接制成锭坯、板坯、管子等。

共喷沉积法的基本原理是,液态金属通过特殊的喷嘴,在惰性气体气流的作用下分散成细小的液态金属雾化(微粒)流,喷射向衬底。在液态金属喷射雾化过程中将增强颗粒加入到雾化的金属流中，与金属液流混合在一起沉积在衬底上，凝固形成金属基复合材料。

共喷沉积法包括基体金属熔化、液态金属雾化、颗粒加入以及金属雾化（液滴）流与颗粒混合沉积和凝固结晶等工艺过程，整个工艺过程是在极短的时间内完成的一个动态过程。

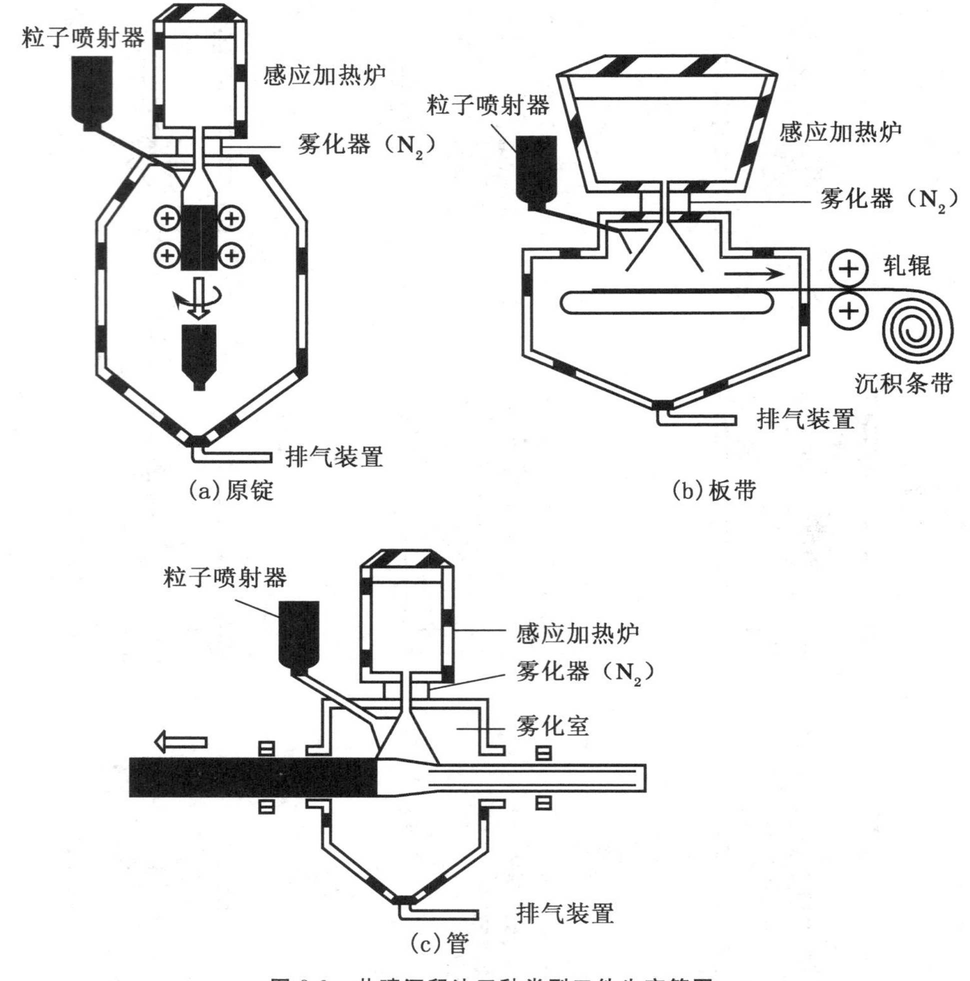

图 8-9 共喷沉积法三种类型工件生产简图

3. 挤压铸造法

挤压铸造法是一种大批量、高效率生产短纤维、晶须增强金属基复合材料零件的方法，通过压机将液态金属强行压入由短纤维（或晶须）制成的预制件中制成复合材料。其工艺流程如图 8-10 所示。先将短纤维、晶须、颗粒等放入水中分散搅拌均匀，加入少量的黏结剂，制成一定形状的预制件，如图 8-7 所示。预制件经过烘干预热后放入模具中，将熔融金属浇注入模具中，用压头加压，压力为 70～100 MPa，液态金属在压力下浸渗入预制件中，并在压力下凝固，最终制成金属基复合材料零件。这种方法已成功地用来制造陶瓷纤维增强铝基复合材料活塞。在挤压铸造法中预制件的制造是其中的关键，预制件需具有一定的机械强度，避免在液态金属压渗过程中变形，造成增强物分布不均匀。

挤压铸造法适于批量制造短纤维、晶须增强金属基复合材料零部件，形状、尺寸均可接近零部件的最终尺寸，二次加工量小，成本低。这种方法主要用于制造陶瓷短纤维晶须增强物、镁基复合材料零部件，也可用于制备金属基复合材料锭坯。这类锭坯可通过挤压、锻造等二次加工方法制成金属基复合材料型材和零部件。

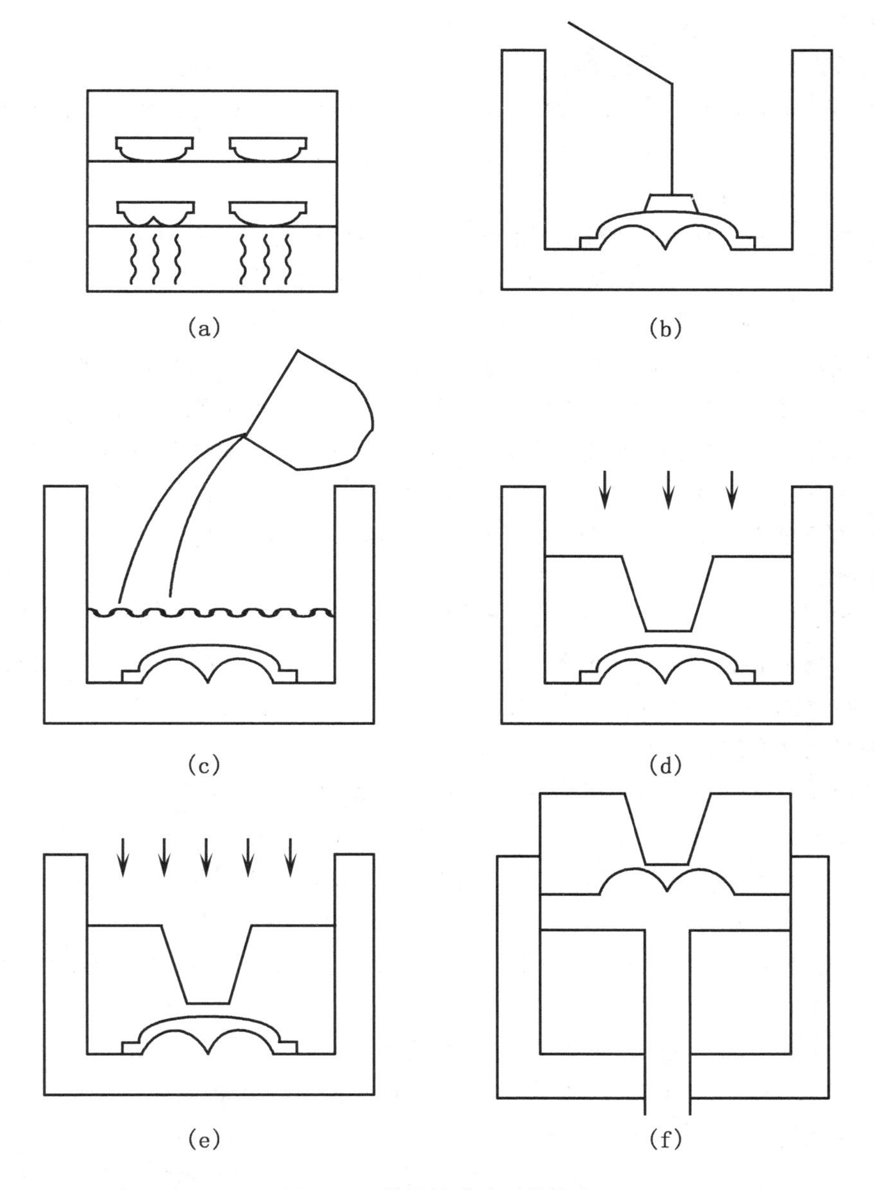

图 8-10　挤压铸造法工艺流程

(a)预制件预热　(b)放入预制件　(c)注入金属液　(d)加压渗入　(e)保压凝固　(f)取出

4. 液态金属搅拌铸造法

液态金属搅拌铸造法(简称熔铸法)是一种适合于工业规模生产颗粒增强金属基复合材料的主要方法。工艺方法简单，制造成本低廉。这种方法的基本原理是：将颗粒增强物直接加入到熔融的基体金属液中，通过一定方式的搅拌使颗粒增强物均匀地分散在金属熔体中，与金属基体复合成颗粒增强金属基复合材料熔体，复合好的金属基复合材料熔体可浇铸成锭坯、铸件等使用。这种方法主要用于制造颗粒增强铝基复合材料，是颗粒增强铝基复合材料的主要方法。

(1)液态金属搅拌法制造颗粒增强金属基复合材料的主要困难是：

①加入的增强颗粒尺寸细小，一般在 10～30 μm，与金属液体的浸润性差，不易进入金属或在金属中容易团聚。

②强烈的液态金属搅拌容易造成金属液体氧化和大量吸气。因此各种液态金属搅拌法均需要考虑采用不同的工艺措施和装置来改善增强颗粒与金属熔体的浸润复合，防止金属的氧化和吸气。

(2)主要工艺措施为：

①在金属熔体中添加合金元素改善浸润性。为了降低铝熔液的表面张力，改善与陶瓷颗粒的浸润性，在铝熔体中加入钙、镁、锂等元素可有效地减小熔体表面张力和增加与陶瓷颗粒的浸润性，有利于颗粒与铝熔体的复合。

②颗粒增强物表面处理。增强颗粒表面在使用前往往被各种有机物污染或吸附了水分，有害于复合过程的混合、浸润和增加熔体中的气体，为此在复合前必须对颗粒进行处理，去除有害吸附物以改善与金属基体的浸润。比较简单有效的方法是将颗粒进行加热处理，在高温下使有害物质挥发去除，同时在表面形成极薄的氧化层。如 SiC 颗粒经高温氧化，在表面上形成一层 SiO_2 层，在复合过程中与铝液反应改善了 SiC 颗粒与铝熔体的润湿。也有在颗粒表面涂覆 Ni、Cu 等金属涂层以改善浸润性，但不经济。

③复合过程的气氛控制。为了防止液体金属的氧化和吸气，对复合过程的气氛控制十分重要。液体金属氧化生成的氧化膜阻止金属与颗粒的混合和浸润，大量气体的吸入又会造成大量的气孔，使复合材料的质量大大下降。一般采用真空、惰性气体保护以及其他有效措施来防止复合过程中气体的吸入和金属熔体的氧化。

④有效的机械搅拌。在液态金属搅拌铸造法中有效的搅拌是使颗粒与金属液均匀混合和复合的关键措施之一。强烈的搅拌是液体金属以高的剪切速度流过颗粒表面，能有效地改善金属与颗粒之间的浸润。在复合过程中可以通过高速旋转机械搅拌或超声波搅拌来完成有效的搅拌复合。

(3)根据液态金属搅拌法的工艺特点和所选用设备的不同，一般可分为涡旋法、复合铸造法、Duralcon 法等方法。

①涡旋法。是利用高速旋转的叶桨搅动金属液体，使其强烈流动，并形成以搅拌旋转轴为对称中心的旋转涡旋，将颗粒加到涡旋内，依靠斡旋的负压抽吸作用将颗粒逐渐混合进入金属熔体中。通过一定时间的强烈搅拌，颗粒逐渐均匀地分布在金属熔体中，并与其复合在一起。涡旋搅拌法的工艺原理如图 8-11 所示。这种方法工艺过程简单，主要工序有基体金属熔化、除气、精炼、颗粒预处理、搅拌复合、浇铸等，其中最主要的是搅拌复合工序。

涡旋搅拌法的主要控制工艺参数是搅拌复合工序的搅拌速度、搅拌时间、基体金属熔体的温度、颗粒加入速度等。搅拌速度一般控制在 600～1 000 rpm，搅拌温度一般选定在基体金属液相线温度以上 100 ℃。搅拌器多为螺旋桨形，搅拌器直径与坩埚直径比一般为 0.6～0.8。

涡旋搅拌法工艺简单，成本低，主要用来制造含较粗颗粒(60-100 μm)的耐磨复合材料，主要有 Al_2O_3/Al-Mg，ZrO_2/Al-Mg，Al_2O_3/Al-Si，SiC/Al-Si，石墨/铝等复合材料。用这种方法制备细颗粒增强金属基复合材料还有一定困难，还不适用于制造高性能的结构用颗粒增强金属基复合材料。

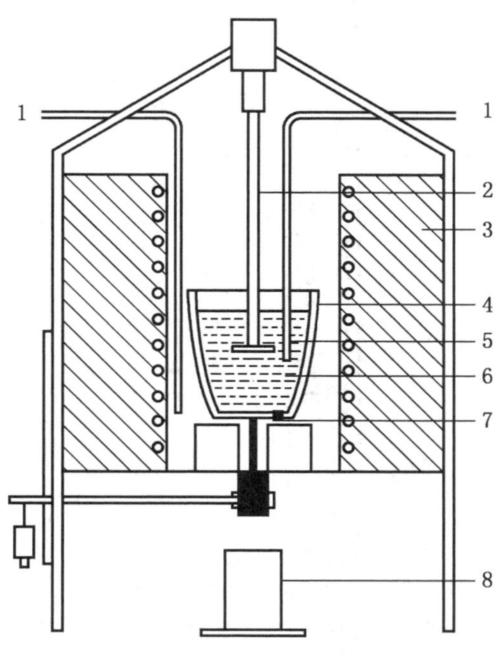

图 8-11　涡旋搅拌法的工艺原理

1. **热电偶**　2. **搅拌器**　3. **加热炉**　4. **坩埚**　5. **螺旋桨**　6. **熔体**　7. **塞子**　8. **固定模**

②复合铸造法。也是采用机械搅拌法将颗粒混入金属熔体中,但其特点是搅拌不是在完全液态的金属中进行而是在半固态金属熔体中进行。增强颗粒加入半固态金属熔体,通过熔体中的固相金属粒子把增强颗粒带入金属熔体中,一般通过控制加热温度把金属熔体中的固相控制在 40% 左右。加入的增强颗粒在半固态的金属中与固相金属粒子相互碰撞,促进了与液态金属的浸润复合,在强烈的搅拌下逐步均匀地分散在半固态熔体中,形成均匀分布的复合材料。在搅拌复合后,再加热升温到浇注温度,将复合好的金属基复合材料熔体浇成铸锭或零件。

这种方法可以用来制造颗粒细小、含量高的颗粒增强金属基复合材料,也可用来制造晶须或短纤维增强金属基复合材料。

复合铸造法原理简图如图 8-12 所示,整个工艺过程中的关键是搅拌复合过程中的速度控制和搅拌器的形状和搅拌参数。

③Duralcon 液态金属搅拌法。是 20 世纪 80 年代中期由国际铝公司研究开发的一种颗粒增强铝、镁、锌基复合材料的方法,即无涡旋高速搅拌法。这种方法现已成为一种工业规模性的生产方法,可以制备出高质量的 SiC/Al,Al_2O_3/Al 等复合材料,产量达到 1.1 万吨的颗粒增强金属基复合材料的工厂已在加拿大魁北克建立,其工艺装置简图如图 8-13 所示。

主要工艺过程是将熔炼好的基体合金熔体注入可抽真空或通入保护气体的搅拌炉中,并加入颗粒增强物,搅拌器在真空或保护条件下进行高速搅拌。搅拌器由主搅拌器和副搅拌器组成,主搅拌器是由同轴多叶桨组成,旋转速度高,可在 1 000～2 500 rpm 范围内变化。高速旋转对金属熔体和颗粒起剪切作用,使细小的颗粒均匀分散在熔体中,并与金属浸润复合。副搅拌器沿坩埚壁缓慢旋转,转速<100 rpm,起着消除涡旋和将黏附在坩埚壁上的颗粒刮离并回到金属熔体中的作用。搅拌过程中基体金属熔体保持在一定的温度,一般以合金液相线以上 50℃ 为宜,搅拌时间一般在 20 min 左右。搅拌器的形状结构、搅拌速度和温度是关键,需根据基体合金的成分、增强颗粒的含量、颗粒大小等因素决定。

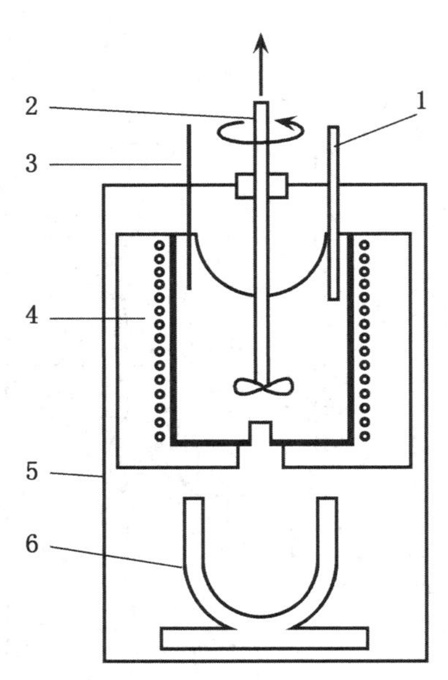

图 8-12　复合铸造法原理图

1.颗粒输送管　2.搅拌器　3.热电偶　4.电阻或感应加热炉　5.惰性气体保护或真空室　6.模具

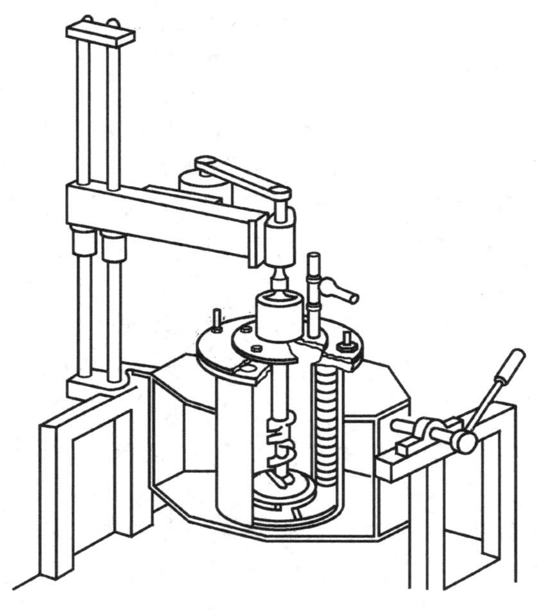

图 8-13　Duralcon 液态金属搅拌法工艺装置简图

由于 Duralcon 搅拌法在真空或氮气中进行搅拌，有效地防止了金属氧化和气体吸入，复合好的金属基复合材料熔体中气体含量低、颗粒分布均匀，铸坯气孔率小于 1%，组织致密。这种方法适用于铸造多种颗粒增强金属基复合材料，用的增强颗粒有 SiC，Al_2O_3，B_4C 等，基体合金有铝合金、镁合金、锌合金等，主要用于铝合金，形变铝合金 LD2，LD10，LY12，LC4 等和铸造铝合金 ZL101，ZL104 等，现已能生产 600 kg 的铸锭。

液态金属搅拌法生产的金属基复合材料熔体可以用连续铸造、金属型铸造、低压铸造等方法制成各种形式的锭坯、板坯、棒坯，供进一步轧制、挤压、铸造成形用，是目前工业规模批量生产颗粒增强铝基复合材料的主要方法，为金属基复合材料在汽车等民用工业中的应用创造了条件。

液态金属搅拌法还在不断改进和发展，如熔体稀释法、底部真空反涡旋搅拌法等。总之，与其他制备颗粒增强金属基复合材料的方法相比，液态金属搅拌法工艺简单、生产效率高、制造成本低，可用于生产多种品种的铝基、镁基、锌基等复合材料，所生产的颗粒增强金属基复合材料的价格最低，最有竞争力。

8.2.5　原位生成法

金属基复合材料除用固态法和液态法制备外，还可用原位自生成法制造，增层体不是外加的，而在母体材料中通过反应或相变原位生成。

1. 反应自生成法

反应自生成法是20世纪80年代后期发展起来的制备金属基复合材料的有效方法，有固态和液态自生成两种方法。这两种方法的共同点是在基体金属中通过反应生成增强相来增强金属基体，而不是外加颗粒增强物增强金属，增强物与金属基体的界面结合良好。

(1)固相反应自生增强物法(XD法)

基本原理是把预期构成增强相(一般均为金属化合物)的两种组分(元素)粉末与基体金属粉末均匀混合然后加热到基体熔点以上温度，当达到反应温度时两元素发生放热反应，温度迅速升高，并在基体金属熔液中生成1 μm以下的弥散颗粒增强物，颗粒分布均匀，颗粒与基体金属的界面干净，结合力强，反应生成的增强相含量可以通过加入反应元素的多少来控制。形成的颗粒增强物性质稳定，可以再熔化加工。

这种固相反应自生成增强物法可以用来制备硼化物、碳化物、氮化物等增强颗粒增强的铝、铁、铜、镍、钛以及金属间化合物基等金属基复合材料，但主要用来制备NiAl、TiAl等高温金属间化合物基复合材料，TiB_2/TiAl锭坯的重量可达100 kg。

(2)液相反应自生增强物法

液相反应自生增强物法的基本原理是在基体金属熔液中加入能反应生成预期增强颗粒的元素或化合物，在熔融的基体合金中，在一定的温度下反应，生成细小弥散稳定的颗粒增强物，形成自生增强金属基复合材料。例如在铝熔液中加入钛元素，形成Al-Ti合金熔体，加入C元素(C粉和甲烷等碳氢化合物)，进入的甲烷与铝液中的钛反应，生成细小、弥散的TiC颗粒。

2. 原位凝固析出生成法

通过对合金成分的设计和凝固控制，使增强体在液态到固态的凝固过程中，按要求的形态、分布和数量析出。如用重力铸造法制备$M_{g2}S_i$颗粒增强铝基复合材料，其工艺方法为：在电阻炉石墨坩埚中熔化按配比加入Al及A1－Si合金后，加入Mg并搅拌均匀，10 min后再加入0.5%的稀土与锶盐混合变质剂进行变质处理10 min，经除气精炼后于金属型模中浇铸，$M_{g2}S_i$颗粒增强相在合金凝固过程中原位生成，得到$M_{g2}S_i$/Al－Si复合材料。其显微组织如图8-14所示。

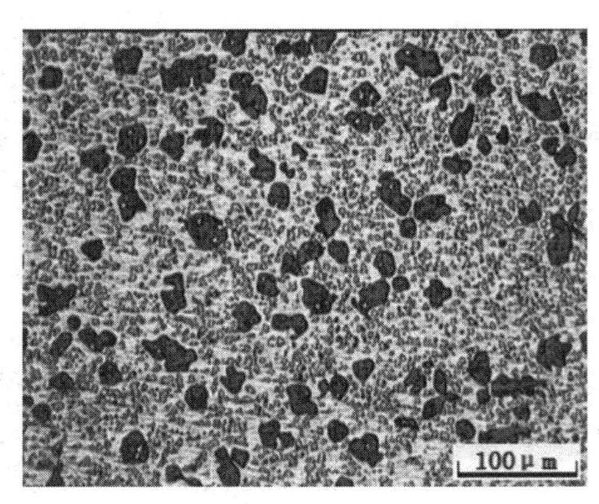

图 8-14 $M_{g2}S_i$/Al—Si 复合材料组织

8.2.6 金属基复合材料制造方法的比较和发展前景

金属基复合材料品种繁多，所选用的基体和增强物的性质特点不同，需选用相应合适的方法来制造。现有的制造方法工艺成熟程度和实用性也有较大的差距，在众多的制造方法中只有几种方法达到了规模生产，以下就几种比较成熟和有发展前途的方法进行分析比较。

1. 固态扩散黏结法

这是目前制造连续纤维[硼纤维、碳化硅纤维、碳(石墨)纤维]增强铝基、镁基、钛基复合材料零(构)件的主要方法。这种方法研究发展最早，工艺比较成熟，20 世纪 70 年代起就成功地制造了航天飞机主仓用的 B/Al 管、B-1 飞机的垂直尾翼、导弹级间段、高性能发动机 SiC/Ti 叶片、传动轴、人造卫星用 Gr/Mg 复合材料抛物面天线等实用零(构)件。这种方法制造工艺较复杂，需先制成预复合丝(带、片)，再进行优化排布和热压成形，制造成本高，主要用于制造性能要求高的航天领域用的零(构)件。

2. 液态金属压力浸渗法

这是一种直接制造连续纤维、短纤维、晶须、颗粒以及混合增强金属基复合材料零件的方法，适用面广，工艺简单。目前主要用它生产高含量碳化硅颗粒增强铝基、镁基复合材料，碳(石墨)纤维增强铝、镁、锌基复合材料，晶须和颗粒混杂增强铝、镁基复合材料的零(构)件。与精密铸造工艺相结合可以生产出形状尺寸精确的复合材料零件。已用这种方法制造出高集成度电子器件用的封装零件，光学反射镜、惯性导航仪器用基座等零件。这种方法发展迅速，已逐渐成为金属基复合材料零(构)件的主要制造方法之一。

3. 低压铸造法

这种方法适合于铸造短纤维、晶须增强铝基、镁基复合材料零件，工艺简单可靠，适合于批量生产，生产效率高。这种方法的关键是制备增强物预制件和模具。制造出的零件组织致密，已成为短纤维、晶须增强铝基、镁基复合材料零件的主要方法。工艺成熟，制造成本低，已成功地制造出内燃机活塞、连杆和各种机械零件，活塞生产已形成年产数百万件的规模。

4. 粉末冶金法

粉末冶金法是一种成熟的金属制品制造技术，用于制造短纤维、晶须、颗粒增强金属基复合材料零件。适用于铝基、铁基、耐热合金、难熔金属、金属间化合物基复合材料零件制造。这种方法必须将基体金属制成粉末，并与增强物均匀混合，用专用的模具压制成形、烧结等。工艺成本高，主要用于制造高性能颗粒、晶须增强铝基复合材料、铁基复合材料以及高温金属基复合材料零件。

5. 液态金属搅拌铸造法

这是目前生产颗粒增强铝基、镁基复合材料的最主要方法，已形成年产万吨的生产规模。这种方法工艺简单，生产效率高，成本低，可制造成各种铸锭、板坯、棒坯等供二次加工使用。所制成的复合材料熔体可精密铸造、压铸、砂型铸造成各种复杂形状的零件，也可挤压成各种型材、管材、棒材以及轧制成板材、锻造成零件等，最大铸锭可达数百公斤。用这种方法已生产出各种牌号的颗粒增强铝基复合材料及制品，是目前工业化规模生产颗粒增强铝基复合材料的主要方法。

金属基复合材料的制造方法还在不断改进和发展，高效、低成本、批量生产的方法仍需研究开发，这将关系到金属基复合材料的广泛应用和发展。

6. 原位生成法

其内生增强相是通过反应或凝固相变在熔体内自动生成的，增强相不但颗粒细小，表面洁净，而且体系在热力学上比较稳定，无界面反应。因而原位内生颗粒增强金属基复合材料由于具有良好的综合性能而备受国内外学者的关注。然而，是否能生成有应用前景的增强相，要受到反应条件的限制，有一定的局限性。

参考文献

1. 张国定，赵昌正. 金属基复合材料. 上海交通大学出版社，1996
2. 李荣久. 陶瓷-金属复合材料. 冶金工业出版社，1995
3. 周美玲，谢建新，朱宝泉. 材料工程基础. 北京工业大学出版社，2001

思考题

1. 简述复合材料的分类。
2. 简述金属基复合材料制造的难点及解决的途径。
3. 简述一种金属基复合材料制备的工艺方法。
4. 简述共喷沉积法的基本原理和应用。

第九章　无机非金属材料工艺

9.1　陶瓷材料工艺

无机非金属材料是以某些元素的氧化物、碳化物、氮化物、卤素化合物、硼化物以及硅酸盐、铝酸盐、磷酸盐、硼酸盐等物质组成的材料，是除有机高分子材料和金属材料以外的所有材料的统称。无机非金属材料的提法是20世纪40年代以后，随着现代科学技术的发展从传统的硅酸盐材料演变而来的，目前是与金属材料和有机高分子材料并列的三大材料之一。

传统无机非金属材料品种繁多，主要是指无机建筑材料，包括水泥、玻璃、陶瓷与建筑（墙体）材料等。其产量占无机非金属材料的绝大多数。建筑材料与人们的生活息息相关。新型无机非金属材料具有高强、轻质、耐磨、抗腐、耐高温、抗氧化以及特殊的电、光、声、磁等一系列优异的综合性能，是其他材料难以替代的功能材料和结构材料，具有独特的性能，是高新技术产业不可缺少的关键材料。

9.1.1　陶瓷材料的特性

陶瓷材料具有熔点高、耐高温、硬度高、耐磨损、化学稳定性高、耐氧化和腐蚀以及重量轻、弹性模量大、强度高等优良性能，但陶瓷材料的塑性变形能力差，易发生脆性破坏且不易成形加工。

陶瓷材料的上述性能主要由它的物质结构和微观组织的特点所决定。陶瓷的结合键是强固的离子键和共价键。为了说明它的强固性，表9-1比较了一些金属和相应的陶瓷材料的熔点。

表9-1　金属及其氧化物的熔点

金属/氧化物	Mg/MgO	Ca/CaO	Al/Al_2O_3
熔点/℃	650/2 800	843/2 580	660/2 045

可以看出，由于结合键的变化（金属键转变为离子键），材料的性质发生了极大的变化（熔点提

高了若干倍)。陶瓷材料的另一个特点是其显微组织的不均匀性和复杂性,这是因为陶瓷材料的生产制造过程与金属材料不同。金属材料通常是从相当均一的金属液体状态凝固而成,随后还可以通过冷热加工等手段来改善材料的组织和性能。即使金属材料中有第二相析出,其分布比较均匀。一般情况下金属材料不含或极少含有气孔,相对陶瓷而言,其显微组织均匀而单纯。陶瓷材料一般经过原料粉碎配制、成形和烧结等过程,其显微组织由晶体相、玻璃相和气相组成,而且各相的相对量变化很大,分布也不够均匀,陶瓷材料一旦烧制成形,其显微组织无法通过冷热加工的方法加以改变。

9.1.2 陶瓷材料的发展前景

由于上述基本特性,陶瓷材料能够在各种苛刻的条件下(如高温、腐蚀和辐照环境下)工作,成为一种非常有发展前途的工程结构材料。另一方面,陶瓷材料具有性能和用途的多样性与可变性,使它在磁性材料、介电材料、半导体材料、光学材料等方面占据了重要的地位,并展现了愈来愈广阔的应用前景,成为一种非常有发展前途的功能材料。

一些典型的特种陶瓷的性能和用途,如表 9-2 所示。

当前,先进工程材料的研制主要集中在高强重比材料、高温高强度结构材料和具有各种特殊性能的功能材料方面。其中,陶瓷材料具有巨大的潜力。陶瓷材料是以地球上最富有的元素(如 Si、Al、O、Mg、Cd、Na 等)制得的,它的原料可以说是取之不尽用之不竭,不像金属材料那样受自然资源的限制。另外,使用这些元素,通过改变它们的配比和排列方式又可合成具有各种特殊功能特性的无机新材料。但是,由于这些化合物耐高温,不易使它们变成气体或液体状态,又具有高的化学稳定性,难以进行化学合成,因此,长期以来,它的发展不像聚合物材料那样快。但是,近年来超高温和高压技术得到了飞速发展,大大推动了金属化合物的合成和处理方面的研究工作,新的陶瓷材料和制造方法也在不断地研制成功。在这方面突出的例子是高温高强度结构陶瓷的开发和各种功能陶瓷的应用。

众所周知,热机的效率随工作温度的提高而增加。根据计算,若发动机的工作温度提高 55.5 ℃,则其热效率可增加 11%。20 世纪 70 年代初发展起来的弥散强化和定向凝固镍基超合金的极限使用温度为 1 100 ℃左右。在更高温度下使用,将发生高温氧化和蠕变等问题。但是,为了大幅度提高发动机的热效率,降低燃料的消耗,减少大气污染,人们希望发动机的工作温度能提高到 1 200 ℃以上。在这样高的工作温度下,最有希望的材料是氮化硅(Si_3N_4)和碳化硅(SiC)陶瓷材料。这两种材料具有优良的高温强度,而且与金属相比热传导性低,工作中产生的热量不易逸散,从而可以提高能源的利用率;同时利用它们制造发动机还可以节约资源,不用或少用战略物资如 Ni、Co、Cr 及 W 等。为了开发原子能、核聚变能等新的能源,需要一种能耐 2 000 ℃高温的耐热材料,目前只能使用陶瓷材料。

表 9-2　特种陶瓷的性能和用途

	材料	性能特点	例	用途
结构材料	耐热材料	热稳定性高 高温强度高	Mg，ThO_2 SiC，Si_3N_4	耐火材料 透平叶片
	高强度材料	高弹性模量 高强度	SiC，Al_2O_3，C TiC，B_4C，BN	复合材料用纤维 切削工具
功能材料	磁性材料	软磁性 强磁性	$ZnFe_2O$，γ-Fe_2O_3 $SrO \cdot 6Fe_2O_3$	磁带 硬铁
	介电材料	绝缘性 热电性 压电性 强介电性	Al_2O_3，Mg_2SiO_4 $PbTiO_3$，$BaTiO_3$ $PbTiO_3$，$LiNbO_3$ $BaTiO_3$	集成电路基板 热敏电阻 振荡器 电容器
	半导体材料	离子导电性效应 非线性阻抗效应 界面阻抗变化效应 光导电效应 阻抗温度变化效应 阻抗发热效应 热电子放射效应	β-Al_2O_3，ZrO_2 ZnO，Bi_2O_3 SnO_2，ZnO CdS，CaS_8 VO_2，NiO SiC，LaCrO，ZrO_2 LaB，BaO	固体电介质、传感器 非线性电阻 气体传感器 太阳电池 温度传感器 发热体 热阴极
	光学材料	荧光、发光性 红外透过性 高透明度 电发色效应	Al_2O_3，CrNb 玻璃 CaAs，CdTe SiO_2 WO	激光 红外线窗口 光导纤维 显示器

随着新技术革命的兴起，功能材料愈来愈受到世界各国的重视。功能陶瓷材料品种日益增多，应用愈来愈普遍。例如，一种通电后能在 50 μs 时间内从透明变为不透明的陶瓷材料已经试制成功。应用这种材料可制作防护用眼镜、飞机的防护窗及每秒传输 50 亿位的计算机信息输入装置等。石英电子钟表不仅价格便宜，而且走时准确。其原理是利用了石英单晶的压电效应。又如光导纤维的出现，不但通讯量大，而且抗干扰，还十分经济。例如铺设 10 000 km 的电缆，需要 5 000 t 铜和 20 000 t 铅，而采用光导纤维只需几十公斤石英就够了。综上所述，陶瓷材料无论作为结构材料还是功能材料都很有发展前途。当然，陶瓷材料要作为一种高温高强度结构材料使用，还需大量的研究工作。

9.1.3　陶瓷制备工艺

陶瓷工艺过程包括原材料加工、成形和烧结等过程，它对显微组织（包括光学和电子显微镜下观察到的相分布、晶粒尺寸和形状、气孔数量、形状与分布、杂质、缺陷及晶界等）发生重大影响，它决定了陶瓷产品质量的优劣与成败。因此熟悉陶瓷生产工艺过程是十分必要的。

1. 传统陶瓷的工艺过程

(1)传统陶瓷的原料

传统陶瓷工业生产中，最基本的原料是石英、长石和黏土三大类以及一些化工原材料。

从工艺角度可把上述原料分为两类。一类为可塑性原料，主要是黏土类物质，包括高岭土、多水高岭土、烧后呈白色的各种类型黏土和作为增塑剂的膨润土等。它们在生产中起塑化和结合作用，赋予坯料以塑性与注浆成形性能，保证干坯强度及烧后的各种使用性能，如机械强度、热稳定性、化学稳定性等。它们是成形能够进行的基础，也是黏土质陶瓷的成瓷基础。另一类为非可塑性原料，主要是石英和长石。石英属于减黏物质，可降低坯料的黏性，烧成过程中部分石英熔解在长石玻璃中，提高液相黏度，防止高温变形，冷却后在瓷坯中起骨架作用。长石属于熔剂原料，高温下熔融后，可以熔解一部分石英及高岭土分解产物，熔融后的高黏度玻璃可以起到高温胶结作用。除长石外，花岗岩、滑石、白云石、石灰石等也能起同样作用。

①石英(SiO_2)。石英是构成地壳的主要成分，部分以硅酸盐化合物状态存在，构成各种矿物岩石；另一部分则以独立状态存在，成为单独的矿物实体。不论石英以哪种形态存在，其化学成分均为 SiO_2，此外还经常含有少量的 Al_2O_3、Fe_2O_3、CaO、MgO、TiO_2 等杂质。石英的外观视其种类不同而异，有的呈乳白色，有的呈灰色半透明状态，断口有玻璃光泽。莫氏硬度为 7，比重依晶型而异，一般在 2.23～2.65 之间。

石英在加热过程中会发生如图 9-1 的晶型转变。石英晶型转化的结果，会引起体积、比重、强度等一系列物理变化，其中对陶瓷生产影响较大的是体积变化。

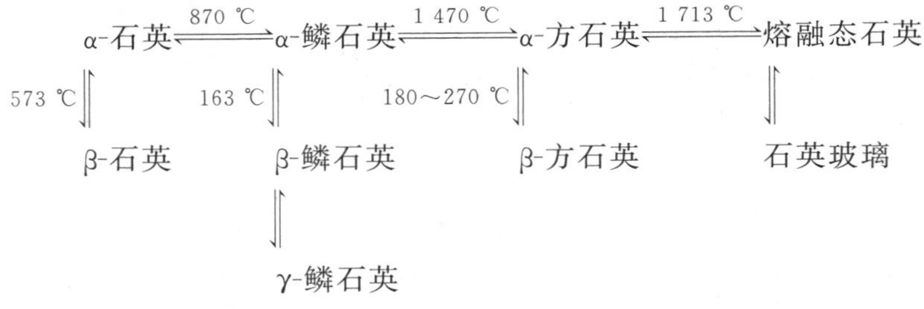

图 9-1 石英在加热过程中发生的晶型转变

②长石。长石是一族矿物的总称，是网架状硅酸盐结构，一般又分四大类：

a. 钠长石($Na_2O \cdot Al_2O_3 \cdot 6SiO_2$)，

b. 钾长石($K_2O \cdot Al_2O_3 \cdot 6SiO_2$)，

c. 钙长石($CaO \cdot Al_2O_3 \cdot 2SiO_2$)，

d. 钡长石($BaO \cdot Al_2O_3 \cdot 2SiO_2$)。

在地壳中单一的长石很少，多数是几种长石的互溶物。钾长石一般呈粉红色，比重为 2.56～2.59，莫氏硬度为 6～6.5，断口呈玻璃光泽，解理清楚。钠长石和钙长石一般呈白色或灰白色，比重为 2.5，其他物理性能与钾长石近似。其熔融温度分别为：钾长石 1 190 ℃，钠长石 1 100 ℃，钙长石 1 550 ℃。

在陶瓷生产中使用的长石是几种长石的互溶物，并含有其他杂质，所以它没有一个固定的熔融温度，只是在一个温度范围内逐渐软化熔融变为乳白色黏稠玻璃态物质。熔融后的玻璃态物质能够溶解一部分黏土分解物及部分石英，促进成瓷反应的进行，并降低烧成温度，减少燃料消耗。

这种作用通常称为助熔作用。此外，由于高温下长石熔体具有较大黏度，可以起到高温热塑作用与高温胶结作用，防止高温变形。冷却后长石熔体以透明玻璃体状态存在于瓷体中，构成瓷的玻璃基质，增加透明度，提高光泽与透光度，改善瓷的外观质量与使用效能。

长石在陶瓷生产中，用作坯料、釉料、色料、熔剂等基本组分。其用量很大，作用很重要。

③黏土。黏土是一种含水铝硅酸盐的矿物，由地壳中含长石类岩石经过长期风化与地质作用而生成。黏土在自然界中分布很广，种类繁多，贮量丰富。

黏土矿物的主要化学成分是 SiO_2、Al_2O_3 和水，还含有 Fe_2O_3、TiO_2 等成分。黏土具有独特的可塑性与结合性。调水后成为软泥，能塑造成形，烧后变得致密坚硬。这种性能构成了陶瓷的生产工艺基础，因而它是传统陶瓷的基础原料。

黏土矿物主要有以下几类：

a. 高岭石类：一般称为高岭土（$Al_2O_3 \cdot 2SiO_2 \cdot 2H_2O$）。

b. 伊利石类：这类黏土主要是水云母质黏土，或绢云母质黏土。

c. 蒙脱石类：主要是由蒙脱石和拜来石类等构成的黏土，这类黏土又称为膨润土。

(2)坯料制备

传统日用陶瓷坯料通常按制品的成形法分成含水量 19%～26%的可塑法成形坯料与含水量 30%～35%的注浆法成形坯料两种。

①可塑法成形坯料。可塑法成形坯料要求在含水量低的情况下有良好的可塑性，同时坯料中各种原料与水分应混合均匀以及含空气量低。可塑法成形是陶瓷生产中最常用的一种成形方法。

石英需要煅烧以便于粉碎。通常的脉石英或石英岩质地坚硬，粉碎困难，通过煅烧到 900～1 000 ℃，低温 β-石英转变为 α-石英，其体积发生骤然膨胀，致使石英内部结构疏松，利于粉碎。煅烧后若在空气中或冷水中急冷可加剧内应力，促使碎裂。另外，原料粉碎可以提高原料精选效率、均匀坯料、致密坯体以及促进物化反应并降低烧成温度。原料中的 Fe 含量对烧成后陶瓷的颜色有很大影响，对烧后颜色影响最大的为铁钛化合物。Fe_2O_3 含量不同，烧成后可以有着不同的颜色。如 Fe_2O_3 含量在 0.5%以下时，烧成后呈白色；若高达 10%以上便可呈现深色。对于日用和工艺陶瓷来说，烧后的颜色是产品质量中的一个重要因素。因此去除 Fe 是一个重要的工艺过程。

陈腐可以促使泥料中水分均匀分布，同时在陈腐过程中还有细菌作用，促使有机物的腐烂并产生有机酸，使泥料可塑性进一步提高。真空练泥可以排除泥饼中的残留空气，提高泥料的致密性和可塑性，并使泥料的水分和组织均匀，改善成形性能，提高泥坯的干燥强度和成瓷后的机械强度。

②注浆法成形坯料。注浆法成形用的坯料含水量为 30%～35%。对注浆料来说要求它在含水量较低的情况下具有良好的流动性、悬浮性与稳定性，料浆中各种原料与水分均匀混合，而且料浆具有良好的渗透性等。上述这些性能主要通过调整坯料配方与加入合适的电解质来解决。但正确选择制备流程与工艺控制也可以在某种程度上改善泥浆性能。如泥浆搅拌可促使泥浆组成均一，保持悬浮状态，减少分层现象。

陈腐不但可使水分均匀，促使泥料中的空气排除，也可增加坯料的黏性和强度。一般泥浆在使用前需存放 1～3 昼夜。

注浆泥料的制备流程基本上和可塑法成形坯料制备流程相似，一般有经过压滤与不经过压滤两种方法。

不压滤法是按配比将各种原料、水和电解质一起装入球磨机混合研磨，直接制成注浆泥浆，或将粉磨好的各种原料按配比在搅拌机中加水和电解质混合成均匀的泥浆。该法虽操作简单、设备费用低，但泥浆稳定性较差。

经过压滤的泥浆，质量高，稳定性好。这种泥浆的制备方法是将球磨后的泥浆经过压滤脱水成泥饼，然后将泥饼碎成小块，与电解质以及水再搅拌成泥浆。经过压滤的泥料，由于在压滤时滤去了由原料中混入的有害的可溶性盐类（如 Ca^{2+}、Mg^{2+} 以及其他有影响的阴离子如 SO_4^{2-}），可以改善泥浆的稳定性，适用于生产质量要求较高、形状较复杂的产品，但成本较高。

(3)成形

成形就是将制备好的坯料用各种不同的方法制成具有一定形状和尺寸的坯件（生坯）。成形后的坯件仅为半成品，其后还要经过干燥、上釉、烧成等多道工序。

根据坯料性能与含水量的不同，陶瓷成形方法可分为三大类，即可塑法成形、注浆法成形和干压法成形。

①可塑法成形。用各种不同的外力对具有可塑性的坯料（泥团）进行加工，迫使坯料在外力作用下发生可塑变形而制成生坯。可塑法成形基于坯料具有可塑性。对于可塑法成形来说，要求可塑坯料具有较高的屈服值和较大的延伸变形量（在破裂点前）。较高的屈服值是为了保证成形时坯料有足够的稳定性，而较大的延伸变形量则保证其易被塑成各种形状而不开裂。

②注浆法成形。是把制备好的坯料泥浆注入多孔性模型内，由于多孔性模型的吸水性，泥浆被模具吸水，收缩而与模型脱离，如图 9-2 所示。

注浆法成形适用于形状复杂、不规则、薄而体积大且尺寸要求不严的器物。如花瓶、茶壶、汤碗等。注浆成形后的坯体结构较均匀，但其含水量大，干燥与烧成收缩也较大；另一方面，有适应性大、便于机械化等优点。

③干压法成形。是利用压力将干粉坯料在模型中压成致密坯体的一种成形方法。由于干压成形的坯料水分少，压力大，坯体比较致密，因此能获得收缩小、形状准确、无需干燥的生坯。干压成形过程简单，生产量大，缺陷少，便于机械化，对于成形形状简单的小型坯体较为合适，但对于形状复杂的大型制品，采用一般的干压成形就有困难。

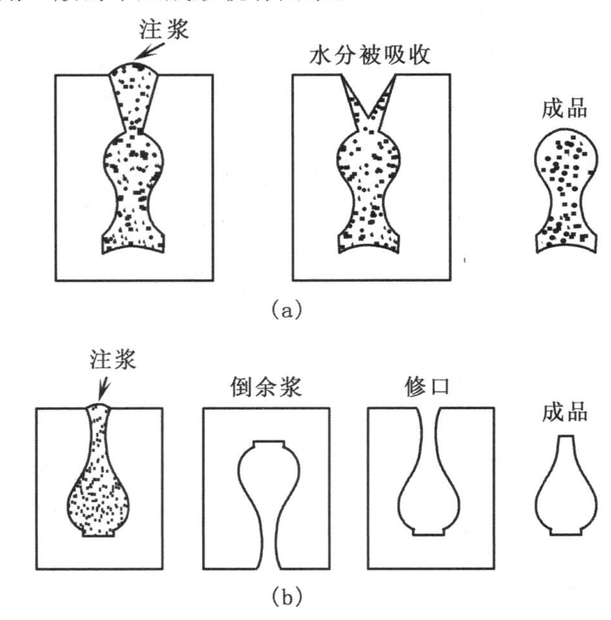

图 9-2　注浆法成形过程示意图

④等静压成形。与干压成形相似，也是利用压力将干粉料在模型中压制成形。但等静压成形

的压力不像干压成形那样只局限于一两个受压面，而是在模具的各个面上都施以均匀的压力，这种均匀受压是利用了液体或气体能均匀地向各个方向传送压力的特性。

等静压成形过程是将粉料装进一个有弹性的模具内密封，然后把模具连同粉料一起放在充有液体或气体的高压容器中。封闭后用泵对液体或气体加压，压力均匀地传送到弹性模壁，使粉料被压成与模具形状相像的压实物，但尺寸要比模型小一些。受压结束后慢慢减压，从模具中取出坯体。

等静压成形与干压法相比的优点是，当所施加的压强大致相同时，可以得到较高的生坯密度，生坯内部组织均匀，应力小，强度高，对产品尺寸限制小等。

(4)坯体干燥

成形后的各种坯体，一般都含有较高的水分，尤其是可塑成形和注浆成形的坯体，还呈可塑状态，因而在运输和再加工(如修坯、黏接和施釉)过程中，很易变形或因为强度不高而破损。为了提高成形后坯体的强度，就要进行干燥以除去坯体中所含的一部分水分，使坯体失去可塑性，具有一定的强度。此外，经过干燥的坯体在烧成初期可以采用快速升温，从而缩短烧成周期。为了提高坯体吸附釉层能力，也需进行干燥。因此，成形后的坯体必须进行干燥，排除水分。坯体干燥过程如图 9-3 所示。

实践表明，生坯的强度随着水分的降低而大为提高。当生坯的水分含量被干燥到 1%～2%时，已有足够的强度和吸附釉层的能力，无须再继续干燥。

 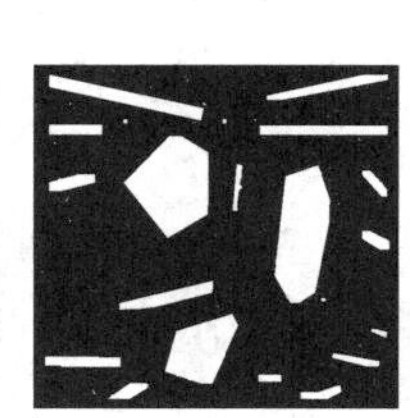  

图 9-3　坯体干燥过程示意图

(5)上釉

釉是附着于陶瓷坯体表面的连续玻璃质层，具有与玻璃相类似的物理与化学性质。陶瓷坯体表面的釉层从外观来说使陶瓷具有平滑而光泽的表面，增加了陶瓷的美观，尤其是颜色釉与艺术釉更增添了陶瓷制品的艺术价值。就机械性能来说，正确配合的釉层可以增加陶瓷的强度与表面硬度，还可以使陶瓷的电气绝缘性能、抗化学腐蚀性能有所提高。

按釉料的组成成分可分为长石釉、石灰釉、铅釉、硼釉、铅硼釉等。传统日用瓷生产中主要用长石釉与石灰釉。长石釉主要由石英、长石、大理石、高岭土等组成，其特征是硬度较高，光泽较强，略具乳白色。石灰釉主要由瓷石(由石英、绢云母组成，并含有若干高岭土、长石等岩石矿物)与釉灰(主要成分为碳酸钙)配制而成。石灰釉的特点是透光性强，适应性能好，硬度亦较高。

将釉料经配料、制浆后进行施釉，施釉方法可以分为浸釉法、喷釉法、浇釉法、刷釉法等。浸釉法是将产品全部浸入釉料中，使之附着一层釉浆。喷釉法是利用压缩空气或静电效应，将釉浆喷成雾状，使其黏附于坯体。浇釉法是将釉浆浇到坯体上，该方法适用于大件器皿。刷釉法常用于同一个坯体上施几种不同釉料，如用于艺术陶瓷生产。

(6)烧成

经过成形、上釉后的半成品,必须最后通过高温烧成才能获得瓷器的一切特性。坯体在烧成过程中发生一系列物理化学变化,如膨胀、收缩、产生气体、出现液相、旧晶相消失、析出新晶相等,这些变化在不同温度阶段中进行的状况决定了陶瓷的质量与性能。

烧成过程大致可分为四个阶段:

①蒸发期(室温～300 ℃)。坯体在这一阶段主要是排除在干燥环节中所没有除掉的残余水分。入窑坯体含水量不同,则升温速度应当不同。含水量低时,升温可以较快;含水量较高时,升温速度要严格控制。因为当坯体温度高于 120 ℃时,坯体内的水分发生强烈汽化,很可能使制品开裂。对大型、厚壁制品尤为突出。这一阶段所发生的变化为物理现象。一般制品入窑水分多在5%以下,这部分水相当于吸附水,因而排除时收缩很小。

②氧化分解与晶型转化期(300～950 ℃)。在这一阶段,坯体内部发生了较复杂的物理化学变化,黏土中的结构水得到排除,碳酸盐分解,有机物、碳和硫化物被氧化,石英晶型转化。

③玻化成瓷期(950 ℃～烧成温度)。玻化成瓷期是整个烧成过程的关键。该期的最大特点是釉层玻化和坯体瓷化。坯体的基本原料长石 $K_2O \cdot Al_2O_3 \cdot 6SiO_2$、石英 SiO_2 与高岭土 $Al_2O_3 \cdot 2SiO_2$ 在三元相图上的最低共熔点为 985℃。随着温度的提高,液相量逐渐增多。

液相对坯体的成瓷作用主要表现在两个方面:一方面它起着致密化的作用,由于液相表面张力的作用,固体颗粒接近,促使坯体致密化;另一方面液相的存在促进了晶体的生长。液相不断溶解固体颗粒,并从液相中析出新的比较稳定的结晶相——莫来石。当温度高于 1 200 ℃时,石英颗粒和黏土的分解产物不断溶解。在熔融的长石-玻璃中,当溶解的 Al_2O_3 和 SiO_2 达到饱和时,则析出在此温度下稳定的莫来石晶体。

析出以后,液相对 Al_2O_3 和 SiO_2 而言又是不饱和状态。因此溶解过程和莫来石晶体的不断析出以及线性尺寸的长大交错贯穿着在瓷胎中起“骨架”作用,使瓷胎强度增大。最终,莫来石、残留石英与瓷坯内其他组成部分借助于玻璃状物质而联结在一起,组成了致密的、有较高机械强度的瓷坯。这就是新相的重结晶和坯体的烧结过程。

④冷却期(止火温度～室温)。在冷却期间必须注意各阶段的冷却速度,以保证获得质量良好的制品。在冷却初期,瓷坯中的玻璃相还处于塑性状态。以致快速冷却所引起的结晶相与液相的热压缩不均匀而产生的应力,在很大程度上被液相所缓冲,故不会产生有害作用,这就给冷却初期的快冷提供了可能性。冷却至玻璃相由塑性状态转变为固态时的临界温度是必须切实注意的,一般在 750～550 ℃之间,这时由于结构的显著变化会引起较大的应力,此时冷却速度必须缓慢,以减少其内应力。

以上便是传统陶瓷的整个工艺过程,下面简单介绍一种新的成形烧结方法:加压烧结法。

加压烧结法是在加压成形的同时加热烧结的方法。它有下列特征:由于塑性流动,促进了高密度化,得到接近于理论密度的烧结体,由于加温加压助长了粒子间的接触和扩散效果,降低了烧结温度,缩短了烧结时间,结果抑制了晶粒长大,可以得到具有良好机械性能和电性能的烧结体,晶粒的排列、晶粒直径的控制、含有高蒸气压成分系的成分变化的抑制等均易于进行。加压烧结设备的基本构造是电加热和油压加压。

2. 特种结构陶瓷的制备工艺

高温、高强度结构陶瓷材料主要包括下列两大类。一类是金属(主要是过渡族金属)和 C、N、

B、O、Si 等非金属的化合物，另一类是非金属之间的化合物，如 Si 和 B 的碳化物及氮化物等。

(1)结构陶瓷材料的原料及制备

结构陶瓷材料的原料具体可分为以下几组：

a. 氧化物：如 Al_2O_3，BeO，CaO，CeO，MgO，ZrO_2，SnO 等。它们的熔点都在 2 000℃左右，甚至更高。

b. 碳化物：如 SiC，B_4C，WC，TiC，ZrC 等几类化合物。它们的熔点最高，硬度高，脆性大。

c. 氮化物：如 BN，Si_3N_4，AlN 等。它们都是高熔点物质，一般地说，氮化物是最硬的材料。

d. 硼化物：如 ZrB_2，WB，MoB 等。熔点均在 2 000 ℃以上。硼化物的氧化性最强。

e. 硅化物：如 $MoSi_2$，$ZrSi_2$ 等。熔点在 2 000 ℃左右。在高温氧化气氛中使用时，表面生成 SiO_2 或硅酸保护层，抗氧化能力强。

上述陶瓷材料的原料都不是自然界中存在的矿物，必须经过一系列人工提炼过程才能获得。

①氧化物陶瓷(高铝瓷)

高铝瓷是一种以 Al_2O_3 和 SiO_2 为主要成分的陶瓷，其中 Al_2O_3 的含量在 45%以上。随 Al_2O_3 含量的增高，其机械和物理性能都有明显的改善。高铝瓷生产中主要采用工业氧化铝作原料，它是将含铝最高的天然矿物如铝矾土，用碱法或酸法处理而得。

工业氧化铝是白色松散的结晶粉末，它是由许多粒径小于 0.1 μm 的 γ-Al_2O_3 晶粒组成的多孔球聚集体，其孔隙率约达 30%。根据杂质含量，工业氧化铝可分为几种不同的等级。

一般来说，对于机械性能要求较高的超高级刚玉质瓷或刚玉瓷刀，最好用一级工业氧化铝，其他的高铝瓷，按性能要求不同，可用品位稍低的氧化铝。至于品位较次的 Al_2O_3，可用来生产研磨材料或高级耐火材料。

若利用铝钒土、水铝石、工业 Al_2O_3 或杂质高的天然刚玉砂将上述原料与碳在电炉内于 2 000～2 400 ℃熔融，便能得到人造刚玉。人造刚玉中的 Al_2O_3 含量可达 99%以上，Na_2O 含量可低于 0.2%～0.3%。

在 Al_2O_3 含量较高的瓷坯中，主要晶相为刚玉(α-Al_2O_3)。我国目前大量生产含有氧化铝 95%的刚玉瓷。这种刚玉瓷由于 Al_2O_3 含量高，具有很高的耐火度和强度。其生产工艺过程如下：

a. 工业氧化铝的预烧：预烧使原料中的 γ-Al_2O_3 全部转变为 α-Al_2O_3，减少烧成收缩。预烧还能排除原料中大部分 Na_2O 杂质。

b. 原料的细磨：由于工业 Al_2O_3 是由氧化铝微晶组成的疏松多孔聚集体，很难烧结致密。为了破坏这种聚集体的多孔性，必须将原料细磨。但过细粉磨也可能使烧结时的重结晶作用很难控制，导致晶粒长大，降低材料性能。

c. 酸洗：如果采用钢球磨粉磨，料浆要经过酸洗除铁。盐酸能与铁生成 $FeCl_2$ 或 $FeCl_3$ 而溶解，然后再水洗以达到除铁的目的。

d. 成形：把经酸洗除铁并烘干备用的原料采用干压、挤制、注浆、轧膜、捣打、热压及等静压等方法成形，以适应各种不同形状的要求。

e. 烧成：烧成温度对刚玉制品的密度及显微结构起着决定性作用，从而对性能也起着决定性作用，如图 9-4 所示。适当地控制加热温度和保温时间，可获得致密的具有细小晶粒的高质量瓷坯。

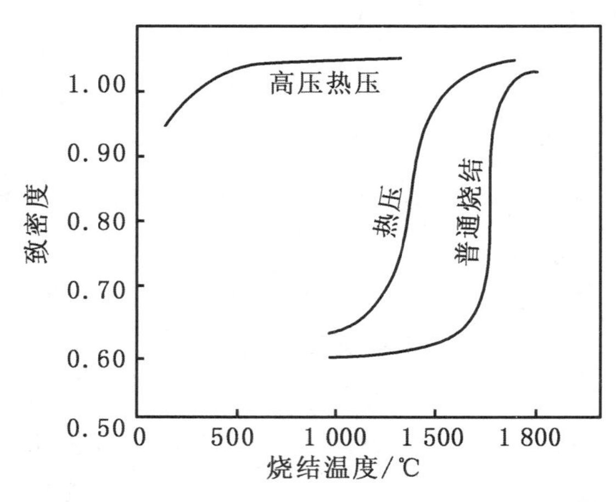

图 9-4 烧成温度与刚玉制品的密度的关系

f. 表面处理：对于高温、高强度构件或表面要求平整而光滑的制品，烧成后往往要经过研磨及抛光。

②碳化物陶瓷(碳化硅陶瓷)

SiC 是将石英、碳和锯末装在电弧炉中合成而得。合成反应为：

$$SiO_2+3C \longrightarrow SiC+2CO\uparrow$$

反应温度一般高达 1 900～2 000 ℃，最终得到 α-SiC 及 β-SiC 的混合物。其中 α-SiC 属于六方结构，在高温下是稳定相，β-SiC 属于等轴结构，在低温下是稳定相。β-SiC 向 α-SiC 的转变温度约为 2 100～2 400 ℃。Si 与 C 原子之间以共价键结合。

SiC 难以烧结，因而必须加入烧结促进剂，如 B_4C_9 以及 Al_2O_3 等，然后将粒度为 1 μm 左右的原料采用注浆、干压或等静压成形，于 2 100℃烧结，其气孔率约 10%。采用热压法得到的产品其密度得到进一步改善，达到理论密度的 99%以上。

③氮化物陶瓷(氮化硅)

工业合成 Si_3N_4 有两种方法：一种是将硅粉在氮气中加热；另一种方法是用硅的卤化物($SiCl_4$，$SiBr_2$ 等)与氨反应得到 Si_3N_4 粉末。一般都是 α 相与 β 相的混合物，其中 α-Si_3N_4 是在 1 100～1 250 ℃生成的低温相，β-Si_3N_4 是在 1 300～1 500 ℃下生成的高温相。α 相加热到 1 400～1 600 ℃开始变为 β 相，到 1 800 ℃转变结束。这一转变是不可逆的。

Si_3N_4 陶瓷的生产方法有反应烧结法和热压烧结法。

反应烧结法的主要工艺过程如下：将 Si 粉或 Si 粉与 Si_3N_4 粉的混合料按一般陶瓷生产方法成形，然后在氮化炉内于 1 150～1 200 ℃下预氮化，获得一定的强度之后，可在机床上进行车、刨、钻、铣等切削加工，然后在 1 350～1 450 ℃进一步氮化 18～36 h，直到全部成为 Si_3N_4 为止。由于第二次氮化体积几乎不变化，因而得到的产品尺寸精确，体积稳定。

反应烧结所获得的 Si_3N_4 坯体密度比硅粉素坯密度增大 66.5%，这是氮化的极限位，可以用它来衡量氮化反应的程度。为了提高氮化效率和促进烧结，一般加入 2%的 $CrF_2\cdot 3H_2O$，能使氮化后密度增长 63%，即达到 Si_3N_4 理论密度的 90%。

热压烧结法是将 Si_3N_4 粉和少量添加剂(如 MgO，Al_2O_3，MgF_2，AlF_3 或 FeO 等)在 19.6 MPa 以上的压强和 1 600～1 700 ℃条件下热压成形烧结。原料 Si_3N_4 粉的相组成对产品密度影响很大，其结果如表 9-3 所示。

表 9-3　原材料中 α-Si_3N_4 含量对制品的影响

Si_3N_4 原料相组成	原料配比	密度/g·cm^{-3}	产品相组成	产品抗弯强度/MPa
约 90%α 相 约 10%β 相	Si_3N_4 +5%重量 MgO	3.20	β-Si_3N_4	650
约 90%β 相 约 10%α 相	Si_3N_4 +5%重量 MgO	3.24	β-Si_3N_4	374

上表中产品的抗弯强度有显著差异的原因在于 α 相多的原料最终获得的产品含有针状 Si_3N_4 晶体，组织细小，故强度高。而 β 相多的原料最终获得的产品含有较粗的粒状 Si_3N_4 晶粒，使强度下降。但是耐热冲击性随 β 含量增大而增大。热压烧结得到的产品比反应烧结得到的产品密度高，性能好。

④赛纶(Silon)陶瓷材料。

在 Si_3N_4 中添加 Al_2O_3 构成 Si-Al-O-N 系统的新型陶瓷材料，称为赛纶陶瓷材料。这类材料可用常压烧结方法获得接近热压法 Si_3N_4 材料的性能，因此近年来发展很快。

反应烧结赛纶制品的工艺是将 Si_3N_4 粉与适量 Al_2O_3 粉及 AlN 粉共同混合，成形之后，在 1 700 ℃的氮气气氛中烧结。烧成后坯体中由$(Si,Al)(O,N)_4$ 四面体和硅氧四面体互相联结，形成主晶相。

常压烧结赛纶陶瓷材料的性能普遍优于反应烧结 Si_3N_4 陶瓷材料的性能，对于要求特别高的也可采用热压成形烧结法。

随着 Si-Al-O-N 系统理论与应用研究的发展，近年来又开始对添加其他金属或金属氧化物的五元、六元系统的研究。经过改性得到的新陶瓷材料，仍然称为赛纶材料，常温抗弯强度可达 1 380 MPa，为目前所知强度最高的一种陶瓷材料。

(2)金属陶瓷的制备技术

金属陶瓷是一种由金属或合金同陶瓷所组成的非均质复合材料，金属陶瓷性能是金属与陶瓷二者性能的综合，故起到了取长补短的作用。

金属陶瓷中的陶瓷相通常由高级耐火氧化物(如 Al_2O_3，ZrO_2 等)和难熔化合物(TiC，SiC，TiB_2，ZrB，Si_3N_4，TiN_3 等)组成。作为金属相的原料为纯金属粉末，如 Ti、Cr、Ni、Co 等或它们的合金。

现以硬质合金(以碳化物如 WC、TiC、TaC 等为基的金属陶瓷)为例，介绍金属陶瓷的一般生产工艺。

①粉末的制备。硬质合金粉末的制备，主要是把各种金属氧化物制成金属或金属碳化物的粉末。

②混合料制备。制备混合料的目的，在于使碳化物和黏结金属粉末混合均匀，并且把它们进一步磨细。这对硬质合金成品的性能有很大影响。

③成形。金属陶瓷制品的成形方法有干压、注浆、挤压、等静压、热压等方法。

④烧成。金属陶瓷在空气中烧成往往会氧化或分解，所以必须根据坯料性质及成品质量控制炉内气氛，使炉内气氛保持真空或处于还原气氛。

3. 工程陶瓷材料的应用实例

由于陶瓷本身具有特殊的力学性能以及热、光、电、磁等物理性能，因此它在工程上得到了愈来愈广泛的应用。近20年来随着电子技术、计算机技术、能源开发和空间技术的飞速发展，新型陶瓷（特殊陶瓷）的应用日益受到人们的重视。与天然的岩石、矿物和黏土作原料的传统陶瓷不同，新型陶瓷以人工合成的氧化物和非氧化物为原料。这些原材料的化学成分可以人为地加以控制，因此它们可以具有不同于天然材料制品的新的化学组成和各种新的功能。除此以外，许多新型陶瓷产品的形状已能精确地控制，除传统烧结体外，还可制成单晶、薄膜、纤维等，因而大大扩大了陶瓷材料的应用范围。

(1)发动机用高温高强度陶瓷材料

目前采用的镍基汽轮机叶片高温材料，使用温度已可高达1 050 ℃，但最高不能高于1 100 ℃。而Si_3N_4和SiC等陶瓷材料，由于具有良好的高温强度，并具有比氧化物低得多的热膨胀系数、较高的导热系数和较好的抗冲击韧性，极有希望成为使用温度高达1 200 ℃以上的新型高温高强度结构材料。

用这种新型陶瓷高温材料制成的发动机具有以下优点：

①由于工作温度的提高，发动机的效率可大大提高。例如，若工作温度由1 100 ℃提高到1 370 ℃，发动机效率可提高30%。

②由于燃烧温度的提高，燃料得到充分的燃烧，排放的废气中污染成分大幅度下降，不仅降低了能源消耗，并且减小了环境污染。

③陶瓷材料与金属材料相比，具有低的热传导性，这使发动机内的热量不易散逸，节省了能源的消耗。

④陶瓷材料在高温下具有高的高温强度和热稳定性，因此可以期望使用寿命会有所延长。

(2)超硬工模具陶瓷材料

①硬质合金。世界上最硬的物质金刚石因作为宝石而享有盛名，在工业上它也是重要的工具材料之一。图9-5示意地对比了各种工具材料的使用量、性能和价格。可以看出，工具材料按高碳钢、高速钢、超硬合金（硬质合金）、金刚石的顺序，硬度、耐磨性和价格依次递增，而韧性依次递减。

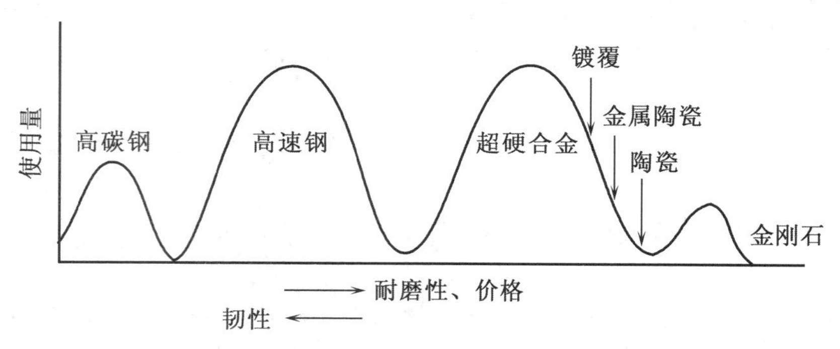

图9-5　各种工具材料的使用量、性能和价格的对比

②陶瓷刀具材料。陶瓷刀具材料主要有纯Al_2O_3系和含有30%左右的TiC（或其他金属碳化物）的Al_2O_3+TiC系两种。添加TiC，可以提高韧性。由于陶瓷材料的脆性大，开始只用它来高

速切削铸铁。但后来发现,对许多高硬难加工材料(如淬火钢、冷硬铸铁、钢结硬质合金等)的加工,以及高速切削、加热切削等加工,由于切削刀具刃部温度很高,不用陶瓷刀具已无法切削。另一方面,由于陶瓷刀具的材质也在不断提高,因此陶瓷刀具材料的应用范围不断扩大。

(3)超高压合成材料

①人造金刚石。人造金刚石一般由静水超高压高温合成法与冲击超高压高温合成法两种方法制成。静水压合成法以熔解的 Ni、Co、Fe、Mn 等金属及其合金作为触媒,在 50～60 kPa,1 300～1 600 ℃的高温高压条件下,使石墨转变成金刚石。触媒金属和石墨分别做成薄片状交替叠放,或使颗粒均匀混合,反应后生成金刚石。未转变的石墨、触媒金属等混合物,再经化学处理,便可提出合成的人造金刚石。

冲击压力法用火药爆炸产生高压,压力可达 40 GPa,比静水压高得多。在石墨向金刚石转变的过程中,不需要触媒。图 9-6 表示了它的示意装置。但由于冲击高压的瞬间性,晶粒不能长大,只能形成微细的粉末。

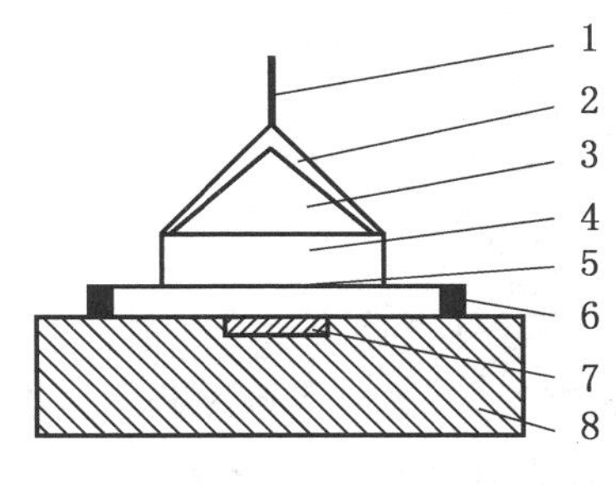

图 9-6　金刚石合成装置示意图

1. 电雷管　2. 高速炸药　3. 低速炸药　4. 炸药块　5. 冲击铁板　6. 支持台(木)　7. 石墨块　8. 冲击吸收铁板

②高压相型氮化硼(BN)。氮化硼又称白色的石墨,其晶体结构和润滑性与石墨相似。与石墨在高压高温下转变为金刚石类似,低压型的六方晶型氮化硼在高压高温下也会转变成立方晶型的氮化硼。这种立方结构的 BN 虽然在某些方面具有与金刚石类似的性质,但其硬度低于金刚石。由于 BN 在高温下与钢铁不易反应,所以对钢铁的切削与磨削性能优于金刚石。这种 BN 也可用冲击波合成法获得极细的粉末。

利用人造金刚石和高压相氮化硼的细微粉末进行成形烧结,便可获得性能极其优良的超硬工模具材料。现已做成商品高速切削刀具和拔丝模具等。

(4)透明陶瓷

传统光学材料是玻璃。随着电子学和光电子学的发展,需要一些新型光学材料。这些材料除能透过可见光外,还能透过其他频率的光,如红外光,能远距离进行光传播而光损耗极小,材料本身不仅是光的通路且具备光的调制、偏转等功能,除具备优良光学性能外,还具有耐热性能好、膨胀小、不老化等特点。透明 Al_2O_3 是一种新型光学陶瓷材料。

在 Al_2O_3 中加入适量 MgO,烧结时形成 $MgO \cdot Al_2O_3$ 尖晶石相。在 Al_2O_3 晶界表面析出,促进晶界衰退。MgO 在高温下比较容易蒸发,能防止形成封闭气孔。同时在烧结过程中晶界气孔增多,限制了晶粒长大。这样得到透明的 Al_2O_3。MgO 添加量的最佳范围为 0.1%～0.5%。添加过量会出现第二相,反而降低材料的透光性。

透明 Al_2O_3 的化学稳定性比不透明的 Al_2O_3 更好，耐强碱和氢氟酸腐蚀，可熔制玻璃。某些场合可代替铂坩埚。由于能透过红外光，所以可用作红外检测窗材料和钠光灯管材料。

其他透明氧化物陶瓷如透明 MgO 和透明 Y_2O_3 的透明度和熔融温度比透明 Al_2O_3 高，是高温测视孔、红外检测窗和红外元件的良好材料，可做高温透镜、放电灯管。透明 MgO 陶瓷坩埚用于碱性料的高温熔炼，也适用于电子工业和航天技术中。

9.2 水泥加工工艺

水泥是一种粉状的水硬性无机胶凝材料，加水搅拌后成浆体，能在空气中硬化或者在水中更好地硬化，并能把砂、石等材料牢固地胶结在一起。长期以来，水泥作为一种重要的胶凝材料，特别适用于制造混凝土，广泛应用于土木建筑和水利工程等。

9.2.1 水泥的主要原料

1. 水泥的种类

水泥按用途及性能可分为以下几类：

(1)通用水泥。用于一般土木建筑工程，主要指各种硅酸盐水泥。

(2)专用水泥。专门用途的水泥，如油井水泥、道路硅酸盐水泥。

(3)特性水泥。某种性能比较突出的水泥，如快硬硅酸盐水泥、低热矿渣硅酸盐水泥、膨胀硫铝酸盐水泥、磷铝酸盐水泥和磷酸盐水泥等。

2. 水泥的主要原料

生产硅酸盐水泥首先要煅烧出硅酸盐水泥熟料，然后再用熟料磨制成水泥，所以硅酸盐水泥的原料应分为煅烧熟料所需的原料和磨制水泥所需的原料。

(1) 生产熟料用的原料

①生料。多用石灰石质原料和黏土质原料进行混合，必要时加入少量硅质或铁质校正原料，调整混合生料的化学成分。

水泥生料中碳酸钙 $CaCO_3$ 的含量在 72%～80%之间。按 $CaCO_3$ 含量将原料排列如下：纯石灰石>95%，泥灰岩质石灰石 85%～95%，石灰质泥灰岩 50%～85%，泥灰岩 30%～70%，黏土质泥灰岩 15%～30%，泥灰岩质黏土 5%～15%，黏土<5%。

纯石灰石、泥灰岩质石灰石和石灰质泥灰岩用以引入 Ca 即 $CaCO_3$，黏土、泥灰岩质黏土和粘土质泥灰岩用以引入 SiO_2、Al_2O_3 和 Fe_2O_3。

配料时最好选用与熟料化学成分相接近的原料，如石灰质泥灰岩，因为它已混入一些黏土质组分，结晶细小，分布均匀，易烧性好。最不利的是用纯的石灰石和纯的黏土混合配料，易烧性不好。

为了调整生料化学成分，有时还加入少量砂岩、硫铁矿渣、铁矿等作为校正原料。除天然原料外还可以使用工业废渣，如高炉矿渣、煤矸石、粉煤灰、金属尾矿等作为黏土质原料。今后的发展趋势也是尽可能利用泥灰岩类天然原料和工业废渣作主要原料，高质量的石灰石作为校正原料来生产水泥熟料。

②燃料。受工艺条件的限制，在立窑上只能烧固体燃料，并以无烟煤、焦炭之类含挥发成分低的燃料为好；对回转窑来说，烟煤、无烟煤以及各种可燃性废料都可以使用。

(2)生产水泥的原料

硅酸盐水泥是由在熟料中加入适量的石膏共同磨细而成，有些品种的水泥还允许加入一定量的混合材。混合材组分在水泥含量≥6%的为主要组分，≤5%的为次要组分或填充料，即水泥的组成应为主要组分、次要组分、石膏和外加剂。

①硅酸盐水泥熟料。熟料要求将适当成分的生料烧至部分熔融，要以硅酸钙为主要成分。欧洲标准还要求硅酸钙(C_3S+C_2S)含量应≥2/3，CaO/SiO_2 重量比≥2.0，并对生料的制备也提出一些原则要求，这些对保证混凝土质量很有益处。对铝酸盐水泥、硫铝酸盐水泥、氟铝酸盐水泥和铁铝酸盐水泥的熟料也都有相应质量要求。

②混合材。在水泥中除熟料和石膏以外的组分都称为混合材，用来改善水泥性能及调节水泥标号。常用粒化高炉矿渣、粉煤灰、火山灰质混合材、石灰石、粒化电炉磷渣和冶金工业的各种熔渣。对这些材料都有一定的质量要求和掺加量限定，今后的发展趋势是加大工业废渣的掺加量，减少熟料使用量。

③石膏。石膏又称缓凝剂，用来调节水泥的凝结时间。常用天然石膏矿，主要成分为二水硫酸钙 $CaSO_4 \cdot 2H_2O$，或者天然硬石膏，主要成分为无水硫酸钙 $CaSO_4$。另外也有半水石膏 $CaSO_4 \cdot 1/2H_2O$ 及它们的混合物等。石膏的用量约为5%。

④外加剂。主要是助磨剂，不超过水泥重量1%。外加剂不应损害水泥和混凝土的其他性能，所以应慎重使用，以加在水泥中为好，以免与混凝土的外加剂相抵触。

⑤超细掺加料。细粉掺加料能显著提高水泥混凝土的强度和改善其他性能，常用的是硅灰，细度为水泥细度的50～100倍。近来又发展使用磨细矿渣以及磨细熟料，超细磨使比面积达到9 000～20 000cm^2/g，平均粒径13～6μm。微细粉能明显提高水泥及混凝土强度，尤其是早期强度，并能改善水泥砂浆的可加工性，提高混凝土的密实性、抗渗性、抗蚀性、耐久性，这种微细粉可以加到水泥中，也可以在施工时加到混凝土中，我国目前比较重视的是用磨细矿渣掺到水泥中，改善水泥性能。

9.2.2 水泥生产工艺

1.熟料制备过程

硅酸盐水泥熟料是由石灰石组分和黏土组分经高温煅烧相互化合而成的，其主要反应过程如下：

20～150℃，烘干原料附着水分，湿法生产在这一段消耗了大量热量。

150～600℃，高岭土脱去吸附的水分和结晶水。

600～900℃，高岭土分解，同时形成一些初级矿物，如CA，C_2F，C_2S 和 $C_{12}A_7$。

850～1 100℃，$CaCO_3$ 分解，吸热反应需要热量最多。C_3A 和 C_4AF 也在这时开始形成。

1 100～1 200℃，C_3A 和 C_4AF 主要在这一温度区内形成，C_2S 量达到最大值。

1 260～1 310℃，形成熟料液相。

1 250～1 450℃，C_2S 吸收 CaO 形成 C_3S，最终烧成熟料。

所以煅烧温度一般都要达到 1 450℃以上，并保温停留一定时间才能烧出合格熟料。

2. 水泥生产方法

水泥的生产工艺简单讲便是两磨一烧，即原料要经过采掘、破碎、磨细和混匀制成生料，生料经 1 450℃高温烧成熟料，熟料再经破碎，并与石膏及混合材一起磨细成为水泥。

由于生料制备有干湿之别，所以将生产方法分为湿法、半干法和干法 3 种。

(1)湿法工艺。将生料制成含水 32%～36%的料浆，在回转窑内烘干并烧成熟料。湿法制备料浆，粉磨能耗较低，料浆容易混匀，生料成分稳定，有利于烧出高质量的熟料。但球磨机易磨件的钢材消耗大，回转窑的熟料单位热耗比干法窑高，熟料出窑温度较低，不宜烧高硅酸率和高铝氧率的熟料。

(2)半干法工艺。将生料粉加 10%～15%水制成料球入窑煅烧，采用带炉篦子加热机的回转窑又称立波尔窑和立窑生产。亦可将湿法制备的料浆用机械方法压滤脱水，制成含水 19%左右的泥段再入立波尔窑煅烧，称为半湿法生产。半干法入窑物料的含水率降低了，熟料单位热耗比湿法低。用炉篦子加热机代替部分回转窑烘干料球，效率较高。但半干法要求生料有一定的塑性，以便成球，使它的应用受到一定限制，加热机机械故障多，在我国一般煅烧温度较低，不宜烧高质量的熟料。

立窑属半干法生产，是水泥工业应用最早的煅烧窑，从 19 世纪中期开始由石灰立窑演变而来，到 1910 年发展成为机械化立窑。立窑生产规模小，设备简单，投资相对较低，对水泥市场需求比较小的、交通不方便、工业技术水平相对较低的地区最为适用。用立窑生产水泥热耗与电耗都比较低，我国是世界上立窑最多的国家，立窑生产技术水平较高。但是，立窑由于其自身的工艺特点，熟料煅烧不均匀、不宜烧高硅酸率和高饱和比的熟料，窑的生产能力太小，日产熟料量很难超过 300 t，从目前的技术水平来看也难以实现高水平的现代化。

(3)干法工艺。将生料粉直接送入窑内煅烧，含水率一般仅 1%～2%，省去了烘干生料所需的大量热量。以前干法生产用中空回转窑，传热效率低，生料粉不易混匀，后来出现生料粉空气搅拌技术和悬浮预热技术，以及预分解和预均化等生料质量控制技术，现在干法生产完全可以制备出质量均匀的生料，新型的预分解窑已将生料粉的预热和碳酸盐分解都移到窑外在悬浮状态下进行，热效率高，减轻了回转窑的负荷，使窑的生产能力得以扩大。现在将悬浮预热和预分解窑统称为新型干法窑，或新型干法生产线，是今后的发展方向。

9.3 玻璃加工工艺

玻璃是一种透明的固体物质，在熔融时形成连续网络结构，冷却过程中黏度逐渐增大并硬化而不结晶的硅酸盐类非金属材料。

9.3.1　玻璃的概念

1.玻璃的组成与分类

(1)玻璃的组成。普通玻璃化学组成($Na_2O \cdot CaO \cdot 6SiO_2$),主要成分是二氧化硅。

(2)玻璃的种类。玻璃可简单地分为平板玻璃和特种玻璃。

①平板玻璃。按生产方法,平板玻璃主要分为三种:即引上法平板玻璃(分有槽/无槽两种)、平拉法平板玻璃和浮法玻璃。由于浮法玻璃厚度均匀、上下表面平整平行,再加上劳动生产率高及利于管理等方面的因素影响,浮法玻璃正成为玻璃制造方式的主流。

②特种玻璃。特种玻璃品种众多,包括钢化玻璃、磨砂玻璃、夹层玻璃和防弹玻璃等,具有特殊的性能和用途。

2.玻璃的应用

玻璃的用途主要有以下三个方面。

(1)建筑用玻璃。玻璃广泛应用于建筑物,用来隔风透光。

(2)汽车玻璃。用于各种车辆,近年用量增加较为迅速。

(3)光伏玻璃。目前我国太阳能玻璃生产线达到50条,年有效产能约15 000万平方米。

9.3.2　玻璃生产工艺

玻璃的生产工艺包括配料、熔制、成形、退火等工序。

1.配料

玻璃的配料是指按照设计好的料单,将各种原料称量后在一混料机内混合均匀。

玻璃的主要原料有:石英砂、石灰石、长石、纯碱、硼酸等。长石是长石族矿物的总称,是大陆地壳最常见的矿物之一。它是一类常见的含钙、钠和钾的铝硅酸盐类造岩矿物。长石在地壳中比例高达60%,在火成岩、变质岩、沉积岩中都可出现。

2.熔制

将配好的原料经过高温加热,形成均匀的无气泡的玻璃液。这是一个很复杂的物理、化学反应过程。玻璃的熔制在熔窑内进行。熔窑主要有两种类型:一种是坩埚窑,玻璃料盛在坩埚内,在坩埚外面加热。小的坩埚窑只放一个坩埚,大的可多到20个坩埚。坩埚窑是间隙式生产的,现在仅有光学玻璃和颜色玻璃采用坩埚窑生产。另一种是池窑,玻璃料在窑池内熔制,明火在玻璃液面上部加热。

玻璃的熔制温度大多在1 300～1 600℃。大多数用火焰加热,也有少量用电流加热的,称为电熔窑。现在,池窑都是连续生产的,小的池窑可以是几米,大的可以达到400多米。

3.成形

成形是为了将熔制好的玻璃液转变成具有固定形状的固体制品。成形必须在一定温度范围内才能进行，这是一个冷却过程，玻璃首先由黏性液态转变为可塑态，再转变成脆性固态。成形方法可分为人工成形和机械成形两大类。

(1)人工成形。包括以下方法：

①吹制。用一根镍铬合金吹管，挑一团玻璃在模具中边转边吹。主要用来成形玻璃泡、瓶、球(划眼镜片用)等。

②拉制。在吹成小泡后，另一工人用顶盘粘住，二人边吹边拉，主要用来制造玻璃管或棒。

③压制。挑一团玻璃，用剪刀剪下使它掉入凹模中，再用凸模一压。主要用来成形杯、盘等。

④自由成形。挑料后用钳子、剪刀、镊子等工具直接制成工艺品。

(2)机械成形。因为劳动强度大，除自由成形外，人工成形大部分已被机械成形所取代。机械成形除了压制、吹制、拉制外，还有以下方法：

①压延法。用来生产厚的平板玻璃、刻花玻璃、夹金属丝玻璃等。

②浇铸法。类似金属材料的铸造工艺，用来生产光学玻璃。

③离心浇铸法。用于制造大直径的玻璃管、器皿和大容量的反应锅。这是将玻璃熔体注入高速旋转的模子中，由于离心力使玻璃紧贴到模子壁上，旋转继续进行直到玻璃硬化为止。

④烧结法。用于生产泡沫玻璃。它是在玻璃粉末中加入发泡剂，在有盖的金属模具中加热，玻璃在加热过程中形成很多闭口气泡，这是一种很好的绝热、隔音材料。

⑤平板玻璃的成形。有垂直引上法、平拉法和浮法。浮法是让玻璃液流漂浮在熔融金属(锡)表面上形成平板玻璃的方法，其主要优点是玻璃质量高(平整、光洁)，拉引速度快，产量大。

4. 退火

玻璃在成形过程中经受了激烈的温度变化和形状变化，这种变化在玻璃中留下了热应力。这种热应力会降低玻璃制品的强度和热稳定性。如果直接冷却，很可能在冷却过程中或以后的存放、运输和使用过程中自行破裂(俗称玻璃的冷爆)。为了消除冷爆现象，玻璃制品在成形后必须进行退火。退火就是在某一温度范围内保温或缓慢降温一段时间以消除或减少玻璃中热应力到允许值。

5. 淬火

与退火消除永久热应力相反，玻璃的淬火是通过热处理在玻璃表面造成压应力以提高玻璃的强度。玻璃制品加热到接近软化温度后立即用空气或油等冷却介质骤冷，可以有控制地使玻璃制品的表层产生具有均匀的永久压应力，这一压应力可以抵消外力作用于玻璃制品引起破坏的张应力，使制品强度提高4～5倍，成为钢化玻璃制品。化学钢化玻璃是通过改变玻璃的表面的化学组成来提高玻璃的强度，一般是应用离子交换法进行钢化。其方法是将含有碱金属离子的硅酸盐玻璃，浸入到熔融状态的锂盐中，使玻璃表层的 Na^+ 或 K^+ 离子与 Li^+ 离子发生交换，表面形成 Li^+ 离子交换层，由于 Li^+ 的膨胀系数小于 Na^+、K^+ 离子，从而在冷却过程中造成外层收缩较小而内层收缩较大，当冷却到常温后，玻璃便同样处于内层受拉，外层受压的状态，其效果类似于物理钢化玻璃。

参考文献

1. 张云洪. 陶瓷工艺技术. 化学工业出版社，2006
2. 周张健. 无机非金属材料工艺学. 中国轻工业出版社，2010
3. 戴克思(S. Deckers). 水泥制造工艺技术. 中国建材工业出版社，2007
4. 张锐，许红亮，王海龙. 玻璃工艺学. 化学工业出版社，2008

思考题

1. 无机非金属材料有哪几类？其基本特性是什么？
2. 传统陶瓷所使用的原料有哪些？各起什么作用？
3. 试解释生料、熟料、水泥和混凝土的概念、特点和用途。

第十章　高分子材料工艺

10.1　高分子材料合成工艺

高分子材料是指以高聚物为主并加入多种添加剂形成的材料。按其用途，可分为塑料、合成橡胶、合成纤维、胶粘剂等；按其热行为，可分为热塑性与热固性两大类。

所谓高分子是指分子量特别大的有机化合物，它是相对低分子而言的。一般把分子量小于500的物质称为低分子化合物，简称化合物。分子量大于1 000的物质称为高分子化合物。一些常见高分子材料的分子量也是很大的，聚乙烯分子量可从几万至百万以上。聚氯乙烯则为2万～16万，橡胶为10万左右。

高分子化合物与人类的关系非常密切。如我们食用的淀粉就是天然高分子化合物，它的分子是由大约1 000个葡萄糖单元组成的大分子，分子量约为20万左右；我们穿的棉纤维也是由特别长的大分子链组成的高分子化合物，每个长链大约是由10 000个葡萄糖单元连接而成，分子量约为100万左右；组成人类自身肌体的蛋白质也是高分子化合物。

不同的蛋白质都是由相同的基本结构单元氨基酸以不同的连接方式组成的，如胰岛素的分子量为6 000，而某些复杂酶的分子量要大于100万。高聚物虽然分子量很大、结构复杂，但组成高聚物的大分子链却是由一种或几种简单的低分子有机化合物重复连接而成的，就像一根链条是由众多链环连接在一起一样。如聚乙烯是由许多乙烯小分子($CH_2=CH_2$)打开双键连接成许多大分子链组成的。可以写成下面的化学方程式：

$$n\underbrace{(CH_2=CH_2)}_{\text{单体}}\xrightarrow{\text{聚合反应}}\underbrace{\left[CH_2-CH_2\right]}_{\text{链节}}{}_n \quad \uparrow\text{聚合度}$$

10.1.1　概述

1. 常用的名词介绍

(1)单体

凡是可以聚合成大分子链的低分子有机化合物称之为单体。

如聚乙烯的单体是乙烯($CH_2=CH_2$),聚丙烯的单体是丙烯($CH_2=CHCH_3$)。单体是人工合成高聚物的原料。并不是所有的低分子有机化合物都可以作为单体来合成高分子材料的。

(2)链节

大分子链中的重复结构单元称之为链节。

如聚乙烯的链节为$\left[CH_2-CH_2\right]$。

(3)聚合度

组成大分子链的链节的数目(n)称为聚合度。大分子链的分子量是链节分子量和聚合度的乘积。

高分子材料也可以由两种或两种以上单体以不同的连接方式和顺序组成。著名的工程塑料ABS就是由丙烯腈、丁二烯、苯乙烯三种单体组成的高分子材料。

不同单体组成的高分子材料性能不同。如聚苯乙烯硬而脆,可做肥皂盆、汽车尾灯盖等;而聚乙烯既可做肥皂盒,也可做成薄膜做包装材料。

相同单体组成的高分子材料由于分子量大小不同或链节连接方式不同,其性能也不同。如超高分子量聚乙烯(大于100万)变得硬而韧,可做纺梭。又如淀粉和纤维的单体都是单糖,由于纤维分子量比淀粉大得多,且两者分子链形状也不完全相同,所以两者性能不同。人可以消化淀粉,消化过程是淀粉在人体内酸和某种酶的作用下,将大分子链打开生成葡萄糖再通过氧化葡萄糖变为人体所需要的能量。但是人不能消化纤维,纤维的分子链只有在某些食草类动物体中才能转化为葡萄糖。

大分子链的组成、结构、聚集状态和低分子不同,这种差别导致了高分子材料的一系列特异性能,如高弹性等。

2. 高分子材料的发展历史

虽然高分子材料与人类有着极为密切的关系,但是人类对高聚物本质的了解却要比其他材料晚得多。上世纪末,人们已经可以用苯酚和甲醛制成酚醛树脂(电木),但由于错误地把高分子材料划入胶体化学范畴,高分子的发展因此受到很大的阻碍。直至1920年德国学者斯托丁格尔(H. Staudingerr)提出了大分子链学说,并成功地解释了高分子材料结构和性能之间的关系以后,高分子的人工合成和广泛应用才逐步发展起来。

必须指出的是,大分子链学说提出后曾遭到学术界不少人的强烈反对,直到1950年大分子链学说才获得学术界的最后确认,斯托丁格尔也因此荣获了诺贝尔奖。在大分子链学说理论的指导下,人工合成高分子材料在短短的几十年中,像雨后春笋般接连不断地被研制出来。1938年第一双人造尼龙袜问世,曾引起社会上不小的轰动;著名的工程塑料ABS用来制作汽车方向盘一类的机器零件;被称为“塑料王”的聚四氟乙烯研制成功,可在“王水”中煮沸而不被腐蚀,耐磨性能也极好;有机硅特种橡胶的出现使橡胶使用温度扩大到从低温-100 ℃至高温 300 ℃范围内。

从表 10-1 可看出塑料生产量的发展趋势。

表 10-1 塑料生产量的发展趋势

年代(年)	1910	1930	1940	1950	1960	1970
产量(万吨)	1	10	35	150	690	3 000

高分子材料发展这样快的原因是:

(1)大分子链学说引导人们正确地认识了高聚物的本质。

(2)人工合成高分子材料所用原料十分丰富,如煤、石油、天然气等。

(3)人工合成高分子材料的生产过程不受自然条件的制约。如生产 1 000 t 天然橡胶,需要大约 5 000 人在数千亩土地上种植大量的橡胶树才行。而生产 1 000 t 合成橡胶只需几十人,在工厂内就可完成。

(4)高分子材料具有许多特异性能,如高弹性、绝缘、耐腐蚀、比重小、易加工成形等,可满足人类生产和生活的各种要求。这点是高分子材料大发展的巨大动力。

目前,高分子材料的发展方向是:性能上要提高强度、刚度和耐热性,品质和寿命上要提高抗老化能力,在生产和使用过程中要很好解决环境污染、保持生态平衡等问题。

3. 高分子材料的分类和命名

高分子分为生物高分子和非生物高分子两大类。按其来源又分为天然高分子和人工合成高分子。非生物高分子材料根据不同要求有以下分类方法。

(1)按化学组成分类

①碳链高分子:即大分子主链全部由碳原子键合而成。

②杂链高分子:大分子主链中除碳原子外,还有 O、N、S 等其他原子。

③元素有机高分子:大分子主链上还有 Si、Al、Ti、B 等元素。

(2)按分子链的几何形状分类

可分为线型高分子[见图 10-1(a)]、支链高分子[见图 10-1(b)]和体型网状高分子[见图 10-1(c)]这 3 种类型。

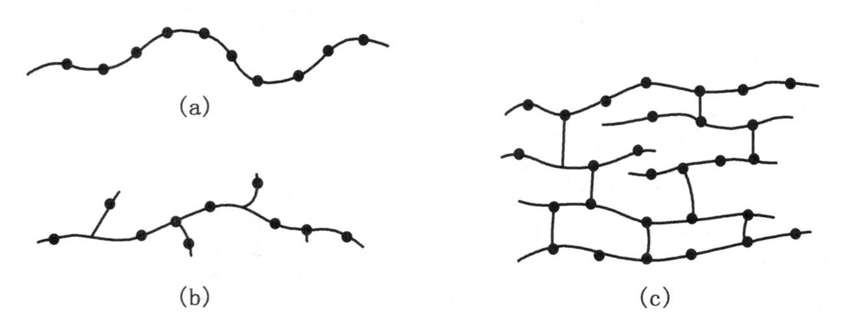

图 10-1 分子链的几何形状示意图
(a)线型高分子 (b)支链高分子 (c)体型网状高分子

(3)按合成反应分类

可分为加聚聚合物(其中又分为均聚物和共聚物)和缩聚聚合物。所以高分子化合物常称为高聚物或聚合物。高分子材料又称为高聚物材料。

(4)按高聚物的热行为及成形工艺特点分类

可分为热塑性高聚物和热固性高聚物两种。

①热塑性高聚物是指那些在熔融状态下,可塑化成某种形状,待冷却后定型,再重新加热又可塑化并形成新的形状而不会引起严重的分子链断裂,性能也没有显著变化的高聚物。上述加热熔融、冷却固化的过程可反复进行。可方便地对这类高聚物的碎屑进行再加工。聚乙烯、聚氯乙烯、聚酰胺(尼龙)等都是这种热塑性高分子材料。

②热固性高聚物是指那些经加热、加工成形后,不能再熔融或再成形,若继续加压、加热将导致大分子链的破坏的高聚物。酚醛树脂(电木)、环氧树脂等均属此类高分子材料。它们很像水泥的混合和变化。

(5)高分子材料的命名

高分子材料的命名方法和名称比较复杂,有些名称是专用词,如纤维素、淀粉、蛋白质等。有许多是商品名称,不胜枚举。高分子学科采用的命名方法和有机化学中各类物质的名称有密切的关系。

对于加聚物通常在其单体原料名称前加一个“聚”字即为高聚物名称,乙烯加聚反应生成聚乙烯,氯乙烯加聚反应生成聚氯乙烯。对缩聚反应和共聚反应生成的高分子,在单体名称后加“树脂”或“橡胶”,如酚醛树脂。有些高聚物名称是在其链节名称前加一个“聚”字,如聚己二酰己二胺(尼龙-66)。一些组成和结构复杂的高聚物常用其商品名称,如有机玻璃(聚甲基丙烯酸甲酯)、涤纶(聚对苯二甲酸乙二醇酯)等。

10.1.2　高聚物的结构

高聚物和金属、陶瓷等材料一样,它们的各种性能都是由不同的化学组成和组织结构决定的。只有从不同的微观层次上正确地了解高聚物的组成和组织结构特征以及性能(包括使用性能和工艺性能)间的关系,才能合理地选用高聚物材料。

1.高分子材料的组织结构

高分子材料的组织结构要比金属复杂得多,其主要特点是:

(1)大分子链是由众多(10^3～10^5 数量级)简单结构单元重复连接而成的,链的长度是其直径的 10^4 倍。

(2)大分子链具有柔性,可弯曲。

(3)大分子链间以分子键(范德华力)结合在一起,或通过链间化学键交联在一起,范氏力和交联情况对性能有很大影响。

(4)高聚物中大分子链聚集态结构有晶态(长程有序结构)和非晶态等。

2. 塑料、橡胶、纤维三大合成材料的特性

高分子合成材料作为高分子材料的主体，品种繁多且性能差异大，人们对它的认识远不如对金属材料那么熟悉。这对于人们正确使用高分子材料是不利的。下面分别对塑料、橡胶、纤维三大合成材料的区别与联系进行简要介绍。

(1)塑料。按高分子化学和加工条件下的流变性能，可分为热塑性和热固性塑料。热塑性塑料是指在特定温度范围内具有可反复加热软化、冷却硬化特性的塑料品种。热固性塑料是指在特定温度下加热或通过加入固化剂发生交联反应，变成不溶、不熔塑料制品的塑料品种。

按性能和用途可分为通用塑料、工程塑料和特种塑料。通用塑料的价格便宜，大量用在包装、农用等方面，聚乙烯、聚丙烯、聚氯乙烯、聚苯乙烯、酚醛树脂等都属于通用塑料。

工程塑料具有相当好的强度和刚度，所以被用作结构材料、机械零件、高强度绝缘材料等。如聚甲醛、聚碳酸酯、尼龙、酚醛树脂等。其中，聚乙烯是世界塑料品种中产量最大的品种，其应用量也最大，约占世界塑料总产量的1/3，目前聚乙烯的产量已达到3 000多万吨，其价格便宜，容易成形加工，性能优良，发展速度很快。在我国，聚氯乙烯的产量仅次于聚乙烯塑料，其阻燃性优于聚乙烯、聚丙烯等塑料，可用于建筑材料，如管材、门窗、装饰材料等。

特种塑料具有耐热、自润滑等特异性能。

(2)合成橡胶。合成橡胶可分成通用合成橡胶和特种合成橡胶。通用橡胶主要有丁苯橡胶、J-二烯橡胶、丁酯橡胶等，用于制造软管、轮胎、密封件、传送带等。特种橡胶主要有聚氨酯橡胶、硅橡胶等，广泛用作实心车胎、轮胎、汽车缓冲器及密封材料等。

(3)合成纤维。合成纤维中以聚酯、锦纶、聚丙烯酯三种产量最大，它们主要用于纺织品和编织物等。

塑料、橡胶、纤维三类聚合物的界限很难严格划分。例如聚氯乙烯是典型的塑料，但也可抽成纤维；如氯纶配入适量增塑剂，可制成类似橡胶的软制品；又如尼龙、涤纶是很好的纤维材料，但也可作为工程塑料。

三大合成材料在性能方面各有其不同特点。

橡胶的特性是在室温下弹性高，弹性模量小，$E=10^5\sim10^6\ N/m^2$，即在很小的外力作用下能产生很大的变形(可达1 000%)，外力去除后能迅速恢复原状。

合成纤维的弹性模量较大，$E=10^9\sim10^{10}\ N/m^2$，受力时变形较小，一般只有百分之几到百分之二十。在较广的温度范围内(−50～150 ℃)，机械性能变化不大。

塑料的弹性模数、黏度和延展性都与温度有直接的关系。温度对高分子材料性能影响较大。例如，在室温下，塑料的柔性远比橡胶类要小，但当把塑料加热到一定温度时，塑料也表现出如橡胶一样的柔性。在−70 ℃以下的聚丁二烯，就失去了橡胶的那种柔性了。

10.1.3 高分子材料的制备

常用的高分子材料制备的全过程包括高聚物的聚合和加工成形两个主要阶段。

从聚合反应制取的高分子聚合物产物，常以坯块、粉体或溶液形式储备，待深加工，也可以直接成形为板材。

1. 高分子聚合反应

由低分子单体合成聚合物的反应称作聚合反应。

(1)聚合反应的原料

①单体。单体是高分子聚合的原料。对于连锁聚合,单体大致可以分为三类:一是含有碳-碳双键的烯类单体,包括护烯类、共轭双烯烃、炔烃。二是羟基化合物,如甲醛、乙醛及酮类等。第三类是杂环化合物,如碳-氧环、碳-氮环等。

工业上常见的单体,对于连锁聚合有乙烯、苯乙烯、氯乙烯、丙烯酸酯等。由于逐步聚合是化学官能团之间发生的反应,因此,对于逐步聚合的单体必须有可进行反应的官能团,而且这些官能团有两个以上,才能形成高分子。对于逐步聚合的单体有:合成聚酯或聚氨酯的乙二醇、合成醇酸树脂的丙三醇、合成聚碳酸酯或环氧树脂等的双酚 A 单体等。

随着石油化工的发展,单体的来源有了保证,但一些特殊烯烃仍然要人工合成,单体的合成工艺条件和技术控制相当复杂。

②引发剂。工业上自由基聚合多采用引发剂来引发。

引发剂是容易分解成自由基的化合物,其分子结构上具有弱键,在热能或辐射能的作用下,沿弱键均裂成两个自由基。引发剂分解后,只有一部分用来引发单体聚合,还有一部分引发剂损耗,引发聚合的部分与引发剂消耗总量的百分数称为引发效率。引发剂主要有偶氮类化合物和过氧化合物两类。

(2)聚合反应的类型

聚合反应有许多类型,可以从不同角度进行分类。

①按元素组成和结构变化关系分类。早期曾根据聚合物和单体元素的组成和结构的变化,按聚合过程中有无低分子物逸出,将聚合反应分成加聚反应和缩聚反应两大类。

a. 加聚反应:单体相互间加成而聚合起来的反应称为加聚反应。加聚反应过程中无低分子的逸出。加聚后的产物被称作加聚物。加聚物的元素组成与原料单体相同,仅仅是电子结构有所改变,加聚物的相对分子质量是单体相对分子质量的整数倍。烯类聚合物或碳链聚合物大多是烯类单体通过加聚反应合成的。

b. 缩聚反应:聚合反应过程中,除形成聚合物外,同时还有低分子副产物产生的反应称作缩聚反应。缩聚反应的主产物称作缩聚物。

根据单体中官能团的不同,低分子副产物可能是水、醇、氨、氯化氢等,由于低分子副产物的析出,缩聚物结构单元要比单体少若干原子,缩聚物的相对分子质量不是单体相对分子质量的整数倍。己二胺和己二酸反应生成尼龙-66 是缩聚反应的典型例子。

②按反应机理分类。根据聚合反应机理,将聚合反应分成连锁聚合反应和逐步聚合反应两大类。

a. 连锁聚合反应:用物理或化学方法产生活性中心,并且一个个向下传递的连续反应称为连锁反应。烯类单体一经引发产生了活性中心,若此活性中心有足够的能量,即能打开烯烃类单体的 π 键,连续反应生成活性链,称为连锁聚合反应。连锁聚合反应可以明显地分成相继的几步基元反应,即链引发、链增长、链终止等。各步的反应速率和活化能差别很大。连锁聚合反应中的自由基聚合,链引发缓慢,而链增长和链终止极快,结果转化率随聚合时间的延长而不断增加,反应从开始到终止产生的聚合物平均相对分子质量差别不大，体系中始终由单体和高聚物两部分组成。很少有从低相对分子质量到高相对分子质量的中间产物。

b.逐步聚合反应：绝大多数缩聚反应和合成聚氨酯的反应都属于逐步聚合反应。其特征是在由单体生成高分子聚合物的过程中，反应是逐步进行的。不像连锁反应那样明显地分出几个基元反应，其每一步的反应速率和活化能大致相同。反应初期，大部分单体很快聚合成二聚体、三聚体等低聚体，短期内转化率很高，随后，低聚体相互间继续反应，相对分子质量不断增大而得到聚合物。此时，转化率的增加变得缓慢，即单体转化率的增加是短时间的，而聚合物相对分子质量的增加是逐步的。

按机理将聚合反应分成上述两类反应颇为重要。因为涉及反应的本质，不像加聚和缩聚就有可能按照共同的规律来控制聚合速度，以及各类聚合物还可以通过化学转化进行聚合物的改性，合成具有特殊功能的高分子材料，如高分子催化剂、感光性高分子、导电性高分子、伸缩性高分子等。在高分子科学发展中，聚合物的化学转化已成为十分重要的领域。

(3)聚合反应基本原理

具有共用电子价的共价化合物，在适宜条件下，共价键可以发生均裂或异裂。发生均裂时，共价键上的一对电子均分给两个基团，它们都含有一个未成对的独电子，凡含有独电子的基团称为自由基。发生异裂时，共价键上的一对电子归某一基团所有，则此基团带有多余的电子即成为阴离子，另一基团缺少一个电子则成为阳离子，形成的自由基、阴离子、阳离子若有足够的活性，均可以打开烯类 π 键而进行自由基聚合、阴离子聚合、阳离子聚合。配位离子聚合也同属于连锁聚合反应。

2.高分子聚合方法

随着聚合实施方法的不同，产品的形态、性质和用途都有差异。在工业生产中常根据产品的要求选择适宜的聚合实施方法，对于自由基聚合的实施方法有本体聚合、溶液聚合、悬浮聚合和乳液聚合。

所谓本体聚合是仅仅单体本身加少量引发剂(甚至不加)的聚合；溶液聚合则是单体和引发剂溶于适当溶剂中的聚合；悬浮聚合一般是单体以液滴状悬浮在水中的聚合，体系主要由单体、水、引发剂、分散剂四组分组成；乳液聚合则一般是单体和水(或其他分散介质)由乳化剂配成乳液状态所进行的聚合，体系的基本组分是单体、水、引发剂和乳化剂。

上述四种实施方法是按单体和聚合介质的溶解分散情况来划分的。本体聚合和溶液聚合属均相体系，而悬浮聚合和乳液聚合则属于非均相体系。但悬浮聚合在机理上却与本体聚合相似，一个液滴就相当于一个本体聚合单元。乳液聚合则另有独特的机理。

虽然不少单体可以选用上述四种方法中的任一种进行聚合，但实际上往往根据产品性能的要求和经济效果，选用其中某种或几种方法来进行工业生产。烯类单体进行自由基聚合采用上述四种方法时的配方、聚合机理、生产特征、产品特性等比较见表10-2。

此外还有缩聚反应聚合。一般选用熔融缩聚、溶液缩聚和界面缩聚3种方法。

表 10-2　4种自由基聚合方法的比较

项目	本体聚合	溶液聚合	悬浮聚合	乳液聚合
配方主要成分	单体 引发剂	单体 引发剂 溶剂	单体 引发剂 水 分散剂	单体 水溶液引发剂 水 乳化剂
聚合场所	单体内	溶液内	液滴内	胶束内或乳胶颗粒内
聚合机理	遵循自由基聚合一般机理，提高速率的因素往往使相对分子质量降低	伴有向溶剂的链转移反应，一般相对分子质量较低，速率也较低	与本体聚合相同	能同时提高聚合速率和相对分子量
生产特性	热不容易散出，间歇生产(有些生产可连续)，设备简单，宜制板材和型材	散热容易，可连续生产，不宜制成干粉状或颗粒状树脂	散热容易，间歇生产，须有分离、洗涤、干燥等工序	散热容易，可连续生产，制成固体树脂时，需经凝聚、洗涤、干燥等工序
产物特性	聚合生产纯净，易于生产透明浅色制品，相对分子量分布较宽	一般聚合或直接使用	比较纯净，可以留有少量分散剂	留有少量乳化剂和其他助剂

(1)本体聚合

不加其他介质，只有单体本身在引发剂或催化剂、热、光、辐射的作用下进行的聚合称作本体聚合。

根据单体对聚合物的溶解情况分为均相聚合与非均相聚合两种：

①均相聚合。聚合物能够溶解于单体中的为均相聚合。聚合过程中体系黏度不断增大，最后得到透明固体聚合物。如甲基丙烯酸甲酯、苯乙烯、醋酸乙烯酯等单体的聚合都属于均相聚合反应。

②非均相聚合。单体不是聚合物的溶剂时，为非均相聚合，或称沉淀聚合，聚合过程中生成的聚合物不溶于单体而不断析出，得到不透明的白色颗粒状物。如氯乙烯、聚氯乙烯、丙烯腈等的聚合属于此类。

在本体聚合体系中，除了单体和引发剂外，有时还可能加有少量色料、增塑剂、润滑剂、相对分子质量调节剂等助剂。

自由基聚合、离子型聚合、缩聚都可选用本体聚合，气态、液态、固态单体均可进行本体聚合。其中液态单体的本体聚合最重要。聚酯、聚酰胺的生产是熔融本体缩聚的例子，丁钠橡胶的合成是阴离子本体聚合的典型。

工业上本体聚合可分为间歇法和连续法，生产中的关键问题是反应热的排除。聚合初期，转化率不高、体系黏度不大时，散热无困难，但转化率提高，体系黏度增大后，散热不容易，加上凝胶效应，放热速率提高。如散热不良，轻则造成局部过热，使相对分子质量分布变宽，最后影响聚合物的机械强度；重则温度失调，引起爆聚，绝热聚合时，体系温度升高可以超过 100 ℃。

由于这一缺点，本体聚合的工业应用受到一定限制，不如悬浮聚合和乳液聚合应用广泛。改进的办法是采用两段聚合:第一阶段保持较低的转化率,10%～40%不等,这阶段体系黏度较低,散热容易,聚合可在较大的搅拌釜中进行。第二阶段进行薄层(如板状)聚合,或以较慢的速度进行。图 10-2 为聚甲基丙烯酸甲酯的本体聚合工艺流程图。

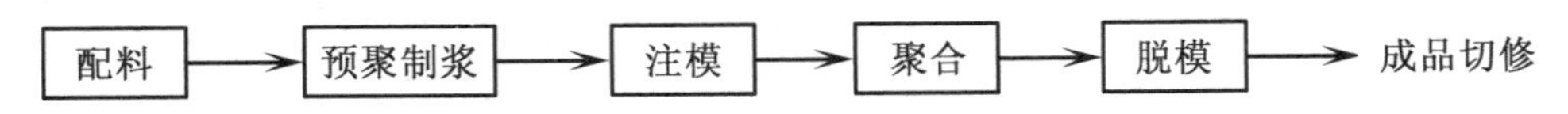

图 10-2　聚甲基丙烯酸甲酯的本体聚合工艺流程图

工业上本体聚合的第二个问题是聚合物出料问题。根据产品特性,可用下列出料方法:浇铸脱模制成板材或型材,将熔融体挤塑造粒,粉料等。不同单体的本体聚合工艺可以差别很大,举例说明如表 10-3。

表 10-3　本体聚合工业生产举例

聚合物	过程要点
聚甲基丙烯酸甲酯(有机玻璃板)	第一预聚至转化率 10%左右的黏稠浆液,然后浇模分段升温聚合,最后脱模成板材
聚苯乙烯	第一段于 80～85 ℃预聚至转化率 33%～35%聚合物,然后流入聚合塔,温度从 100 ℃递增至 220 ℃聚合,最后熔体挤塑造粒
聚氯乙烯	第一段预聚至转化率 7%～11%聚合物,形成颗粒骨架,第二段继续沉淀聚合,最后粉状出料
聚乙烯(高压)	选用管式或斧式反应器,连续聚合,控制单程转化率约为 15%～20%,最后熔体挤塑造粒

采用本体聚合的优点是:产品纯度高,均相聚合可得到透明的产品,并可直接聚合成形,如板材、棒材等产品。因为聚合过程中不需要其他助剂,无需后处理,故工艺过程简单,设备简单。

本体聚合的缺点是:聚合热不易散失,易造成局部过热,凝胶效应严重,反应不均匀造成相对分子质量分布较宽;因为聚合物的密度都较单体的密度大,故聚合过程中体积收缩,易使产品产生气泡、起皱等,从而影响聚合物的光折射率的均匀性。

(2)溶液聚合

溶液聚合是由单体、引发剂、溶剂组成的聚合体系。单体溶在某种溶剂中,生成物也溶在溶剂中,体系呈均相的溶液状态。

①选择溶剂。自由基溶液聚合选择溶剂时,应注意以下两方面的问题:

a.溶剂的活性。表面看起来,溶剂并不直接参加聚合反应,但溶剂往往并非惰性,溶剂对引发剂有诱导分解作用,链自由基对溶剂有链转移反应。这两方面作用都有可能影响聚合速率和相对分子质量。向溶剂分子转移的结果,使相对分子质量降低,各种溶剂的链转移常数变动很大,水为零,苯较小,卤代烃较大。

b.溶剂对聚合物的溶解性能和凝胶效应的影响。选用良溶剂时,为均相聚合,如单体浓度不高,有可能消除凝胶效应,遵循正常的自由基聚合动力学规律;选用沉淀剂时,则成为沉淀聚合,凝胶效应显著,劣溶剂的影响则介于两者之间,影响深度视溶剂优劣程度和浓度而定;有凝胶效应时,反应自动加速,相对分子质量也增大。链转移作用和凝胶效应同时发生,相对分子质量分布将决定于这两个相反因素影响的深度。

离子型聚合选用溶剂的原则，首先应该考虑到溶剂化能力，这对聚合速率、相对分子质量及其分布、聚合物微结构都有深远的影响；其次才考虑到溶剂的链转移反应，开发一个聚合过程，除了寻找合适的引发剂外，同时对溶剂应作详细的研究。

②应用。以下两个场合要选用溶液聚合。

a. 溶液聚合有可能消除凝胶效应。选用转移常数较小的溶剂，容易建立正常聚合时聚合速率、聚合度与单体浓度、引发剂浓度等参数间的定量关系。

b. 工业上溶液聚合适于聚合物溶液直接使用的场合，如涂料、胶粘剂、浸渍剂、合成纤维纺丝液、继续化学转化成其他类型的聚合物。

自由基聚合、离子型聚合、缩聚均可选用溶液聚合。酚醛树脂、脲醛树脂、环氧树脂等的合成都属于溶液缩聚。合成尼龙-66 的初期是 66 盐在水溶液中缩聚，后期才转入熔融本体缩聚。

与本体聚合相比，溶液聚合体系黏度较低，混合和传热较易，温度容易控制，不易产生局部过热。此外，引发剂容易分散均匀，不易被聚合物所包裹，引发效率较高。这是溶液聚合的优点。

另一方面，溶液聚合也有许多缺点。由于单体浓度较低，溶液聚合进行较慢，设备利用效率和生产能力较低；单体浓度低和向溶剂链转移的结果，致使聚合物相对分子质量较低。溶剂分离回收费用高，除净聚合物中微量的溶剂有困难，在聚合釜内除净溶剂后，固体聚合物出料困难，这些缺点使得溶液聚合在工业上应用较少，往往另选悬浮聚合或乳液聚合。

(3)悬浮聚合

悬浮聚合一般是单体以小液滴状态悬浮在水中进行的聚合。单体中溶有引发剂，一个小液滴就相当于本体聚合的一个单元。从单体液滴转变成聚合物固体粒子，中间一定经过聚合物单体黏性粒子阶段。为了防止粒子相互黏结在一起，体系必须另加分散剂，以便在粒子表面形成保护膜，因此悬浮聚合体系一般有单体、引发剂、水、分散剂四个基本组分组成。

工业上采用的悬浮分散剂一般有两类：

①水溶性有机高分子化合物，如明胶、淀粉、蛋白质等天然高分子，部分水解的聚乙烯醇、聚丙烯酸、聚甲基丙烯酸盐类、顺丁烯二酸酐-苯乙烯共聚物等合成高分子，以及甲基纤维素、羟甲基纤维素等纤维素衍生物。有机高分子分散剂的作用是：吸附在单体液滴表面，形成一层保护膜，提高了介质的黏度，增加了单体液滴碰撞凝聚的阻力，防止液滴黏结。

②不溶于水的无机粉末，如硫酸钡、碳酸钡、碳酸镁、滑石粉等。这些无机粉末附着在单体液滴的表面，对液滴起着机械隔离的作用。

不论是有机化合物的保护膜，还是黏附在液滴表面的无机粉末，聚合后都可洗掉。

为了保证悬浮聚合物能得到适合的粒度，除加入分散剂外，搅拌也是很重要的因素，聚合物颗粒的大小取决于搅拌的程度、分散剂性质及用量的多少。一般搅拌转速高，得到的聚合物颗粒细；若转速过低，得到的聚合物颗粒大而不均。

悬浮聚合的优点是：体系黏度低，聚合热容易从粒子经介质水通过釜壁由夹套冷却水带走，散热和温度控制比本体聚合、溶液聚合容易得多，产品相对分子质量及其分布比较稳定；产品的相对分子质量比溶液聚合高，杂质含量比乳液聚合的产品少；后处理工序比溶液聚合和乳液聚合简单，生产成本较低。粒状树脂可以直接用来加工。

悬浮聚合的主要缺点是：产品多少附有少量分散剂残留物，要生产透明和绝缘性能高的产品，须将残留分散剂除净。

综合平衡后，悬浮聚合兼有本体聚合和溶液聚合的优点，而缺点较少，因此悬浮聚合在工业上得到广泛的应用，常用于生产聚苯乙烯离子交换树脂和各种模塑料，如 80%～85%的聚氯乙烯，很大一部分聚苯乙烯、聚甲基丙烯酸甲酯等都采用悬浮法生产。

(4)乳液聚合

单体在水介质中由乳化剂分散成乳液状态进行的聚合称乳液聚合，配方由单体、水、水溶性引发剂和乳化剂四组分组成。

在工业上实际应用时，根据不同聚合对象和要求，还常添加相对分子质量调节剂，用以调节聚合物相对分子质量，减少聚合物链的支化；加入缓冲剂用以调节介质的 pH 值，以利于引发剂的分解和乳液的稳定。同时还添加乳化剂稳定剂，它是一种保护胶体，用以防止分散胶乳的析出或沉淀。

在本体聚合、溶液聚合或悬浮聚合中，使聚合速率提高的一些因素，往往使相对分子质量降低。但在乳液聚合中，速率和相对分子质量却可以同时提高。另外，乳液聚合物粒子直径约 0.05～0.15μm，比悬浮聚合常见粒子直径(0.05～2 mm)要小得多。

乳液聚合的优点是：以大量的水为介质，成本低，易于散热，反应过程容易控制，便于大规模生产，聚合反应温度较低，聚合速率快，同时相对分子质量又高。聚合的胶乳可直接用作涂料、黏合剂、织物处理剂等。

乳液聚合存在如下缺点：需要固体聚合物时，要经过凝聚(破乳)、洗涤、脱水、干燥等程序，因而工艺过程复杂。由于聚合体系组分多，产品中乳化剂难以除净，致使产品纯度不够高，产品热稳定性、透明度、电性能均受到影响。

乳液聚合大量用于合成橡胶，如丁苯橡胶、氯丁橡胶、丁酯橡胶等的生产。生产造革用的 PVC、PVAC 以及聚丙烯酸酯、聚四氟乙烯等也有用乳液法生产的。

乳液聚合中，单体与水不互溶，易分层。由于有乳化剂的存在，单体与水混合而成稳定不易分层的乳状液，这种作用称为乳化作用。由于乳化剂分子的结构为一端亲水一端亲油(单体)，乳化剂分子在油水界面上亲水端伸向水层，亲油端伸向油层，因而降低了油滴的表面张力，在强力搅拌下分散成更细小的油滴，同时表面吸附一层乳化剂分子。在乳液中存在三个相，如图 10-3 所示。

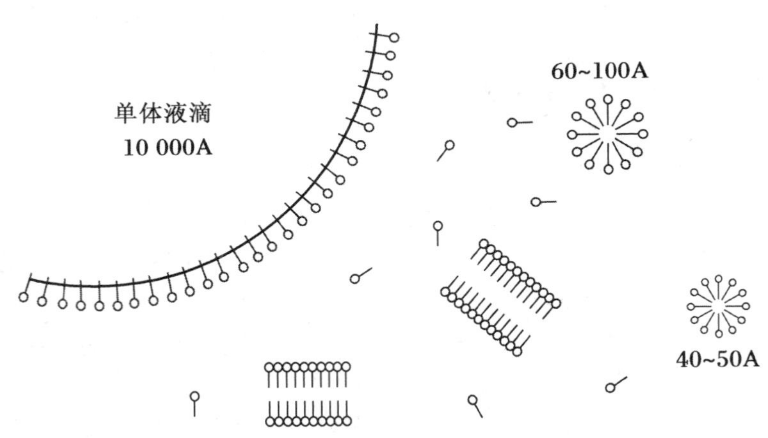

图 10-3 乳液聚合体系示意图

①胶束相。当乳化剂浓度很低时，以单个分子分散在水中，乳化剂浓度达到一定时，乳化剂分子便形成了聚集体(约 50～100 个乳化剂分子)，这种聚集体称为胶束。浓度较低时胶束呈球形，浓度较高时胶束呈棒状，其长度大约为乳化剂分子长度的两倍。乳化剂能够形成胶束的最低浓度

称为临界胶束浓度，简称 CMC。CMC 值越小，表明该乳化剂越易形成胶束，说明乳化能力高。无论是球状胶束还是棒状波束，乳化剂分子的排列均是亲水一端向外，亲油一端向内。

单体在水中溶解度极小，由于胶束中心的烃基部分与单体具有相似相容的亲和力，可有一部分单体进入胶束内部，这样可增加单体的溶解度。此作用称为增溶作用。20℃时苯乙烯在水中的溶解度只有 0.02%，在常用的乳化剂浓度下，可增溶到 1%～2%，内部溶有单体的胶束称为增溶胶束。

②油相。主要是单体液滴。单体在不断的强力搅拌下，形成许多液滴，每一液滴周围都被许多乳化剂分子包围。乳化剂分子亲水基团向外，亲油基团伸向液滴，使单体液滴得以稳定存在。

③水相。水相中水是大量的，其他有缓冲剂、单个乳化剂分子、乳化剂分子、水溶性引发分子及少量溶在水中的单体分子。

综上所述，乳化剂的作用如下：降低油-水界面张力，便于油、水分成细小的液滴；能在液滴表面形成保护层，防止液滴凝聚，而使乳液稳定；有增溶作用，使部分单体溶在胶束内。

(5)几种典型高分子材料的合成工艺

①氯乙烯的悬浮聚合。聚氯乙烯(PVC)的相对密度为 1.35～1.458 g/m^3，其化学稳定性很高，能耐酸碱腐蚀、力学性能、电性能好，但耐热性能差，80℃开始软化变形，因此使用温度受到限制。

首先制备氯乙烯单体。氯乙烯在常温常压下，是无色有乙醚香味的气体，沸点 −13.4 ℃。我国多以乙炔与氯化氢合成氯乙烯。乙炔由电石法制得，要求乙炔纯度在 99.5%以上。HCl 纯度在 95%以上。工业生产中乙炔与氯化氢的分子比常控制在 1∶1.05～1.1，氯化氢过量 5%～10%，以确保乙炔全部反应，避免催化剂中毒。反应温度在 130～180 ℃。合成的氯乙烯需要净制，经过水洗(除去氯化氢、乙醛等)、碱洗(除去氧化氢、二氧化碳等)、干燥、精馏，获得合格的氯乙烯单体，其纯度超过 99.5%。

聚合的主要设备为聚合釜，可以是不锈钢或搪瓷釜。按不同牌号使用不同配方及操作条件，大致为氯乙烯∶水＝1∶1.1～1∶1.4，引发剂 w＝0.04%～0.15%(单体)，分散剂(加明胶或聚乙烯醇)w＝0.05%～0.3%(水)。聚合工艺流程图如图 10-4 所示。

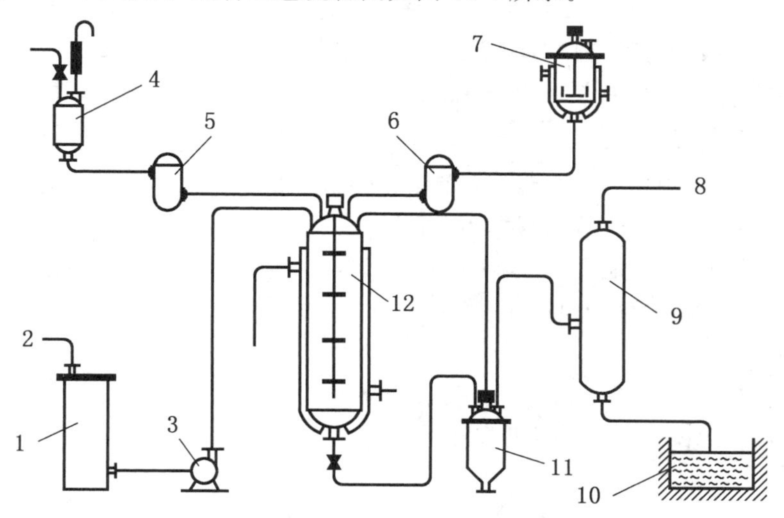

图 10-4　氯乙烯聚合工艺流程图

1.过滤器　2.水　3.泵　4.单体计量槽　5.过滤器　6.过滤器　7.分散剂配制槽
8.氯乙烯气柜　9.泡沫捕集器　10.沉降池　11.沉析槽　12.聚合釜

水由泵加入聚合釜，引发剂由聚合釜顶部加入，同时加入分散剂进行搅拌数分钟，通氮气排出空气。单体由计量槽经过滤器加入聚合釜内。

向夹套内通入蒸汽进行升温（升温时间不大于 1 h），聚合温度控制在 47～58 ℃，温度波动范围不超过 0.5 ℃，压力 0.65～0.85 MPa，反应 12～14 h。聚合完毕，悬浮液进入沉析槽，釜内残余气体经沉析槽至泡沫捕集器排入氯乙烯气柜，捕集下来的树脂至沉降池定期处理，悬浮液需经碱处理，向沉析槽中加入碱液，以破坏低分子物和残存的引发剂、分散剂及其他杂质，因为在聚合反应中不可避免地产生着相对分子质量大小不同的聚合物，以及残存的引发剂、分散剂等低分子物。在树脂的加工与使用中，低相对分子质量物质分解会影响产品的热稳定性和其他力学性能等。碱处理也可洗掉吸附在聚合物上的氯乙烯单体及其他挥发物。一般控制沉析槽中悬浮液含碱量 0.05%～0.2%，在 75～80 ℃条件下处理 1.5～2 h，待吹风降温后，悬浮液被送至离心机进行洗涤、离心、脱水，再进行干燥得固体粉末 PVC。

②氯乙烯的乳液聚合。乳液聚合法是工业生产 PVC 古老的方法。

乳液聚合一般先将乳化剂溶于水中，之后加入单体和引发剂，搅拌成乳液，升温聚合。

聚合配方按重量百分比计算，见表 10-4。

表 10-4　氯乙烯的乳液聚合配方

氯乙烯/%	水/%	乳化剂/%	引发剂/%	聚合温度/℃
100	150～250	1.5～5.0	1	50～55

同悬浮聚合一样，氯乙烯纯度要高，水要纯（采用软水），用作乳化剂的物质很多，如十二烷基硫酸钠、磺化蓖麻油、烷基苯磺酸以及皂类。引发剂为水溶性的。采用间歇法、连续法生产均可，主要是用间歇法，其优点是可以生产多种类型的树脂，并且易于控制聚合参数，可以得到高质量的树脂。乳液聚合的设备大致和悬浮法的设备相同。聚合后的乳液中加入电解质进行破乳，最后喷雾干燥得到粉末状树脂，但多数采用乳液法生产糊状树脂，它是 PVC 树脂分散于液态增塑剂及其他配料中的黏稠状流体。

现在采用改进的间歇法乳液聚合，即采用种子聚合法来生产 PVC 糊状树脂。在聚合釜中胶束不多，而用少量聚合物颗粒作种子放在聚合釜内，然后以常规方法进行聚合。

种子胶乳的制备是在聚合釜内放好软水，加入部分乳化剂，调节好 pH 值，再加入引发剂 $K_2S_2O_8$，排除氧气后加入一部分单体，升温聚合约 1 h 后再补充加入催化剂及单体。采用种子聚合法生产糊状树脂，可以制得高稳定性的乳液，减少乳化剂用量，调节种子的加入量可以控制聚合物颗粒大小，采用连续乳液聚合可提高生产率。

乳液聚合所得的 PVC 树脂颗粒较细、疏松，呈粉状，塑化性能较好，主要用于制造糊状树脂、人造革、泡沫塑料及其他一些软制品。

(6)缩聚反应方法

缩聚的方法很多，并且还在不断发展中。主要有熔融缩聚、溶液缩聚和界面缩聚三种实施方法。

①熔融缩聚。这是目前在生产上大量使用的一种缩聚方法，普遍用来生产聚酰胺、聚酯和聚氨酯。熔融缩聚反应过程中不加溶剂，单体和产物都处于熔融状态，反应温度高于缩聚产物熔点 10～20 ℃，一般于 200～300 ℃之间进行熔融缩聚反应。其特点如下：

a. 不使用溶剂，避免了缩聚反应过程和回收过程的溶剂损失和能量损失，并节省了溶剂回收设备。

b. 减少环化反应。

c. 由于反应温度较高，所以要求单体和产物的热稳定性好。只有热分解温度高于熔点的产物才能用熔融缩聚法生产。

d. 反应速率低，反应时间长。为了避免聚合物长时间受热发生高温氧化，在反应过程中需通入惰性气体（如 N_2，CO_2 等）进行保护。

e. 采用熔融缩聚法生产聚合物的缩聚反应都是平衡缩聚反应，为了使缩聚物达到较高的相对分子质量，必须把低分子副产物排除出反应体系，因此反应后期往往在减压下进行。

f. 在缩聚反应过程中，如欲使反应停留在某一阶段，只需待反应达到一定程度时使反应器冷却即可。

g. 由于熔融缩聚温度不能太高，所以不适于制备高熔点的耐高温聚合物。

用熔融缩聚法合成聚合物的设备简单且利用率高。因为不使用溶剂或介质，近年来已由过去的釜式间歇法生产改为连续法生产，如尼龙-6、尼龙-66 等。

②溶液缩聚。将单体溶于一种溶剂或混合溶剂中进行的缩聚反应称为溶液缩聚。

溶剂是溶液缩聚反应的关键。对溶剂的要求是：能迅速溶解单体，降低反应体系的黏度，迅速吸收和导出反应热，使反应平稳进行，有利于低分子副产物的迅速排除，以便于提高反应速率和缩聚产物的相对分子质量。

由于溶剂的存在，往往增加反应过程中的副反应，增加了溶剂回收精制设备和后处理工序。为了保证聚合物有足够高的相对分子质量和良好的性能，必须严格控制单体的当量比，要求溶剂不能含有可以和单体反应的单官能团物质。

对于平衡缩聚，例如聚酯化反应，将单体溶于甲苯和二甲苯等惰性溶剂中，再加入酯化反应催化剂，加热进行缩聚反应，在反应过程中水与溶剂连续地以共沸物蒸馏除去，并将溶剂精制干燥后更新返回反应器。精制干燥后循环使用的溶剂越是干燥，缩聚产物的相对分子质量越高。

溶液缩聚法多用于反应速率较高的缩聚反应，如醇酸树脂、聚氨酯、有机硅树脂、酚醛树脂、脲醛树脂、由二元酰氯和二元胺生产聚酰胺等的合成反应，也用于生产耐高温的工程塑料，如聚砜、聚苯醚、聚酰亚胺及聚芳香酰胺等缩聚物。

③界面缩聚。界面缩聚是在常温常压下，将两种单体分别溶于两种不互溶的溶剂中，在两相界面处进行的缩聚反应，属于非均相体系，适用于高活性单体。例如，将一种二元胺和少量 NaOH 溶于水中，再将一种二元酰氯溶于不与水混溶的二氯甲烷中，把两种溶液加入一个烧杯中则分为两层，二元胺溶液在上层。这时在两相界面处立即进行缩聚反应，产生一层聚酰胺薄膜，可以用玻璃棒将薄膜挑起成线条。如果二元胺与二元酰氯浓度调制得当，缩聚物线条可连续拉出，一直到溶液浓度很低时聚合物线条才被拉断。反应所生成的 HCl 扩散到水相中与 NaOH 反应生成 NaCl，这样制得的聚酰胺相对分子质量很高。

界面缩聚的特点为：

a. 为高活性单体，不平衡缩聚，反应速率快。缩聚产物相对分子质量高。

b. 缩聚反应温度较低，副反应少，有利于高熔点、耐高温聚合物的合成。

c. 对于单体纯度和官能团的当量比的要求不很严。

虽然需要采用高活性的单体,又需要用大量溶剂且设备利用率低,但由于具有上述许多优点,界面缩聚仍是一种极有前途的缩聚方法,利用界面缩聚可以制取聚酰胺、聚酯和聚碳酸酯等缩聚物。

10.2 塑料加工工艺

塑料是以合成树脂或化学改性的天然高分子为主要成分,再加入填料、增塑剂和其他添加剂制得。其分子间次价力、模量和形变量等介于橡胶和纤维之间。通常按合成树脂的特性分为热固性塑料和热塑性塑料,按用途又分为通用塑料和工程塑料。

10.2.1 塑料的组成

塑料是由许多材料配制而成的,以合成树脂为主要成分。为改进塑料的性能,还要添加各种辅助材料,如填料、增塑剂、润滑剂、稳定剂、着色剂、抗静电剂等。

1. 合成树脂

合成树脂是塑料的最主要成分,其在塑料中的含量一般在40%~100%。由于含量大,而且树脂的性质常常决定了塑料的性质,所以人们常把树脂看成是塑料的同义词。例如把聚氯乙烯树脂与聚氯乙烯塑料、酚醛树脂与酚醛塑料混为一谈。

其实树脂与塑料是两个不同的概念。树脂是一种未加工的原始聚合物,它不仅用于制造塑料,而且还是涂料、胶粘剂以及合成纤维的原料。而塑料除了极少一部分含100%的树脂外,绝大多数的塑料,除了主要组分树脂外,还需要加入其他物质。

2. 填料

填料又叫填充剂,可提高塑料的强度和耐热性能,并降低成本。例如酚醛树脂中加入木粉后可大大降低成本,使酚醛塑料成为最廉价的塑料之一,同时还能显著提高机械强度。填料可分为有机填料和无机填料两类,前者如木粉、碎布、纸张和各种织物纤维等,后者如玻璃纤维、硅藻土、石棉、炭黑等。填充剂在塑料中的含量一般控制在40%以下。

3. 增塑剂

增塑剂可增加塑料的可塑性和柔软性,降低脆性,使塑料易于加工成型。

增塑剂一般是能与树脂混溶,无毒、无臭,对光、热稳定的高沸点有机化合物,最常用的是邻苯二甲酸酯类。例如生产聚氯乙烯塑料时,若加入较多的增塑剂便可得到软质聚氯乙烯塑料,若不加或少加增塑剂(用量<10%),则得硬质聚氯乙烯塑料。

4. 稳定剂

为了防止合成树脂在加工和使用过程中受光和热的作用分解和破坏,延长使用寿命,要在塑料中加入稳定剂。常用的有硬脂酸盐、环氧树脂等。稳定剂的用量一般为塑料的0.3%～0.5%。

5. 着色剂

着色剂可使塑料具有各种鲜艳、美观的颜色。常用有机染料和无机颜料作为着色剂。合成树脂的本色大都是白色半透明或无色透明的。在工业生产中常利用着色剂来增加塑料制品的色彩。

6. 润滑剂

润滑剂的作用是防止塑料在成型时粘在金属模具上，同时可使塑料的表面光滑美观。常用的润滑剂有硬脂酸及其钙镁盐等。

7. 抗氧剂

防止塑料在加热成型或在高温使用过程中受热氧化，而使塑料变黄、发裂等。

除了上述助剂外，塑料中还可加入阻燃剂、发泡剂、抗静电剂、导电剂、导磁剂、相容剂等，以满足不同的使用要求。如抗静电剂塑料是卓越的绝缘体，所以很容易带静电，而抗静电剂可以赋予塑料以轻度至中等的电导性，从而可防止制品上静电荷的积聚。

10.2.2　塑料成型加工技术

塑料成型加工是将合成树脂或塑料转化为塑料制品的各种工艺的总称，是塑料工业中一个较大的生产部门。塑料加工一般包括塑料的配料、成型、机械加工、接合、修饰和装配等。后四个工序是在塑料已成型为制品或半制品后进行的，又称为塑料二次加工。

1. 塑料的配料

除聚合物外，还要加入各种塑料助剂(如稳定剂、增塑剂、着色剂、润滑剂、增强剂和填料等)，以改善成型工艺和制品的使用性能或降低制品的成本。添加剂与聚合物经混合，均匀分散为粉料，又称为干混料。有时粉料还需塑炼加工成粒料。这种粉料和粒料统称配合料或模塑料。

2. 塑料成型

(1)成型是塑料加工的关键环节。将各种形态的塑料(粉、粒料、溶液或分散体)制成所需形状的制品或坯件。成型的方法多达三十几种。它的选择主要决定于塑料的类型(热塑性还是热固性)、起始形态以及制品的外形和尺寸。加工热塑性塑料常用的方法有挤出、注射成型、压延、吹塑和热成型等，加工热固性塑料一般采用模压、传递模塑，也用注射成型。层压、模压和热成型是使塑料在平面上成型。此外，还有以液态单体或聚合物为原料的浇铸等。在这些方法中，以挤出和注射成型用得最多，也是最基本的成型方法。

(2)成型方法。塑料的成型加工是指由合成树脂制造厂制造的聚合物制成最终塑料制品的过程。加工方法(通常称为塑料的一次加工)包括吸塑、压塑(模压成型)、挤塑(挤出成型)、注塑(注射成型)、吹塑(中空成型)、压延等。

①吸塑。用吸塑机将片材加热到一定温度后，通过真空泵产生负压将塑料片材吸附到模型表面上，经冷却定型而转变成不同形状的泡罩或泡壳。

②压塑。压塑也称模压成型或压制成型，压塑主要用于酚醛树脂、脲醛树脂、不饱和聚酯树脂等热固性塑料的成型。

③挤塑。挤塑又称挤出成型，是使用挤塑机(挤出机)将加热的树脂连续通过模具，挤出所需形状的制品的方法。挤塑有时也用于热固性塑料的成型，并可用于泡沫塑料的成型。挤塑的优点是可挤出各种形状的制品，生产效率高，可自动化、连续化生产；缺点是热固性塑料不能广泛采用此法加工，制品尺寸容易产生偏差。

挤出成型也称挤压模塑或挤塑，它是在挤出机中通过加热、加压而使物料以流动状态连续通过口模成型的方法。挤出法主要用于热塑性塑料的成型，也可用于某些热固性塑料。挤出的制品都是连续的型材，如管、棒、丝、板、薄膜、电线电缆包覆层等。此外，还可用于塑料的混合、塑化造粒、着色、掺和等。挤出成型机由挤出装置、传动机构和加热、冷却系统等主要部分组成。挤出机有螺杆式(单螺杆和多螺杆)和柱塞式两种类型。前者的挤出工艺是连续式，后者是间歇式。单螺杆挤出机的基本结构主要包括传动装置、加料装置、料筒、螺杆、机头和口模等部分。挤出机的辅助设备有物料的前处理设备(如物料输送与干燥)、挤出物处理设备(定型、冷却、牵引、切料或辊卷)和生产条件控制设备等三大类。

④注塑。注塑又称注射成型。注塑是使用注塑机(或称注射机)将热塑性塑料熔体在高压下注入到模具内经冷却、固化获得产品的方法。注塑也能用于热固性塑料及泡沫塑料的成型。注塑的优点是生产速度快、效率高，操作可自动化，能成型形状复杂的零件，特别适合大量生产。缺点是设备及模具成本高，注塑机的清理较困难等。

注射成型(注塑)是使热塑性或热固性模塑料先在加热料筒中均匀塑化，而后由柱塞或移动螺杆推挤到闭合模具的模腔中成型的一种方法。注射成型几乎适用于所有的热塑性塑料。近年来，注射成型也成功地用于成型某些热固性塑料。注射成型的成型周期短(几秒到几分钟)，成型制品质量可由几克到几十千克，能一次成型外形复杂、尺寸精确、带有金属或非金属嵌件的模塑品。因此，该方法适应性强，生产效率高。

⑤吹塑。吹塑又称中空吹塑或中空成型。吹塑是借助压缩空气的压力使闭合在模具中的热的树脂型坯吹胀为空心制品的一种方法，吹塑包括吹塑薄膜及吹塑中空制品两种方法。用吹塑法可生产薄膜制品、各种瓶、桶、壶类容器及儿童玩具等。吹塑材料如聚乙烯、聚氯乙烯、聚丙烯、聚苯乙烯、热塑性聚酯、聚碳酸酯、聚酰胺、醋酸纤维素和聚缩醛树脂等，其中以聚乙烯应用得最多。如图 10-5 所示。

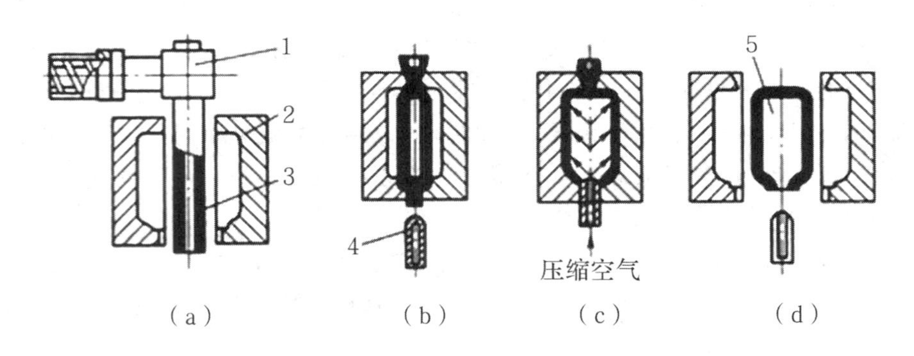

图 10-5　吹塑成形过程示意图

⑥压延。压延是将树脂和各种添加剂经预期处理(捏合、过滤等)后通过压延机的两个或多个

转向相反的压延辊的间隙加工成薄膜或片材，随后从压延机辊筒上剥离下来，再经冷却定型的一种成型方法。压延是主要用于聚氯乙烯树脂的成型方法，能制造薄膜、片材、板材、人造革、地板砖等制品。

⑦发泡成型。发泡材料(PVC，PE 和 PS 等)中加入适当的发泡剂，使塑料产生微孔结构的过程。几乎所有的热固性和热塑性塑料都能制成泡沫塑料。按泡孔结构分为开孔泡沫塑料(大多数气孔互相连通)和闭孔泡沫塑料(大多数气孔互相分隔)，这主要是由制造方法(分为化学发泡，物理发泡和机械发泡)决定的。

⑧挤拉成型。挤拉成型是热固性纤维增强塑料的成型方法之一。用于生产断面形状固定不变，长度不受限制的型材。成型工艺是将浸渍树脂胶液的连续纤维经加热模拉出，然后再通过加热室使树脂进一步固化而制备具有单向高强度连续增强塑料型材。通常用于挤拉成型的树脂有不饱和聚酯、环氧和有机硅三种。其中不饱和聚酯树脂用得最多。挤拉成型机通常由纤维排布装置、树脂槽、预成型装置、口模及加热装置、牵引装置和切割设备等组成。

3. 塑件接合、装配与加工

(1)接合。把塑料件接合起来的方法有焊接和黏接。焊接法是使用焊条的热风焊接，使用热极的热熔焊接，以及高频焊接、摩擦焊接、感应焊接、超声焊接等。黏接法可按所用的胶黏剂，分为熔剂、树脂溶液和热熔胶黏接。

(2)装配。用黏合、焊接以及机械连接等方法，使制成的塑料件组装成完整制品的作业。例如：塑料型材，经过锯切、焊接、钻孔等步骤组装成塑料窗框和塑料门。

(3)机械加工。可以借用金属和木材等的加工方法，制造尺寸很精确或数量不多的塑料制品，也可作为成型的方法进行加工。

10.3 橡胶加工工艺

橡胶是一种具有可逆形变的高弹性聚合物材料。富有弹性，在外力作用下能产生较大形变，除去外力后能恢复原状。橡胶属于完全无定型聚合物，它的玻璃化转变温度(Tg)低，分子量往往很大，按原料分为天然橡胶和合成橡胶。

10.3.1 橡胶加工工艺

1. 塑炼

(1)概念。橡胶受外力作用产生变形，当外力消除后橡胶仍能保持其形变的能力叫作可塑性。增加橡胶可塑性工艺过程称为塑炼。橡胶有可塑性才能在混炼时与各种配合剂均匀混合；在压延加工时易于渗入纺织物中；在压出、注压时具有较好的流动性。此外，塑炼还能使橡胶的性质均匀，便于控制生产过程。但是，过渡塑炼会降低硫化胶的强度、弹性、耐磨等性能，因此塑炼操作需严加控制。

橡胶可塑度通常以威廉氏可塑度、门尼黏度和德弗硬度等表示。

(2)塑炼机理。橡胶经塑炼以增加其可塑性,其实质乃是使橡胶分子链断裂,降低大分子长度。断裂作用既可发生于大分子主链,又可发生于侧链。由于橡胶在塑炼时,遭受到氧、电、热、机械力和增塑剂等因素的作用,所以塑炼机理与这些因素密切相关,其中起重要作用的则是氧和机械力,而且两者相辅相成。通常可将塑炼区分为低温塑炼和高温塑炼,前者以机械降解作用为主,氧起到稳定游离基的作用;后者以自动氧化降解作用为主,机械作用可强化橡胶与氧的接触。

(3)塑炼工艺。生胶在塑炼前通常需进行烘胶、切胶、选胶和破胶等处理。烘胶是为了使生胶硬度降低以便切胶,同时还能解除结晶。烘胶要求温度不高,但时间长,故需注意不致影响橡胶的物理机械性能。例如天然胶烘胶温度一般为 50～60℃,时间则需长达数十小时。生胶自烘房中取出后即切成 10～20 公斤左右的大块,人工选除其杂质后再用破胶机破胶以便塑炼。

按塑炼所用的设备类型,塑炼可大致分为三种方法。

①开炼机塑炼。优点是塑炼胶料质量好,收缩小,但生产效率低,劳动强度大。此法适宜于胶料变化多和耗胶量少的工厂。开炼机塑炼属于低温塑炼,降低橡胶温度以增大作用力是开炼机塑炼的关键。与温度和机械作用有关的设备特性和工艺条件都是影响塑炼效果的重要因素。为了降低胶温,开炼钢机的辊筒需进行有效的冷却,因此辊筒设有带孔眼的水管,直接向辊筒表面喷水冷却,这样可以满足各种胶料塑炼时对辊温的基本要求。

②密炼机塑炼(高温、间断)。密炼机塑炼的生产能力大,劳动强度较低、电力消耗少;但由于是密闭系统,所以清理较难,故仅适用于胶种变化少的场合。密炼机的结构较复杂,生胶在密炼室内一方面在转子与腔壁之间受剪应力和摩擦力作用,另一方面还受到上顶栓的外压。密炼时生热量极大,物料来不及冷却,所以属高温塑炼,温度通常高于 120℃,甚至处于 160～180℃之间。依据前述之高温塑炼机理,生胶在密炼机中主要是借助于高温下的强烈氧化断链来提高橡胶的可塑性。因此温度是关键,密炼机的塑炼效果随温度的升高而增大。天然胶用此法塑炼时,温度一般不超过 155℃,以 110～120℃最好,温度过高也会导致橡胶的物理机械性能下降。

③螺杆机塑炼(高温、连续)。螺杆塑炼的特点是在高温下进行连续塑炼。在螺杆塑炼机中生胶一方面受到强烈的搅拌作用,另一方面由于生胶受螺杆与机筒内壁的摩擦产生大量的热,加速了氧化裂解。用螺杆机塑炼时,温度条件很重要,实践表明,机筒温度以 95～110℃为宜,机关温度以 80～90℃为宜。因为机筒温度高于 110℃,生胶的可塑料性也不会再有大的变化。机筒温度超过 120℃则排胶温度太高而使胶片发黏,粘辊,不易补充加工。机筒温度低于 90℃时,设备负荷增大,塑炼胶会出现夹生的现象。

2. 混炼

(1)混炼的目的。为了提高橡胶产品使用性能,改进橡胶工艺性能和降低成本,必须在生胶中加入各种配合剂。混炼就是通过机械作用使生胶与各种配合剂均匀混合的过程。混炼不良,胶料会出现配合剂分散不均,胶料可塑度过低或过高、焦烧、喷霜等到现象,使后续工序难以正常进行,并导致成品性能下降。

控制混炼胶质量对保持半成品和成品性能有着重要意义。通常采用检查项目有:目测或显微镜观察、测定可塑度、测定比重、测定硬度、温室物理机械性能和进行化学分析等。进行这些检验的目的是为了判断胶料中的配合剂分散是否良好,有无漏加或错加,以及操作是否符合工艺要求等。

(2)混炼原理。由于生胶黏度很高,为使各种配合剂均匀混入和分散,必须借助炼胶机的强烈机械作用进行混炼。各种配合剂，由于其表面性质的不同，它们对橡胶的活性也各不一致。按表面特性，配合剂一般可分为二类：一类具有亲水性，如碳酸盐、陶土、氧化锌、锌钡白等；另一类具有疏水性，如各种炭黑等。前者表面特性与生胶不同，因此不易被橡胶润湿；后者表面特性与生胶相近，易被橡胶润湿。为获得良好混炼效果，对亲水性配合剂的表面须加以化学改性，以提高它们与橡胶作用的活性，使用表面活性剂即可起到此种作用。

判断一种生胶混炼性能的优劣，常以炭黑被混炼到均匀分散所需时间来衡量。生胶分子量分布的宽窄对混炼性能有着重要的影响。影响炭黑在橡胶中分散的因素除橡胶本身外，还有炭黑粒子的大小，结构和表面活性等有关，因而炭黑粒子愈细，在橡胶中的分散就愈困难，高结构炭黑的空隙大，在混炼钢初期形成的包容胶浓度低而黏度大，在随后的混炼中产生较大的剪应力，因而更易分散。

(3)混炼工艺。目前，混炼工艺按其使用的设备，一般可分为以下两种：开放式炼机混炼和密炼机混炼。

①开放式炼胶机混炼。在炼胶机上先将橡胶压软，然后按一定顺序加入各种配合剂，经多次反复捣胶压炼，采用小辊距薄通法，使橡胶与配合剂互相混合以得到均匀的混炼胶。加料顺序对混炼操作和胶料的质量都有很大的影响，不同的胶料，根据所用原材料的特殊性，采用一定的加料顺序。通常加料顺序为：

生胶(或塑炼胶)—小料(促进剂、活性剂、防老剂等)—液体软化剂—补强剂、填充剂—硫黄。

生产中，常把个别配合剂与橡胶混炼以做成母炼胶，如促进剂母炼胶，或把软化剂配成膏状，再用母炼胶按比例配料，然后进行混炼。这样可以提高混炼的均匀性，减少粉剂飞扬，提高生产效率。开放式炼胶机混炼的缺点是粉剂飞扬大、劳动强度大、生产效率低，生产规模也比较小；优点是适合混炼的胶料品种多或制造特殊胶料。

②密炼机混炼。密炼机混炼一般要和压片机配合使用，先把生胶配合剂按一定顺序投入密炼机的混炼室内，使之相互混合均匀后，排胶于压片机上压成片，并使胶料温度降低(不高于 100℃)，然后再加入硫化剂和需低温加入的配合剂，通过捣胶装置或人工捣胶反复压炼，以混炼均匀，经密炼机和压片机一次混炼就得到均匀的混炼胶的方法叫作一段混炼法。

有些胶料如氯丁胶料，顺丁胶料经密炼机混炼后，于压片机下片冷却，并停放一定时间，再次回到密炼机上进行混炼，然后再在压片机上加入硫化剂，超促进剂等，并使其均匀分散，得到均匀的混炼胶，这种混炼方法叫作二段混炼。

密炼机的加料顺序一般为：生胶—小料(包括促进剂、活性剂、防老剂等)—填料、补强剂—液体增塑剂。

密炼机混炼与开放式炼胶机混炼相比，机械化程度高，劳动强度小，混炼时间短，生产效率高，此外，因混炼室为密闭的，减少了粉剂的飞扬。

3. 硫化

(1)硫化对橡胶性能和影响：

①定伸强度。通过硫化，橡胶单个分子间产生交联，且随交联密度的增加，产生一定变形所需的外力就随之增加，硫化胶也就越硬。交联度大，定伸强度也就越高。

②硬度。随交联度的增加，橡胶的硬度也逐渐增加，测量硬度是在一定形变下进行的，所以有关定伸强度的上述情况也基本适用于硬度。

③抗张强度。不随交联键数目的增加而不断地上升，硫化橡胶交联度达到适当值后，继续交联其抗张强度反会下降。

④伸长率和永久变形。橡胶伸长率随交联度增加而降低，永久变形也有同样的规律。

⑤弹性。硫化后橡胶表现出很大的弹性。交联度的适当增加，这种可逆的弹性回复表现得更为显著。

(2)硫化过程的四个阶段。胶料在硫化时，其性能随硫化时间变化而变化的曲线，称为硫化曲线。从硫化时间影响胶料定伸强度的过程来看，可以将整个硫化时间分为四个阶段：硫化起步阶段、欠硫阶段、正硫阶段和过硫阶段。

①硫化起步阶段(又称焦烧期或硫化诱导期)。硫化起步的意思是指硫化时间中胶料开始变硬而后不能进行热塑性流动那一点的时间。硫起步阶段即此点以前的硫化时间。在这一阶段内，交联尚未开始，胶料在模型内有良好的流动性。胶料硫化起步的快慢，直接影响胶料的焦烧和操作安全性。这一阶段的长短取决于所用配合剂，特别是促进剂的种类。

②欠硫阶段(又称预硫阶段)。硫化起步与正硫化之间的阶段称为欠硫阶段。在此阶段，由于交联度低，橡胶制品应具备的性能大多还不明显。尤其是此阶段初期，胶料的交联度很低，其性能变化甚微，制品没有实用意义。

③正硫阶段。大多数情况下，制品在硫化时都必须使之达到适当的交联度，叫作正硫化阶段，即正硫阶段。在此阶段，硫化胶的各项物理机械性能并非在同一时都达到最高值，而是分别达到或接近最佳值，其综合性能最好。此阶段所取的温度和时间称为正硫化温度和正硫化时间。

④过硫阶段。正硫阶段之后，继续硫化便进入过硫阶段。这一阶段的前期属于硫化平坦期的一部分。在平坦期中，硫化胶的各项物理机械性能基本上保持稳定。当过平坦期之后，天然橡胶和丁基橡胶由于断链多于交联出现硫化返原现象而变软；合成橡胶则因交联继续占优势和环化结构的增多而变硬，且伸长率也随之降低，橡胶性能受到损害。

(3)用硫化仪测定硫化程度。使用硫化仪测定胶料硫化特性十分方便，而且只需进行一次试验即可得到完整的硫化曲线。由此曲线可以直观地或经简单计算后得到全套硫化参数：初始黏度、最低黏度、诱导时间(焦烧时间)、硫化速度、正硫化时间和活化能等。由于硫化仪具有这些优点，故其在橡胶工业生产上及硫化动力学，硫化机理等研究上得到越来越广泛的应用。

10.4 黏结剂加工工艺

胶黏剂又称黏合剂，俗称胶。是一种能使物体的表面与另一物体的表面结合在一起的物质。胶黏剂可实现不同种类或不同形状材料之间的连接，尤其是薄片材料；黏接为面连接，应力分布均匀，不易产生应力破坏，延长结构寿命；密封性能良好，有很好的耐腐蚀性能；可提高生产效率，降低成本；减轻结构质量，通过交叉黏接能使各向异性材料的强度质量比及尺寸稳定性得到改善，得到挠度小、结构小、质量轻的结构；可赋予被黏物体以特殊的性能(导电胶、导磁胶、耐高温胶、电绝缘胶)。

但是黏接剂的耐候性差；胶接的不均匀扯离和剥离强度低，容易在接头边缘首先破坏；与机械物理连接法相比，溶剂型胶黏剂的溶剂易挥发，而且某些溶剂易燃、有毒，会对环境和人体产生危害;胶接质量因受多种因素的影响,不够稳定,而且没有很好的无损探伤方法。

10.4.1　胶黏剂的组成

胶黏剂的基本组成包括黏料、固化剂、促进剂、填充剂和溶剂等。

1.黏料(胶料)

亦称基料,起黏接作用的主要成分。常用的有天然聚合物、合成聚合物和无机化合物三大类。其中常用的合成聚合物有:

(1)合成树脂如环氧树脂、酚醛树脂、聚酯树脂、聚氨酯、硅树脂等;

(2)合成橡胶如氯丁橡胶、丁腈橡胶和聚硫橡胶等。

(3)常用的无机化合物有硅酸盐类、磷酸盐类等。

2.固化剂(熟化剂)

亦称硬化剂。其作用是使液态基料转变成固体,从而使黏接具有一定的机械强度和稳定性。

(1)固化过程。它直接或者通过催化剂与主体黏合物进行反应,使低分子聚合物或单体经过化学反应生成高分子化合物,或使线型高分子化合物交联成体型高分子化合物。

(2)固化剂的选择。固化剂的种类和用量对胶黏剂的性能及工艺有直接影响。固化剂随基料品种不同而异。例如脲醛胶黏剂的固化剂选用氯化铵,酚醛胶黏剂选用乌洛托品(六亚甲基四胺)或苯磺酸,环氧树脂胶黏剂选用胺、酸酐或咪唑类。

(3)固化方法。胶黏剂的类型不同,固化方式也不同。按固化温度可分可分为室温固化胶黏剂、中温固化胶黏剂和高温固化胶黏剂。

①室温固化:在室温下,通常是在30℃以下固化的胶黏剂。

②中温固化:在30～100℃固化的胶黏剂。

③高温固化:在100℃以上固化的胶黏剂。

(4)固化方式:

①热熔胶的固化。热塑性高分子加热熔融了之后就获得了流动性,许多高分子熔融体可以作为胶黏剂来使用。高分子熔融体在浸润被黏表面之后通过冷却就能发生固化,这种类型的胶黏剂称为热熔胶。为了使热熔胶液能充分湿润被黏物,使用时必须严格控制熔融温度和晾置时间,对于黏料具结晶性的热熔胶尤应重视,否则将因冷却过头使黏料结晶不完全而降低黏接强度。

②溶液型胶黏剂固化。热塑性的高分子可溶解在溶剂中成为高分子溶液而获得流动性,在高分子溶液浸润被黏物表面之后将溶剂挥发掉就会产生黏附力。许多高分子溶液可以当作胶黏剂来使用,最常遇到的溶液胶黏剂剂是修补自行车内胎用的橡胶溶液。

溶液型胶黏剂固化过程的实质是随着溶剂的挥发,溶液浓度不断增大,最后达到一定的强度。溶液胶的固化速度决定于溶剂的挥发速度,还受环境温度、湿度、被黏物的致密程度与含水量、接触面大小等因素的影响。配制溶液胶时应选择特定溶剂改组成混合溶剂以调节固化速度。

③乳液型胶黏剂的固化。乳液型胶黏剂是聚合物胶体在水小中的分散体,为一种相对稳定体系。当乳液中的水分逐渐渗透到被黏物中并挥发时,其浓度就会逐渐增大,从而因表面张力的作用使胶粒凝聚而固化。环境温度对乳液的凝聚影响很大,温度足够高时乳液能凝聚成连续的膜,

温度太低或低于最低成膜温度(该温度通常比玻璃化温度略低一点)时不能形成连续的膜,此时胶膜呈白色,强度很差。不同聚合物乳液的最低成膜温度是不同的,因此在使用该类胶黏剂时一定要使环境温度高于其最低成膜温度,否则黏接效果不好。

④增塑糊型胶黏剂的固化。增塑糊是高分子化合物在增塑剂中的一种不稳定分散体系,其固化基本上是高分子化合物溶解在增塑剂中的过程。这种糊在常温下有一定的稳定性。在加热时(一般在150~209℃)高分子化合物的增塑剂能迅速互溶而完全凝胶化,提高温度有利于高分子链运动,有利于形成均匀致密的黏接层。

⑤反应型胶黏剂的固化。反应型胶黏剂存在着活性基团,与同化剂、引发剂和其他物理条件的作用下,黏料发生聚合、交联等化学反应而固化。按固化方式,反应型胶黏剂可分为固化剂固化型、催化剂固化型与引发剂固化型等几种类型。至于光敏固化、辐射同化等胶的固化机制一般属于以上类型中。

3. 填料

填料一般在胶黏剂中不发生化学反应,加入一定量的填料,能使胶黏剂的稠度增加,可提高胶黏剂的黏接强度、耐热性和尺寸稳定性,并可降低成本。

填料的种类:为提高胶黏剂的耐冲击强度,可采用石棉纤维、玻璃纤维、铝粉及云母等作填料;为提高硬度和抗压性,可用石英粉、瓷粉、铁粉等作填料;为提高耐热性可加入石棉作填料;为提高抗磨性,可加入石墨粉或二硫化钼作填料;为提高凝聚力可加入氧化铝粉、钛白粉作填料;为增加导热性,则可加入铝粉、铜粉或铁粉等作填料。

4. 增塑剂

增塑剂是能够增进固化体系塑性的物质。它能使胶黏剂的刚性下降,提高弹性和改进耐寒性。增塑剂通常是高沸点液体,一般不与高聚物发生反应。按化学结构可以分为以下几类:

(1)邻苯二甲酸酯类:最主要的增塑剂,性能全面,用途广泛;

(2)脂肪族二元酸酯类:主要用作耐寒的辅助增塑剂;

(3)磷酸酯类:耐寒性差,毒性大,但有阻燃作用;

(4)聚酯类:耐久性、耐热性良好,但相容性较差;

(5)偏苯三酸酯类:耐热性、耐久性优良,相容性也好。

5. 增韧剂

增韧剂能提高胶黏剂的柔韧性,提高胶层的抗冲击强度和伸长率,改善胶黏剂的抗剪强度、剥离强度、低温性能等。

6. 稀释剂

稀释剂是用于降低胶黏剂黏度、便于施工操作的物质,可分为活性与非活性两类,常用的有机稀释剂有丙酮、甲苯、二甲苯等。

10.4.2　黏接工艺

1.操作程序

先对黏接物表面进行修配，使之配合良好，再根据材质及强度要求对黏接表面进行表面处理，如有机溶剂清洗、机械处理、化学处理或电化学处理等，然后涂布胶黏剂，将被黏表面合拢装配，最后进行室温固化或加热固化，实现胶接连接。

2.黏接接头设计

主要指黏接部位尺寸的大小和几何形状。胶黏剂的机械强度一般要小于被黏材料的强度，为了使黏接接头的强度与被黏物的强度匹配，必须根据接头承载特点认真地选择接头的几何形状和尺寸大小，设计合理的黏接接头。为保证力学性能，黏接接头设计的基本原则是：

(1)尽可能避免应力集中；

(2)减少接头受剥离、劈开的可能性；

(3)合理增大黏接面积。

除考虑力学性能外，尚需考虑黏接工艺、维修和成本等因素。

3.黏接表面处理

因黏接是面际间的连接，所以被黏接的表面状态直接影响黏接效果。黏接表面处理方法随被黏材料及对接头的强度要求而异。对于一般材料，常用有机溶剂清洗法或机械法(如打磨、喷砂等)处理；金属表面常用化学法(碱蚀、酸蚀等)处理；重要的铝质结构件的被黏表面，需用阳极氧化法处理；氟塑料等难黏材料表面，可采用化学法或等离子法处理。

4.胶黏剂的涂布

除最常用的刷涂法外，还有辊涂法及喷涂法等。采用静电场喷涂可节省胶黏剂和改善劳动条件。胶膜一般用手工敷贴，采用热压黏贴可以提高贴膜质量；尺寸大而形状简单的黏接表面，可以采用机械化辊涂胶液及热压黏贴胶膜技术。

胶黏剂的选择与用量的确定，主要依据以满足成型的加工工艺要求，并赋予研磨材料一定的强度、耐磨性、自锐性和硬度等性能进行选择。胶黏剂用量与胶黏剂的形态有关，如用固体粉末或黏稠态的胶黏剂，必须加入较多的胶才能满足成型料的配制及成型加工工艺。

5.胶黏剂的固化

固化方法可分室温固化和加热固化两种：

(1)室温固化法。将胶黏剂涂布于被黏表面，待胶黏剂润湿被黏物表面并且溶剂基本挥发后，压合两个涂胶面即可。如用合成橡胶胶黏剂修补车辆内胎，用淀粉胶和聚醋酸乙烯酯胶乳黏接纸张、织物和木材，用合成树脂胶黏剂黏接非受力部件等。

(2)加热固化法。将热固性树脂胶黏剂(酚醛树脂、环氧树脂、酚醛—丁腈、环氧—尼龙等胶黏剂)涂布于被黏表面上，待溶剂挥发后叠合涂胶面，然后加热加压固化，使胶黏剂完成交联反应以达到黏接目的。加热固化时，必须严格控制胶缝的实际温度，保证满足胶黏剂固化温度要求。

工业上常用的固化设备有热压机(由加热平板传递压力和热量,适用于平面零件的固化)、热压罐(由空气传递热量和压力,适用于大型复杂制品的固化)和固化专用夹具,适用于特定部件的黏接固化。

6. 黏接质量控制

(1)黏接件破坏的一般形式。

①应力破坏。被黏物破坏发生于黏接强度大于被黏物强度时;

②内聚破坏。胶黏剂本身内部破坏,此时黏接强度取决于胶黏剂的内聚力;

③界面破坏。破坏发生在被黏物与胶黏剂的界面,此时黏接强度决定于两者之间的黏附力;

④混合破坏。既有内聚破坏,又有界面破坏。

一般来说,应选择合理的胶黏剂与黏接工艺,尽量避免内聚破坏或应力破坏。

(2)工艺控制

黏接的工艺质量是很难从外观判断的。保证黏接工艺质量的关键在于加强全面工艺质量管理,控制影响黏接质量的所有因素。其中包括黏接环境条件控制(温度、湿度、含尘量等)、胶黏剂质量控制(复验、存放及使用管理等)、测量仪器及设备控制(温度、压力仪表、固化设备等)和黏接工序控制。

(3)黏接质量检验

包括目测、破坏性试验(主要是力学性能测试)和无损检验。

①力学性能测试,是对重要的黏接件的检验。需通过破坏性检测工艺控制试样和制品抽样,来考核黏接质量。测试内容包括黏接基本性能(拉伸、剪切、剥离、冲击及疲劳强度等),以及结合使用条件进行的使用性能(耐介质、高低温交变、加速老化及耐候性能等)。用作承力结构的黏接件还需进行多种静、动力承载试验(张力场、轴压稳定、结构振动及疲劳寿命等)。

②无损检验,即用仪器探测黏接接头质量缺陷的方法。无损检验方法很多,有利用声阻仪、谐振仪和涡流声仪的声振检验法,全息照相法,X 射线照相法,超声检验法,热学检验法等。

参考文献

1. 邹恩广,徐用军. 塑料制品加工技术. 中国纺织出版社,2008
2. 王文英. 橡胶加工工艺. 化学工业出版社,1993
3. 黄世强,孙争光,吴军. 胶粘剂及其应用. 机械工业出版社,2012

思考题

1. 简述聚合反应的基本原理。
2. 塑料和树脂是同一种材料吗? 为什么?
3. 什么是橡胶的塑炼? 其加工工艺有哪些?
4. 简述胶黏剂的种类、特点和应用。